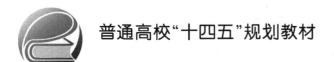

普通高校"十四五"规划教材

U0168060

现代供配电技术

主　编　白星振　刘瑞国

副主编　高学辉　吴　娜　陈会伟　王雪梅

北京航空航天大学出版社

内容简介

本书介绍了现代供配电系统的基本知识、理论和新技术。全书共分10章,包括供电系统基本概念、负荷计算与无功功率补偿、短路电流计算、供配电一次设备及主接线、电力线路、供配电系统二次接线及自动装置、供电系统继电保护原理、微机继电保护、过电压保护与电气安全、配电自动化与智能配电网等内容,书中每章都附有习题和思考题。

本书可作为高等院校工厂供电、工业企业供电和供配电技术等相关专业本科课程教材,也可作为供电部门、工业企业、事业单位的电气工程技术人员的参考书。

图书在版编目(CIP)数据

现代供配电技术 / 白星振,刘瑞国主编. -- 北京：
北京航空航天大学出版社,2020.10
ISBN 978 - 7 - 5124 - 3373 - 1

Ⅰ. ①现… Ⅱ. ①白… ②刘… Ⅲ. ①供电系统-高等学校-教材②配电系统-高等学校-教材 Ⅳ. ①TM72

中国版本图书馆 CIP 数据核字(2020)第195057号

现代供配电技术

主　编　白星振　刘瑞国

副主编　高学辉　吴　娜　陈会伟　王雪梅

策划编辑　董　瑞　　责任编辑　宋淑娟　苏永芝

*

北京航空航天大学出版社出版发行

北京市海淀区学院路 37 号(邮编 100191)　http://www.buaapress.com.cn
发行部电话:(010)82317024　传真:(010)82328026
读者信箱:goodtextbook@126.com　邮购电话:(010)82316936
北京建宏印刷有限公司印装　各地书店经销

*

开本:787×1 092　1/16　印张:17.75　字数:466 千字
2020 年 11 月第 1 版　2020 年 11 月第 1 次印刷　印数:1 000 册
ISBN 978 - 7 - 5124 - 3373 - 1　定价:49.00 元

前　言

供配电系统是电力系统的一个面向用户的重要环节,由电气设备及配电线路按一定的接线方式组成。供配电系统属于电力系统的终端,它的结构尤其复杂,其安全运行与否,直接关系到电力系统的安全稳定运行,也关系到国民经济的发展和人民生命财产的安全。近年来,随着计算机监控与保护、嵌入式系统、电力电子及自动控制等先进技术广泛应用于供电系统保护和控制领域,逐步形成了目前较为流行的柔性现代供电系统。随着供电系统一次设备、二次设备制造技术的不断提高,传统的供电技术与理论知识必须进行修正和提升,以确保供电系统的安全和可靠运行,避免给国民经济和人民生活造成不必要的损失。作者根据多年来从事工业企业供电技术教学与科研工作的经验和体会,编写了本书,使之既有传统的理论分析,又有先进的应用技术。

全书内容共分10章:第1章供电系统基本概念,第2章负荷计算与无功功率补偿,第3章短路电流计算,第4章供配电一次设备及主接线,第5章电力线路,第6章供配电系统二次接线及自动装置,第7章供电系统继电保护原理,第8章微机继电保护,第9章过电压保护与电气安全,第10章配电自动化与智能配电网。

本书可作为高等院校工厂供电、工业企业供电和供配电技术等相关专业本科课程教材,还可作为供电部门、工业企业、事业单位的电气工程技术人员的参考书。

本书由山东科技大学的白星振和刘瑞国担任主编,山东科技大学的高学辉、吴娜、王雪梅和青岛黄海学院的陈会伟担任副主编,全书由白星振统稿。感谢青岛科技大学孟祥忠教授在教材编写过程中给予的指导与帮助!在编写过程中,郑鑫磊、杨士玉等在图表和文字录入编辑方面给予了较大帮助,对此表示感谢!

由于编者水平所限,书中难免存在缺点和错误,请读者批评指正。

作　者
2020 年 4 月

目　　录

第1章 供电系统基本概念

本章主要概述供配电系统的一些基本知识和基本问题。首先介绍供电系统的基本情况，即电力系统基本概念、组成及电能生产、输送、消费的特点；其次重点介绍电力系统电压和电能质量问题；最后介绍电网中性点的运行方式及单相接地电流的计算。

电能是现代工业生产的主要能源和动力，是一种清洁的二次能源。由于电能具有生产、转换、传输及分配方便的特点，目前它已广泛应用于国民经济、社会生产和人民生活的各个方面。供配电系统是电力系统终端的一个重要环节，由电气设备及配电线路按一定的接线方式组成。供配电系统通过电能变换、输送、分配与保护等功能，将电能安全、可靠、经济地输送到每一个用电设备场所，为国民经济发展和人民生活提供电能服务。随着工业现代化对电能的需求量越来越大，对供配电系统的可靠性、经济性、灵活性及电能质量的要求也越来越高，传统的供电技术已不适应现代供电系统的要求。为此，需要利用新理论、新方法、新技术、新设备，把计算机技术、嵌入式技术、通信技术与传统的供电技术相结合，形成现代供配电技术，以适应现代供电系统快速发展的要求。

1.1 电力系统基础

1.1.1 电力系统简介

1. 电力系统

由各级电压的电力线路将一些发电厂、变电所和电力用户联系起来的一个发电、输电、变电、配电和用电的整体，称为电力系统，如图1-1所示。电力系统的任务是生产、变换、输送、分配与消费电能。从发电厂发出的电能，除了少部分自用及供给附近电力用户外，大部分都经过升压变电所升压后，采用高电压进行电力传输。输电线路的电压越高，电力的输送距离就越远，输送的功率就越大。当输送功率一定时，提高输电电压可以相应地减小输电线路中的电流，从而减少线路上的电压损失和电能损耗，亦可减小导线的截面及节约有色金属的消耗量。

2. 发电厂

发电厂是将自然界蕴藏的各种一次能源转换为电能(二次能源)的工厂。为了充分利用国家资源，发电厂一般建立在资源比较丰富的地方，通过输电线路将电能输送到全国各地。发电厂的种类很多，按其所利用能源的不同，分为水力发电厂、火力发电厂、风力发电厂、太阳能发电厂、核能发电厂、地热发电厂等类型。

(1) 水力发电厂

水力发电厂简称水电厂，它利用水流的位能来生产电能。水电站具有建设初期投资较大、建设周期较长的特点，但其具有发电成本低、效率高、运行灵活等优点；同时水电建设还有防洪、灌溉、航运、水产养殖和旅游等多方面综合效益，并且可以因地制宜，将一条河流分为若干河段分别修建水利枢纽，实行梯级开发。我国的水力资源十分丰富(特别是我国的西南地区)，

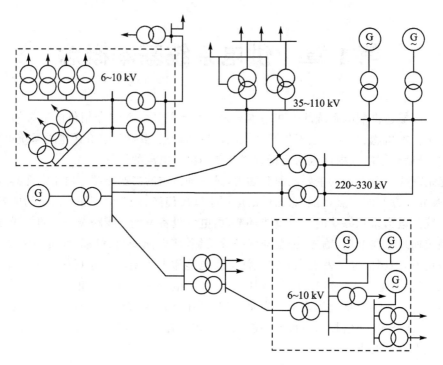

图 1-1　电力系统组成简图

居世界首位,因此我国确定要大力发展水电,并实施"西电东送"工程,以促进整个国民经济的快速发展。

(2) 火力发电厂

火力发电厂简称火电厂,它利用燃料的化学能来生产电能。火电厂按其使用的燃料类别划分,有燃煤式、燃油式、燃气式和利用工业余热、废料或城市垃圾等来发电的各种类型。为了节约不可再生能源、保护环境,我国正在逐年降低火电发电量在整个发电量的比例。我国火电厂所使用的燃料主要是煤炭,为了节省煤炭运输成本,提高经济效益,目前火电建设的重点是煤炭基地的坑口电站。

(3) 风力发电

风力发电是利用风的动能来生产电能。风能具有无公害、可再生的优势,但是受到能量密度的限制,单机容量一般很小;而且它是一种具有随机性和不稳定性的能源,因此风力发电必须配备一定的蓄电装置,以保证供电的连续性。我国风力资源丰富,尤其在西北、东北和沿海地区,有着建设风力发电厂的天然优势。

(4) 太阳能发电

太阳能发电是利用太阳的光能或热能来生产电能。利用太阳光能发电,是通过光电转换元件如光电池等直接将太阳光能转换为电能,也称为"光伏发电"。太阳能既是一次能源,又是可再生能源。它资源丰富,无需运输,对环境无任何污染。因此,研究开发和利用太阳能已成为人类科学技术永恒的课题,其前途是无限的。

(5) 核能(原子能)发电厂

核能发电厂通称核电站,它是利用反应堆中核燃料裂变链式反应所产生的热能,再按火电厂的发电方式将热能转换为机械能,再转换为电能,其中核反应堆相当于火电厂的锅炉。由于核能是巨大的能源,而且核电也是比较安全和清洁的能源,所以世界上很多国家都很重视核电建设,核电在整个发电量中的比重逐年增长。我国在 20 世纪 80 年代就确定要适当发展核电,我国自行设计建设的第一座核电厂——浙江秦山核电厂(1×300 MW)于 1991 年并网发电,广东大亚湾核电厂(2×900 MW)于 1994 年建成投产,在安装调试和运行管理方面都达到了世界先进水平。截至 2019 年,我国大陆运行核电机组共 47 台,分布在浙江、广东、福建、江苏、辽宁、山东、广西、海南等 8 个沿海省区,多年来一直保持全球首位。

(6) 地热发电厂

地热发电厂利用地下热水和蒸汽为动力源来产生电能。地热发电不消耗燃料,运行费用低,不像火力发电那样,要排出大量灰尘和烟雾,因此地热还是属于比较清洁的能源。但是地下水和蒸汽中大多含有硫化氢、氨和砷等有害物质,因此对其排出的废水要妥善处理,以免污染环境。

3. 变(配)电所

变电所是变换电压和交换电能的场所,由电力变压器和配电装置组成。按变压器的性质和作用可分为升压变电所和降压变电所两种。按其在电力系统内所处的地位不同,又可分为区域变电所、企业变电所及车间变电所等。只有受电和配电开关等控制设备而无主变压器的变电所称为配电所。用来把交流电转换成直流电的称为变流所。为使供电可靠、经济、合理,一般大型发电厂将低压电能升压后,直接或间接地经区域变电所向较远的城市或工矿区供电。在城郊或工矿区再设降压变电所,将降压后的 35～110 kV 电能配送给附近的工矿企业内部的企业变电所。

4. 电力网

为了使供电可靠、经济、合理,几个大的发电厂或变电站之间,要用高压输电线路连接起来,再向城乡及工矿区供电,形成电力网。电力网起到输送、变换和分配电能的作用,由变电站和各种不同电压等级的电力线路组成,是联系发电厂和电能用户的中间环节。根据供电范围、输送功率和电压等级的不同,可将电力网分为地方电网、区域电网和远距离电网三类。通常电压为 110 kV 及其以下的电力网,其电压较低,输送功率小,线路距离短,主要供电给地方变电所,称为地方电网;电压在 110 kV 以上、330 kV 以下的电力网,其传输距离和传输功率都比较大,一般供电给大型区域性变电所,称为区域电网;供电距离在 300 km 以上,电压在 330 kV 及其以上的电力网,称为远距离电网。根据电压等级的高低,可将电力网(简称电网)分成低压、高压、超高压和特高压 4 种。通常,电压在 1 kV 以下的电网为低压电网;3～220 kV 的电网为高压电网,330～500 kV 的电网为超高压电网,750 kV 以上的电网为特高压电网。

1.1.2　电能生产、输送、消费的特点

电能是一种特殊的商品,和其他商品一样,也具有生产、输送和消费环节。但电能及其生产、输送和消费有明显的特殊性。

1. 可靠性要求非常高

电能突出的优点使其成为大多数生产和生活活动中的首选能源,使用上的广泛性决定了它的基础性和重要性特征。电能供应一旦发生中断,将会导致较大的经济损失、破坏生产活动的连续性,甚至危及生产人员的生命安全。因此,电力系统的运行,需要很高的可靠性。

2. 生产和消费需要实时平衡

以现有的技术,电能尚不能大量存储,即发电设备任何时刻生产的电能必须等于该时刻用电设备电能消耗与输送中电能损耗之和,因此需要生产与消费同时完成。但电能的消耗是由庞大的用户群共同确定的,用电量的大小有一定的随机性,电力系统必须具有应对这种随机性的技术措施。

3. 电能生产、输送、消费工况的变化迅速

由于电能的传输具有极高的速度,电力系统中开关切换、短路等暂态过渡过程的持续时间十分短暂。因而,在设计电力系统的自动化控制、测量和保护装置时,应充分考虑其灵敏性和速动性。

4. 对电能质量的要求颇为严格

电能质量的好坏指电力系统电压的大小、频率和波形能否满足要求。电压波动、频率偏差过大或波形因谐波污染严重时,都可能导致产生废品、损坏设备,甚至大面积停电。因此,对电压大小、频率的偏移以及谐波分量都要有一定限额。而且,由于系统工况时刻变化,这些偏移量和谐波分量是否总在限额之内,需动态监测,严格控制。

1.2　电力系统的电压与电能质量

1.2.1　概　述

电力系统供电的电能质量是电力工业产品的重要指标,涉及发、供、用各方面的利益。优良的电能质量对保证电网和广大用户的电气设备和各种用电器的安全经济运行、保障国民经济各行各业的正常生产和产品质量以及提高人民生活质量具有重要意义。同时,电能质量有些指标易受某些用电负荷干扰影响,全面保障电能质量是电力企业和用户共同的责任和义务。

电能质量是指电力系统实际生产的电能规格与标准电能规格之间的差异,差异越小,质量越好。电力系统是一定的电压等级和频率下工作,电网和设备的电压和频率是电能质量的两个基本参数。电能的规格主要是以电压来规定的,因此电能质量也主要以电压来描述。

1.2.2　电力系统的电压

1. 额定电压

额定电压是指能使受电器(电动机、白炽灯等)、发电机、变压器等正常工作时获得最佳技术效果的电压。

2. 额定电压等级

电气设备的额定电压在我国早已统一、标准化,发电机和用电设备的额定电压分成若干标准等级,电力系统的额定电压也与电气设备的额定电压相对应,统一组成了电力系统的标准电压等级。

标准电压等级是根据国民经济发展的需要,考虑技术经济上的合理性以及各类用电设备的制造技术水平和发展趋势等一系列因素而制定的。GB 156—2007《标准电压》规定的 3 kV 以下电气设备与系统(电力网)额定电压等级如表 1 − 1 所列。

表 1-1　3 kV 以下电气设备与系统(电力网)额定电压等级　　　　　　　V

直　流		单相交流		三相交流	
受电设备	供电设备	受电设备	供电设备	受电设备	供电设备
1.5	1.5				
2	2				
3	3				
	6	6	6		
12	12	12	12		
24	24	24	24		
36	36	36	36	36	36
		42	42	42	42
48	48				
60	60				
72	72				
		100^+	100^+	100^+	100^+
110	115				
		127^*	133^*	127^*	133^*
220	230	220	230	220/380	230/400
$400^\triangle$,440	$400^\triangle$,460			380/630	400/690
$800^\triangle$	$800^\triangle$				
$1\,000^\triangle$	$1\,000^\triangle$			$1\,140^{**}$	$1\,200^{**}$

注：① 电气设备和电子设备分为供电设备和受电设备两大类,受电设备的额定电压也是系统的额定电压。
　　② 直流电压为平均值,交流电压为有效值。
　　③ 在三相交流栏下,斜线"/"之前为相电压,斜线"/"之后为线电压,无斜线者均为线电压。
　　④ 带"+"者为只用于电压互感器、继电器等控制系统的电压。带"△"者为用于单台供电的电压。
　　⑤ 带" * "者只用于矿井下、热工仪表和机床控制系统的电压。带" ** "者只限于煤矿井下及特殊场合使
　　　用的电压。

3 kV 及以上高压主要用于发电、配电及高压用电设备;110 kV 及以上超高压主要用于较远距离的电力输送。GB 156—2007《标准电压》规定的 3 kV 及以上的设备与系统额定电压和与其对应的设备最高电压如表 1-2 所列。

表 1-2　三相交流 3 kV 及以上的设备与系统额定电压和与其对应的设备最高电压

受电设备与系统额定电压/kV	供电设备额定电压/kV	设备最高电压/kV
3	3.15(3.3)	3.5
6	6.3(6.6)	6.9
10	10.5(11)	11.5
	13.8^*,15.75^*,18^*,20^*	
35	38.5	40.5
63	69	72.6

续表 1-2

受电设备与系统额定电压/kV	供电设备额定电压/kV	设备最高电压/kV
110	121	126
220	242	252
330	363	363
500	550	550
750	800	800

注：① 带"＊"者只用作发电机电压。
　　② 括号内的数据只用于电力变压器。

表 1-2 中供电设备额定电压为发电机和变压器二次绕组的额定电压；受电设备的额定电压为变压器一次绕组和受电设备的额定电压。国家标准规定供受电设备额定电压是不完全一致的，供电设备额定电压高出系统和受电设备额定电压5％，用于补偿正常负荷时的线路电压损失，从而使受电设备获得接近于额定的电压。变压器常接在电力系统的末端，相当于系统的负载，故规定变压器一次绕组的额定电压与用电设备相同。当变压器距发电机很近时（如发电厂的升压变压器等），规定其一次绕组的额定电压与发电机相同。同理，当变压器靠近用户，即配电距离较近时，可选用二次绕组的额定电压比用电设备的额定电压高出5％的变压器；否则应选用变压器二次绕组的额定电压高出电力网和用电设备额定电压10％的变压器，因为电力变压器二次绕组的额定电压均指空载电压，高出的10％用来补偿正常负载时变压器内部阻抗和网络阻抗造成的电压损失。

电压等级的确定在供电设计中是十分重要的，电压等级的确定是否合理将直接影响到供电系统设计的技术、经济上的合理性。因为电压的高低影响着电网有色金属消耗量、电能损耗、电压损失、建设投资费用以及企业今后的发展等，所以电网电压等级的选择一般应考虑多种方案，进行技术、经济上的比较后方能最后确定。方案比较时，需要考虑的主要技术、经济指标如下：

① 技术指标主要包括电能质量、供电的可靠性、配电的合理性及适应将来发展的情况等。

② 经济指标主要包括基建投资（线路、变压器和开关设备等）、有色金属消耗量、年电能损失费（包括线路及变压器的年电能损耗费）及年维修费等。

当经济指标相差不大时，各种电压线路送电容量与距离的参考值见表 1-3。

表 1-3　配电线路输电容量与距离的参考值

电网电压 /kV	架空线路		电缆线路	
	输电容量/MW	输电距离/km	输电容量/MW	输电距离/km
0.22	<0.06	<0.15	<0.1	<0.2
0.38	<0.1	<0.25	<0.175	<0.35
3.0	<1.0	1～3	<1.5	<1.8
6.0	<2.0	5～10	<3.0	<8
10.0	<3.0	8～15	<5.0	<10
35	<10	20～70		

续表 1-3

电网电压 /kV	架空线路		电缆线路	
	输电容量/MW	输电距离/km	输电容量/MW	输电距离/km
60	<30	30~100		
110	<50	50~150		
220	<500	100~300		

在工程实际中,由于线路阻抗会产生电压降,所以电网由始端到末端的各处电压是不一样的,离电源越远的电压越低,并且随用户负荷的变化而变化。如图 1-2 所示,变压器 T 通过配电线路对三个用户供电,电网的额定电压为 U_N,由于线路上有电压损失,必然出现 $U_1 > U_N$、$U_3 < U_N$ 及 $U_2 \approx U_N$ 的情况,即该线路各处电压都不相等。为了简化计算,在供电系统设计尤其是在短路电流计算时,通常用线路的平均额定电压(U_{av})来表示电网的电压。U_{av} 是指电网始端的最大电压和末端受电设备额定电压的平均值,其取值为 $U_{av} = 1.05 U_N$。

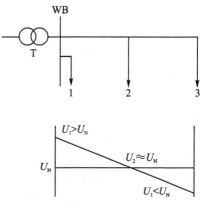

图 1-2　供电线路上电压的变化

1.2.3　电压偏差及调整

1. 电压偏差的含义

电压偏差又称电压偏移,是指给定瞬间设备的端电压 U 与设备额定电压 U_N 之差对额定电压 U_N 的百分值,即

$$\Delta U = \frac{U - U_N}{U_N} \times 100\% \tag{1-1}$$

2. 电压偏差对用电设备的影响

若供电系统的实际电压偏离其额定电压,则会导致用电设备运行特性恶化。对于感应电动机,其转矩与电压的平方成正比,当电压降低 10% 时,转矩降低到 81%,使电动机难以带负荷启动。同时,负荷电流将增大 5%~10% 以上,温升将增高 5%~10% 以上,绝缘老化程度增加,电动机的使用寿命明显缩短。对于同步发电机,当其端电压偏高或偏低时,由于转矩也要按电压的二次方成正比变化,因此同步电动机的电压偏差,除了不会影响其转速外,其他如对转矩、电流和温升等的影响,均与感应电动机相同。电压偏差对白炽灯的影响最为显著,若端电压下降 10%,则灯泡的使用寿命将延长 2~3 倍,但发光效率将下降 30% 以上,灯光明显变暗,严重影响人的视力健康。当端电压升高 10% 时,发光效率将提高 1/3,但其使用寿命将大大缩短,只有原来的 1/3 左右。电焊机的电压偏移也仅允许在有限的 5%~10% 范围内,否则将影响焊接质量。

3. 电压偏差限值

GB/T 12325—2008《电能质量 供电电压偏差》中规定,供电部门与用户的产权分界处或供用电协议规定的电能计量点的供电电压偏差限值为:

35 kV 及以上供电电压正、负偏差绝对值之和不超过标称电压的 10%；

20 kV 及以下三相供电电压偏差不超过标称电压的 ±7%；

220 V 单相供电电压偏差为标称电压的 −10%～+7%。

对供电点短路容量较小、供电距离较长以及对供电电压偏差有特殊要求的用户,由供、用电双方协议确定。

按照 GB 50052—2009《供配电系统设计规范》、GB 50034—2013《建筑照明设计标准》、CJ 45—2006《城市道路照明设计标准》等标准规定,用户内部供配电系统用电设备端子电压偏差限值为:

电动机:±5%。

电气照明:一般工作场所为 ±5%;对于远离变电所的小面积一般工作场所,难以达到上述要求时,可为 −10%～+5%;应急照明、道路照明和警卫照明为 −10%～+5%。

其他无特殊规定的用电设备:±5%。

4. 电压调整措施

(1) 正确选择无载调压型变压器的分接开关或采用有载调压变压器

无载调压变压器高压绕组有 $(1\pm5\%)U_{1N}$ 的电压分接头,可以通过调节分接头来调节低压侧的电压。但无载调压变压器只能在变压器无载条件下进行调节,不能按负荷的变动实时地自动调节电压。如果用电负荷中有的设备对电压偏差要求严格,采用无载调压型变压器满足不了要求,而这些设备单独装设调压装置在技术经济上又不合理时,则可采用有载调压型变压器,使之在负荷变动情况下自动调节电压,保证设备端电压的稳定。

(2) 合理减少系统的阻抗

系统阻抗是造成电压偏移的主要因素之一,合理选择导线及截面以减少系统阻抗,可在负荷变动的情况下使电压水平保持相对稳定。由于高压电缆的电抗远小于架空导线的电抗,故在条件允许时,应采用电缆线路供电。

(3) 合理调整系统的运行方式

根据生产生活的需要合理调整系统的运行方式,可以保证电压的稳定性。例如,对于一班制生产的企业,在工作班的时间内负荷重,往往电压偏低,此时需要将变压器高压绕组的分接头调在 −5% 的位置;在非工作班时为了防止电压过高,可切除部分变压器,改用与相邻变电所相连的低压联络线供电。

(4) 尽量均衡分配三相负荷

在有中性线的低压配电系统中,如果三相负荷分布不均衡,则将使负荷端中性点电位偏移,造成有的相电压升高,从而增大线路的电压偏差。为此,应使三相负荷分布尽可能均衡,以降低电压偏差。

(5) 采用无功功率补偿装置

由于用户存在大量的感性负荷,将使供电系统产生大量的相位滞后的无功功率,进而增加系统的电压降。采用无功功率补偿装置(并联电容器)可以产生相位超前的无功功率,减小了线路中的无功输送,也就减小了系统的电压降。

1.2.4　电压波动及其抑制

1. 电压波动的含义

电压波动是指系统电压有效值一系列的变动或连续的改变。电压波动用电压变动值 d

和电压变动频度 r 来综合衡量。

电压变动 d 是指电压方均根值曲线上相邻两个极值电压之差,以系统额定电压的百分数表示,即

$$d = \frac{\Delta U}{U_N} \times 100\% \qquad (1-2)$$

电压变动频度 r 是指单位时间内电压变动的次数(电压由大到小或由小到大各算一次变动)。不同方向的若干次变动,如间隔时间小于 30 ms,则算一次变动。

2. 电压波动的产生与危害

电压波动主要是大型用电设备负载快速变化引起冲击性负荷造成的,比如轧钢机咬钢、起重机提升启动、电弧炉熔化期发生短路、电弧焊机引弧、电气机车启动或爬坡等都有冲击性负荷产生。负荷急剧变化,使电网的电压损耗相应变动。

电压波动会使用电设备的性能恶化,自动装置、远动装置、电子设备和计算机无法正常工作;影响电动机的正常启动,甚至使电动机无法启动;对同步电动机还可引起其转子振动;还会使照明灯发生明显的闪烁,严重时影响视觉,使人无法正常生产、工作和学习。这种引起灯光(照度)闪变的波动电压,称为闪变电压。

3. 抑制电压波动的措施

抑制电压波动可采取下列措施:

① 对大容量冲击性负荷采用专线或专用变压器供电。

② 降低线路阻抗。当冲击性负荷与其他负荷共用供电线路时,应设法降低供电线路的阻抗。例如,可以将单回线路供电改为双回线路供电,或者将架空线路供电改为电缆线路供电等以减少冲击性负荷引起的电压波动。

③ 采用静止无功补偿装置。对大容量电弧炉及其他大容量冲击性负荷,如果采取上述措施仍达不到要求时,可装设能"吸收"冲击性无功功率的静止型无功补偿装置(Static Var Compensator,SVC)。自饱和电抗器型 SVC 电子元件少,可靠性高,反应速度快,维护方便,且我国一般变压器厂均能制造,是最适于在我国推广应用的一种 SVC。

④ 采用动态电压调节装置。动态电压调节装置(Dynamic Voltage Regulator,DVR),也称为动态电压恢复装置,是一种基于柔性交流输电技术(FACTS)原理的新型电能质量调节装置,主要用于补偿供电电网产生的电压跌落、闪变和谐波等,有效抑制电网电压波动对敏感负载的影响,从而保证电网的供电质量。

1.2.5　电网谐波及其抑制

1. 电网谐波的含义

"谐波"一词起源于声学,在声学中谐波表示一根弦或一个空气柱以基本循环(或基波)频率的倍数频率振动。电气信号也与此相仿,谐波被定义为一个信号量,该信号量的频率是实际系统频率(即发电机所产生的频率)的整数倍。实际系统频率称为基频(或工频),我国工频为 50 Hz。若电气信号的频率是基频的奇数倍,则称为奇次谐波;若电气信号的频率是基频的偶数倍,则称为偶次谐波。

谐波产生的根本原因是由于电力系统中某些设备和负荷的非线性,即所加的电压与产生的电流不成线性关系,从而造成波形畸变。当电力系统向非线性的设备及负荷供电时,这些设备或负荷在传递(如变压器)变换(如交直流换流器)吸收(如电弧炉)系统发电机所供给的基波

能量的同时,又把部分基波能量转换为谐波能量,向系统倒送大量的谐波,使系统的正弦波形畸变,电能质量降低。

近年来,随着电力电子设备及其新技术的大量采用,如换流器等大容量电力晶闸管设备等非线性负荷的大量增加,以及各种家用电器的普遍使用,电力系统谐波问题日益严重。

2. 谐波的危害

① 谐波使公用电网中的元件产生了附加的谐波损耗,降低了发电、输电及用电设备的效率,大量的三次谐波流过中性线时会使线路过热甚至发生火灾。

② 谐波影响各种电气设备的正常工作。谐波对电机的影响除引起附加损耗外,还会产生机械振动噪声和过电压。

③ 无功补偿电容器组可能引起谐波电流的放大,甚至造成谐振,从而产生危险的过电流和过电压。

④ 谐波会导致继电保护和自动装置的误运行,并会使电气测量仪表计量不准确。

⑤ 谐波会对邻近的通信系统产生干扰,轻者产生噪声,降低通信质量,重者导致信息丢失,使通信系统无法正常工作。

3. 电网谐波的抑制

抑制电网谐波,可采取下列措施:

（1）由短路容量较大的电网向大容量的非线性负荷供电

电网的短路容量越大,承受的非线性负荷的能力越强。

（2）三相整流变压器采用 Yd 或 Dy 联结

由于 3 次及 3 的整数倍次谐波电流在三角形连接的绕组内形成环流,而星形连接的绕组内不可能产生 3 次及 3 的整数倍次谐波电流,因此,采用 Yd 或 Dy 接线的三相整流变压器,可消除 3 次及 3 的整数倍次谐波电流。这是抑制高次谐波的最基本方法。三相整流变压器目前均采用 Yd 或 Dy 联结组。

（3）增加整流变压器二次侧的相数

增加整流变压器二次侧的相数可有效抑制谐波的产生。例如,将整流变压器二次侧的相数从 6 相增加到 12 相时,其产生的 5 次谐波电流和 7 次谐波电流都将降为原来的 1/4。

（4）选用 Dyn11 联结组三相配电变压器

由于 Dyn11 联结的变压器高压绕组为三角形连接,使 3 次及 3 的整数倍次的高次谐波在绕组内形成环流而不致注入高压电网中去,从而抑制了高次谐波。

（5）装设无源电力谐波滤波器

无源电力谐波滤波器由电力电容器、电抗器和电阻器按一定方式连接而成,如图 1-3 所示,常用的有单调谐滤波器、二阶高通滤波器和 C 型高通滤波器。

单调谐滤波器电路针对某个特定次数的谐波而设计。每相由电阻 R、电抗 L 和电容 C 串联构成。单调谐滤波器用做低通滤波器,主要作用是滤去频率较低的某次谐波(如 11 次以下)。它具有较大的共振系数 K_r($K_r = \omega_k L/R$),它的大小能够反映滤波器滤波性能的好坏,通常取 30~60。谐振频率为 $\omega_k = 1/\sqrt{LC}$。

高通滤波器用于吸收若干高次谐波,其在高于某个频率之后很宽的频带范围内呈低阻抗特性。每相由电阻 R、电抗 L 和电容 C 组合而成,主要作用是滤去频率较高的谐波(如 13 次及以上)。它具有较小的共振系数,一般为 0.5~5。

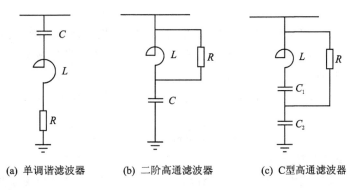

(a) 单调谐滤波器　　　(b) 二阶高通滤波器　　　(c) C型高通滤波器

图 1-3　无源电力滤波器的常用接线方式

电弧炉、电焊机、循环换流器等负荷不仅产生整数次谐波电流,而且产生间谐波电流,高品质因数的单调谐滤波器可能会使间谐波放大,低品质因数的单调谐滤波器基波有功损耗大。因此在要求高阻尼且调谐频率低于、等于 4 次的谐波滤波器常选用 C 型高通滤波器。

(6) 装设有源滤波器

有源滤波器通过向电网中注入补偿谐波电流,抵消负荷所产生的有害谐波电流,使系统的电流或电压波形始终保持正弦。而且有源滤波器能消除无源滤波器的某些消极影响。与无源滤波器相比,有源滤波器具有如下优点:

① 对各次谐波均能有效地抑制,且可提高功率因数。

② 不会产生谐振现象,且能抑制由于外电路的谐振产生的谐波电流的大小。

③ 可控性高、响应速度快、补偿效果好而且装备本身体积小,维修容易。

④ 能显示电压、电流波形计算畸变频谱,然后产生并注入一个预定波形和相位移的电流到电力系统中以消除谐波。

(7) 其他抑制谐波的措施

例如,限制电力系统中接入的变流设备和交流调压装置的容量,或者将“谐波源”与不能受干扰的负荷电路从电网的接线上分开,都能有助于谐波的抑制或消除。

1.2.6　三相不平衡及其改善

1. 三相不平衡的产生及其危害

在三相供电系统中,如果三相的电压或电流幅值或有效值不等,或者三相的电压或电流相位差不为 120°,则称此三相电压或电流不平衡。

导致三相供电系统出现三相不平衡的原因有很多,主要分为事故性三相不平衡和正常性三相不平衡。事故性三相不平衡是指由于单相接地短路、两相接地短路、相间短路等事故性原因造成的系统三相参数不对称,该种三相不平衡一般对电力系统的影响是致命的,如线路电流剧增造成设备烧毁、停止正常供电等。正常性三相不平衡可以概括为三相幅值不相等和三相相位不对称造成的三相不平衡。

三相不平衡对电力系统的危害主要包括以下几个方面:

① 三相不平衡会导致线路损耗大量增加,使得负荷端电压降低。

② 三相不平衡会导致电力变压器铜耗大量增加,负荷过重相发热增大,由于三相磁路不对称导致大量漏磁通过夹件及油箱,引起附加损耗,造成变压器温度过高,绝缘寿命缩短。

③ 三相不平衡会引起以零序分量为动作依据的继电保护及自动装置产生误动,危及正常

运行。

④ 三相不平衡状况下,旋转电机震动加剧、出力下降、损耗及发热增加、寿命降低。

⑤ 三相不平衡将引起系统中性点电位偏移,导致某相电压偏低或偏高,有损低压配电网中照明设备及用户照明体验,降低计算机、电视机等家用电器的寿命。

⑥ 三相不平衡导致含半导体器件的交流设备产生非特征谐波,电压不平衡度超过设计阈值。

⑦ 三相不平衡将影响信息通信系统的质量等。

2. 电压不平衡度及其允许值

三相电压不平衡度用电压负序基波分量 U_2 或零序基波分量 U_0 与正序基波分量 U_1 的方均根值的百分比表示。

负序电压不平衡度 ε_{U_2} 为

$$\varepsilon_{U_2} = \frac{U_2}{U_1} \times 100\% \tag{1-3}$$

零序电压不平衡度 ε_{U_0} 为

$$\varepsilon_{U_0} = \frac{U_0}{U_1} \times 100\% \tag{1-4}$$

GB/T 15543—2008《电能质量 三相电压不平衡》规定:

① 电力系统的公共连接点电压不平衡度限值为:电网正常运行时,负序电压不平衡度不超过 2%,短时不得超过 4%。低压系统零序电压不平衡度限值暂不作规定,但各相电压必须满足 GB/T 12325—2008《电能质量 供电电压偏差》的要求。

② 接于公共连接点的每个用户引起该点负序电压不平衡度允许值一般为 1.3%,短时不超过 2.6%。根据连接点的负荷状况以及邻近发电机、继电保护和自动装置安全运行要求,该允许值可作适当变动,但必须满足标准①的规定。

3. 改善三相不平衡的措施

(1)尽量均衡分配三相负荷

在供配电设计和安装中,应尽量使三相负荷均衡分配。三相系统中各相装设的单相用电设备容量之差应不超过 15%。

(2)分散连接不平衡负荷

尽可能将不平衡负荷接到不同的供电点,以减少其集中连接造成电压不平衡度可能超过允许值的问题。

(3)通过高电压电网向不平衡负荷供电

由于更高电压的电网具有更大的短路容量,因此在更高压电网接入不平衡负荷对三相不平衡度的影响可大大减小。

(4)采用特殊接线的变压器

对于大容量且较恒定的单相负荷,可以采用高电压大容量的平衡变压器,这是一种用于三相—两相并兼有降压及换相两种功能的变压器,它能帮助系统起到三相平衡的作用。

(5)采用有源三相电压平衡装置

DVR、SVC、SVG 三者都可以实现三相电压不平衡的治理。DVR 串联在线路上,对电压的控制最直接,效果也最明显。SVG 是指静止无功电源(Static Var Generator),SVG 相对于SVC 有显著优势,其原理主要是检测电网电压中的负序分量,并控制 SVG 输出负序电流来改变电网电压,抵消由于三相不平衡负载引起的三相电压不平衡。

1.3　电网中性点运行方式

1.3.1　中性点运行方式分析

　　中性点是指星形连接的发电机或变压器的中性点。在三相供电系统中,作为供电电源的发电机和变压器,其中性点的运行方式决定着供电系统单相接地后的运行情况,与系统的供电可靠性、人身安全、过电压保护、继电保护、通信干扰及接地装置等因素有密切的关系。因此,正确选择供电系统中性点运行方式是供电工作的关键。按单相接地短路电流的大小可将中性点运行方式分为大电流接地系统和小电流接地系统两种。大电流接地系统即为中性点直接接地系统,小电流接地系统有中性点不接地、中性点经电阻和经消弧线圈接地。

　　我国 3～63 kV 系统一般采用中性点不接地运行方式。当 3～10 kV 系统接地电流大于30 A,20～63 kV 系统接地电流大于 10 A 时,应采用中性点经消弧线圈接地的运行方式;不过,当城市配电系统中电缆线路的总长度增大到一定程度时,它会给消弧线圈的灭弧带来困难,系统单相接地易引发多相短路;所以,近几年来,有些大城市的配电系统改用中性点经低值(不大于 10 Ω)或中值(11～100 Ω)电阻接地,它们也属于大电流接地系统。对于 110 kV 及以上系统和 1 kV 以下低压系统,应采用中性点直接接地运行方式。

　　1. 中性点不接地方式

　　中性点不接地方式如图 1-4(a)所示,系统正常运行时,线电压对称,各相对地电压对称,等于各相的相电压,中性点对地电压为零。三相导线之间和各相导线对地之间都存在着分布电容,各相对地均匀分布的电容可由集中电容 C 表示,各相对地电容电流也对称,其电容电流的相量和为零,相量图如图 1-4(b)所示。线间电容电流数值较小,可不考虑。

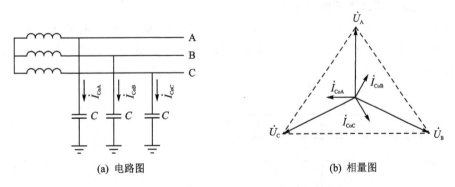

(a) 电路图　　　　　　　　　　　(b) 相量图

图 1-4　正常运行时中性点不接地的电力系统

　　如图 1-5(a)所示,系统发生单相接地时,接地相(C 相)对地电压为零,非接地相对地电压升高为线电压($\dot{U}'_A = \dot{U}_A + (-\dot{U}_C) = \dot{U}_{AC}$,$\dot{U}'_B = \dot{U}_B + (-\dot{U}_C) = \dot{U}_{BC}$),即等于相电压的 $\sqrt{3}$ 倍。从而,接地相电容电流为零,非接地相对地电容电流也增大 $\sqrt{3}$ 倍。因此,要求电气设备的绝缘水平也提高,在高电压系统中,绝缘水平的提高将使设备费用大为增加。

　　C 相接地时,系统的接地电流 $\dot{I}_E$(流过接地点的电容电流)应为 A、B 两相对地电容电流之和。取接地电流 $\dot{I}_E$ 的正方向从相线到大地,如图 1-5(b)所示,因此

$$\dot{I}_E = -(\dot{I}_{CA} + \dot{I}_{CB}) \qquad\qquad (1-5)$$

在数值上,由于 $I_E = \sqrt{3} I_{CA}$,而 $I_{CA} = U'_A / X_C = \sqrt{3} U_A / X_C = \sqrt{3} I_{C0}$,因此

$$I_E = 3 I_{C0} \qquad\qquad (1-6)$$

即单相接地的接地电流为正常运行时每相对地电容电流的 3 倍。

从图 1-5(b)的向量图中可以看出,当中性点不接地系统发生单相接地时,其线路的线电压的相位和幅值均不会发生变化,所以,此系统中的三相用电设备可以继续正常工作 2 h。但是,一旦再有一相发生接地故障,就会形成两相接地短路,使故障扩大。所以在中性点不接地系统中,应装设专门的单相接地保护或绝缘监视装置。当系统发生单相接地故障时,发出报警信号,提醒供电值班人员及时排除故障;当危及人身和设备安全时,单相接地保护应动作于跳闸,切除故障线路。

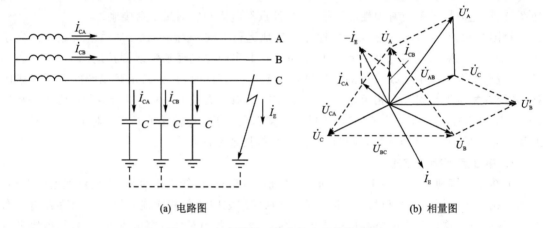

(a) 电路图　　　　　　　　　　　　(b) 相量图

图 1-5　一相接地时的中性点不接地系统

2. 中性点经消弧线圈接地方式

在中性点不接地系统中,当单相接地电流超过规定数值时,电弧不能自行熄灭。一般采用经消弧线圈接地措施来减小接地电流使故障电弧自行熄灭。这种方式称为中性点经消弧线圈接地方式,如图 1-6 所示。

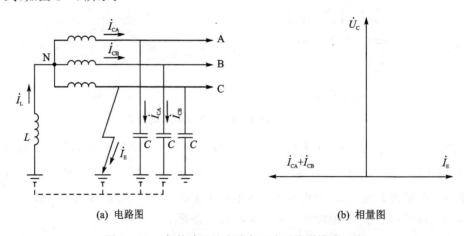

(a) 电路图　　　　　　　　　　　　(b) 相量图

图 1-6　一相接地时的中性点经消弧线圈接地系统

消弧线圈是一种带有铁芯的电感线圈,具有较大的感抗,其外形与小型电力变压器相似,

所不同的是为了防止铁心磁饱和,消弧线圈的铁心柱中有许多间隙,间隙中填充着绝缘材料,从而可以得到较稳定的感抗值,使得消弧线圈的补偿电流 I_L 与电源中性点的对地电压 U_N 成正比关系,保持有效的消弧作用。

当 C 相发生金属性接地时,中性点对地电压 U_N 与 U_C 大小相等,相位相反。此时在消弧线圈中有电流 $\dot{I}_L$ 通过,其相位较 $\dot{U}_N$ 滞后 90°,并且与非接地相对地电容电流的矢量和 $\dot{I}_{CA} + \dot{I}_{CB}$ 反相,所以在接地处互相补偿,使接地电流($\dot{I}_E = \dot{I}_{CA} + \dot{I}_{CB} + \dot{I}_L$)减小。若消弧线圈的感抗调节合适,将使接地电流降到很小,达到不起弧的程度。

中性点经消弧线圈接地系统发生单相接地时,各相对地电压和对地电容电流的变化情况与中性点不接地系统相同。

3. 中性点直接接地方式

电力系统中性点直接接地方式是把中性点和大地直接相接。如图 1-7 所示,当系统发生单相接地故障时,接地点会和中性点通过大地构成单相短路,其单相短路电流 $I_k^{(1)}$ 比线路正常负荷电流要大许多倍,使保护装置动作或使熔断器熔断,将短路故障切除,其他无故障部分继续正常运行。因而中性点直接接地系统,又称为大电流接地系统。

中性点直接接地的系统发生单相接地时,其他两相的对地电压不会升高,这与上述中性点非直接接地的系统不同。因此中性点直接接地系统中的电力设备绝缘只需按相电压考虑,而无需按线电压考虑。这对 110 kV 及以上的超高压系统是很有经济技术价值的。因此我国 110 kV 及以上超高压系统的电源中性点通常都采用直接接地的运行方式。

对于 380/220 V 低压配电系统,我国广泛采用中性点直接接地的运行方式。运行经验表明,单相接地故障大多是暂时性故障,为了提高

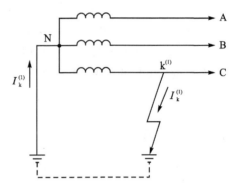

图 1-7　一相接地的中性点直接接地系统

系统的供电可靠性,中性点直接接地系统中广泛采用自动重合闸装置。当保护装置动作切除故障线路后,经过一定时间自动合闸装置动作,将线路重新合闸。如果是暂时性故障,线路接通,恢复供电;如果是持续性故障,保护装置再次将故障线路切除。这样可减少停电次数,提高供电的可靠性。

1.3.2　电网接地电流的计算

为了讨论电网各种接地方式下的单相接地电流,现假设电网中性点通过电阻和电感并联接地,电网对地有分布电容和漏电导。以 A 相为参考相,发生接地时,接地处有接地电导,如图 1-8 所示。

设接地前三相电压对称,接地后中性点对地出现电压,此时三相对地电压为

$$\dot{U}_A = \dot{U}_0 + \dot{E}$$

$$\dot{U}_B = \dot{U}_0 + a^2 \dot{E}$$

$$\dot{U}_C = \dot{U}_0 + a \dot{E}$$

根据基尔霍夫电流定律,如以大地为一节点,则流过大地的电流关系为

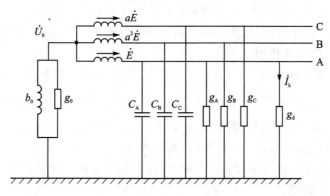

图1-8　单相接地电流计算

$$\dot{U}_0(g_0-\mathrm{j}b_0)+(\dot{U}_0+\dot{E})(g_\mathrm{d}+g_\mathrm{A}+\mathrm{j}\omega C_\mathrm{A})+$$

$$(\dot{U}_0+a^2\dot{E})(g_\mathrm{B}+\mathrm{j}\omega C_\mathrm{B})+(\dot{U}_0+a\dot{E})(g_\mathrm{C}+\mathrm{j}\omega C_\mathrm{C})=0$$

故

$$\dot{U}_0=-\dot{E}\ \frac{(g_\mathrm{d}+g_\mathrm{A}+a^2g_\mathrm{B}+ag_\mathrm{C})+\mathrm{j}\omega(C_\mathrm{A}+a^2C_\mathrm{B}+aC_\mathrm{C})}{(g_\mathrm{d}+g_0+g_\mathrm{A}+g_\mathrm{B}+g_\mathrm{C})+\mathrm{j}\omega(C_\mathrm{A}+C_\mathrm{B}+C_\mathrm{C})-\mathrm{j}b_0}\qquad(1-7)$$

式中，g_A、g_B、g_C 为三相对地电导，单位是 Ω；C_A、C_B、C_C 为三相对地分布电容，单位是 F；g_0、b_0 为中性点接地电导和电纳，其值为

$$g_0=\frac{1}{r_0},\quad b_0=\frac{1}{\omega L_0}$$

g_d 为接地点的电导，其值为

$$g_\mathrm{d}=\frac{1}{R_\mathrm{d}}$$

设备各相对地电容和电导相等，即

$$C=C_\mathrm{A}=C_\mathrm{B}=C_\mathrm{C},\quad g=g_\mathrm{A}=g_\mathrm{B}=g_\mathrm{C}$$

则式(1-7)化简为

$$\dot{U}_0=\frac{-\dot{E}g_\mathrm{d}}{(g_\mathrm{d}+g_0+3g)+(\mathrm{j}3\omega C-\mathrm{j}b_0)}\qquad(1-8)$$

故流过接地点的电流 $\dot{I}_\mathrm{k}$ 为

$$\dot{I}_\mathrm{k}=(\dot{U}_0+\dot{E})g_\mathrm{d}=\dot{E}g_\mathrm{d}\ \frac{g_0+3g+\mathrm{j}3\omega C-\mathrm{j}b_0}{g_0+g_\mathrm{d}+3g+\mathrm{j}3\omega C-\mathrm{j}b_0}\qquad(1-9)$$

式(1-9)是各种接地方式下的接地电流计算式。下面分别讨论在不同接地方式和电网对地参数下的接地电流。

1. 消弧线圈接地方式发生单相金属性接地时($g_\mathrm{d}=\infty$,$g_0=0$)

对高压电网漏电流可忽略，即 $g=0$,$b_0=\frac{1}{\omega L_0}$,其接地电流为

$$\dot{I}_\mathrm{k1}=\dot{E}\ \frac{\mathrm{j}3\omega C-\mathrm{j}b_0}{1+\dfrac{\mathrm{j}3\omega C-\mathrm{j}b_0}{g_\mathrm{d}}}=\mathrm{j}(3\omega C-b_0)=\mathrm{j}\left(3\omega C-\frac{1}{\omega L_0}\right)\dot{E}\qquad(1-10)$$

2. 电阻接地方式发生金属性接地时($g_d = \infty, b_0 = 0$)

对高压电网漏电流可忽略,即 $g = 0$,其接地电流为

$$\dot{I}_{k2} = \dot{E}(g_0 + j3\omega C) \tag{1-11}$$

3. 中性点不接地方式接地处具有电阻时($g_0 = 0, b_0 = 0$)

其接地电流为

$$\dot{I}_{k3} = \dot{E}g_d \frac{3g + j3\omega C}{g_d + 3g + j3\omega C} \tag{1-12}$$

若令 $Z = \dfrac{1}{Y} = \dfrac{1}{g + j\omega C}$,则式(1-12)变为

$$\dot{I}_{k3} = \frac{3\dot{E}}{3R_d + Z}$$

其有效值为

$$I_{k3} = \frac{E}{R_d} \frac{1}{\sqrt{1 + \dfrac{r(r + 6R_d)}{9R_d^2(1 + \omega^2 C^2 r^2)}}} \tag{1-13}$$

对高压电网漏电流可忽略,即 $g = 0$,则接地电流为

$$\dot{I}_{k4} = \dot{E}g_d \frac{j3\omega C}{g_d + j3\omega C} \tag{1-14}$$

其有效值为

$$I_{k4} = \frac{3g_d \omega C E}{\sqrt{g_d^2 + 9\omega^2 C^2}} = \frac{3\omega C E}{\sqrt{1 + 9\omega^2 C^2 R_d^2}} \tag{1-15}$$

在某些情况下,电网电容可忽略不计(低压短线路),则

$$\dot{I}_{k5} = \dot{E} \frac{3gg_d}{g_d + 3g} = \frac{3\dot{E}}{r + 3R_d} \tag{1-16}$$

其有效值为

$$I_{k5} = \frac{3E}{r + 3R_d}$$

习题与思考题

1. 什么是电力系统?其主要任务是什么?

2. 水电站、火电厂和核电站各利用什么能源发电?风力发电、地热发电和太阳能发电各有何特点?

3. 电网电压的高低如何划分?什么叫低压和高压电网?什么是中压、高压、超高压和特高压电网?

4. 相同电压等级的发电机、变压器、用电设备及电网的额定电压有何差别?差别的原因是什么?

5. 用电设备在高于或低于其额定电压下工作会出现什么问题?

6. 什么叫电压偏差?电压偏差对感应电动机和照明光源各有哪些影响?

7. 用电单位可以采取哪些措施来防止电压偏差?

8. 什么叫电压波动？电压波动对交流电动机和照明光源各有哪些影响？有哪些抑制措施？

9. 电力系统中的高次谐波是如何产生的？有什么危害？有哪些消除或抑制措施？

10. 三相不平衡度如何表示？如何改善三相不平衡的状况？

11. 简述供电系统中性点运行方式的种类、特点及适用场合。

12. 小接地电流系统当发生一相接地时,各相对地电压和对地电流如何变化？试画出发生一相接地时的电压、电流矢量图。

13. 为什么我国 380/220 V 低压配电系统采用中性点直接接地的运行方式？

14. 试确定图 1-9 所示供电系统中发电机 G 和变压器 T1、T2 和 T3 的额定电压。

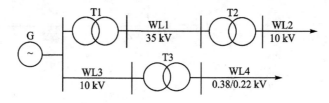

图 1-9　习题 14 图

第2章　负荷计算与无功功率补偿

本章首先介绍电力负荷的相关概念及其对供电可靠性的要求;然后介绍负荷曲线的意义与绘制;重点讲述负荷计算的两种常用计算方法,即需要系数法和二项式系数法;最后介绍企业负荷的确定、功率因数及无功功率补偿。

2.1　电力负荷及其对供电可靠性的要求

2.1.1　电力负荷

电力负荷是电力系统中用电设备消耗功率的总和。用电设备处于电力系统的最末端,其任务是将电能转化为其他形式的能量。按照能量转换形式,用电设备可分为动力设备、照明设备、电热设备等。生产领域以感应电动机类动力设备占最大比例,民用生活领域以照明和空调设备占最大比例。

将各工业部门消耗的电功率与农业、交通运输业、通信业和市政生活等所消耗的电功率相加即为电力系统的综合用电负荷。该负荷再加上电力网中损耗的功率就是系统中各发电厂应提供的功率,称为电力系统的供电负荷。供电负荷再加上各发电厂本身消耗的功率(厂用电),就是系统中各发电机应发出的功率,称为电力系统的发电负荷。

2.1.2　电力负荷分级及其对供电的要求

为了满足电力用户对供电可靠性的要求,将中断供电带来的损失与供电经济性统筹考虑,根据用电设备在企业中所处的地位不同,通常将电力负荷分为三级。

1. 一级负荷

一级负荷是指中断供电将造成人身伤害,或将在经济上造成重大损失,或将影响正常用电单位的正常工作的负荷。

在一级负荷中,当中断供电造成人员伤亡或重大设备损坏或发生中毒、爆炸和火灾等情况的负荷,以及特别重要场所不允许中断供电的负荷,应视为特别重要负荷。

一级负荷应由双重电源供电,当一电源发生故障时,另一电源不应同时受到损坏。这里指的双重电源可以是分别来自不同电网的电源,或来自同一电网但在运行时电路相互之间联系很弱,或者来自同一个电网但其间的电气距离较远,一个电源系统任意一处出现异常运行时或发生短路故障时,另一个电源仍能不中断供电,这样的电源都可视为双重电源。双重电源可一用一备,也可同时工作,各供一部分负荷,互为备用。

一级负荷中的特别重要负荷,除应由双重电源供电外,尚应增设应急电源,并严禁将其他负荷接入应急供电系统。设备的供电电源的切换时间,应满足设备允许中断供电的要求。独立于正常电源的发电机组、供电网络中独立于正常电源的专用的馈电线路、蓄电池及干电池等可作为应急电源。

2. 二级负荷

二级负荷是指中断供电将使主要设备损坏、大量产品报废、连续生产过程被打乱需较长时间才能恢复、重点企业大批减产等将在经济上造成较大损失者。

二级负荷也属于重要负荷，其重要程度低于一级负荷。二级负荷的供电系统，宜由两回路供电。在负荷较小或地区供电条件困难时，二级负荷可由一回 6 kV 及以上专用的架空线路供电。

3. 三级负荷

三级负荷是指除一级、二级负荷外的其他负荷。如工厂企业的附属车间及生活福利设施等。对三级用户供电一般采用单一回路方式，不考虑备用电源。根据需要，各负荷还可共用一条输电线路。

负荷分级的定义是描述性的，在实际工程中如何确定负荷等级，除了参照以上条件外，还应该根据具体的工程项目性质查阅相关规范。比如，若工程项目为高层建筑，则在确定建筑物中用电设备的负荷等级时，就应遵守 GB 50045《高层建筑防火设计规范》等标准的相关规定。

2.1.3　用户对供电的基本要求

1. 安　全

安全是指不发生人身触电事故和因电气故障而引起的爆炸、火灾等重大灾害事故。正确选用电气设备、拟定供电方案，并设置可靠的继电保护，使之不易发生电气事故，一旦发生，也能迅速切断电源，防止事故的扩大并避免人员伤亡。

2. 可　靠

可靠的要求是当供电设备或线路发生故障时，供电网络依然能保证系统整体的稳定运行。为了保证供电系统的可靠性，必须保证系统中各电气设备、线路的可靠运行，为此应经常对设备、线路进行监视、维护，定期进行试验和检修，使之处于完好的运行状态。

3. 优　质

优质的要求意味着电能质量的指标如频率、电压偏差、波动及谐波等都能满足要求。对于电力用户，电能质量要求电压偏差不超过额定值的 $\pm 5\%$、频率偏移不超过 $\pm 0.2 \sim 0.5$ Hz、正弦交流的波形畸变限制在 $3\% \sim 5\%$ 的允许范围之内。

4. 经　济

在满足上述三条要求的前提下，经济的要求意味着节省系统的建设运行成本，例如降低有色金属消耗量，减少供电网络的电能损耗等。

总之，要在保证安全可靠供电的前提下使用户得到良好的电能质量，并且在保证技术经济合理的同时，使供电系统结构简单、操作灵活、便于安装和维护。

2.2　负荷曲线

电力负荷曲线是指某一段时间内负荷随时间变化规律的曲线。负荷曲线按负荷对象分，有工厂的、车间的或某类设备的负荷曲线；按负荷性质分，有有功和无功负荷曲线；按所表示的负荷变动时间分，有年的、月的、日的或工作班的负荷曲线。

2.2.1　日有功负荷曲线

图 2-1 是一班制日有功负荷曲线,其中图 2-1(a)是折线形负荷曲线,图 2-1(b)是阶梯形负荷曲线。通常,为便于计算,负荷曲线多绘制成阶梯形,横坐标一般按半小时分格。这是考虑到对于较小截面($3 \times 16 \text{ mm}^2$ 左右)的载流导体而言,30 min 的时间已能使之接近稳定温升,对于较大截面积的导体发热,显然有足够的裕量。

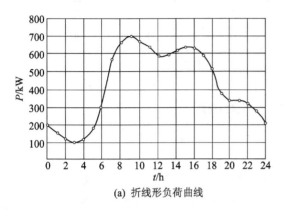
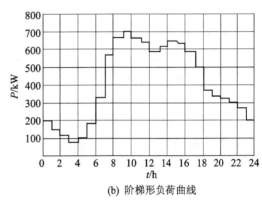

(a) 折线形负荷曲线　　　　　　　　　　(b) 阶梯形负荷曲线

图 2-1　日有功负荷曲线

日负荷曲线的绘制方法是:以某个检测点为参考点,在 24 h 中各个时刻记录有功功率表的读数,逐点绘制而成折线形状,称折线形负荷曲线,如图 2-1(a)所示;通过接在供电线路上的电度表,每隔一定的时间间隔(一般为 30 min)将其读数记录下来,求出 30 min 的平均功率,再依次将这些点画在坐标上,把这些点连成阶梯形负荷曲线,如图 2-1(b)所示。日负荷曲线与坐标所包围的面积代表全日所消耗的电能量。对于不同性质的用户,负荷曲线是不相同的。通过负荷曲线,可以直观地了解负荷变化的情况,掌握它的变化规律,对企业的生产计划、负荷调整有重要意义。

为了方便,工程上常用一些典型的日负荷曲线来近似一定时期内的实际日负荷曲线,这些典型负荷曲线主要有冬(夏)日典型日负荷曲线、最大生产班日负荷曲线等。

2.2.2　年负荷曲线

年负荷曲线反映了全年负荷变动与对应的负荷持续时间(全年按 8 760 h 计)的关系。年负荷曲线又分为年运行负荷曲线和年持续负荷曲线。通常用年持续负荷曲线来表示年负荷曲线。

年负荷曲线根据企业一年中具有代表性的冬季和夏季的日有功负荷曲线来绘制。将一年中所有日负荷曲线上的功率值由大到小依次排列,并在功率—时间坐标系上从左到右依次绘制出来,每一功率值所对应的时间长度为该功率值在一年中出现的累计时间,这样便得到年负荷曲线。为了绘制方便,一般利用典型冬季和夏季日负荷来绘制负荷年持续曲线,并按气象条件确定一年中冬、夏日的天数(如北方典型值为冬季 200 d,夏季 165 d,南方则相反)。图 2-2所示为北方地区某用户的年负荷曲线。

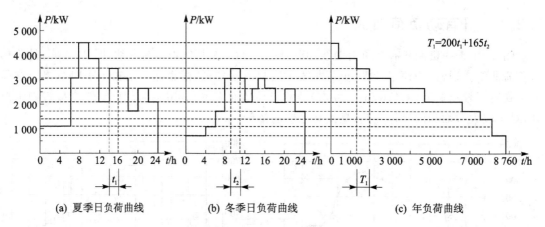

(a) 夏季日负荷曲线　　　　　(b) 冬季日负荷曲线　　　　　(c) 年负荷曲线

图 2-2　年有功负荷曲线的绘制

2.2.3　年每日最大负荷曲线

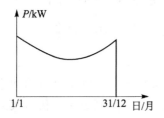

图 2-3　年每日最大负荷曲线

年每日最大负荷曲线按全年中每日最大负荷的半小时平均值绘制而成,如图 2-3 所示。横坐标依次以全年十二个月份的日期来分格。年每日最大负荷曲线可用来确定企业变压器的经济运行方式,达到降低电能损耗,提高供电系统的经济效益的目的。

负荷曲线是安排供电计划、设备检修和确定系统运行方式的重要依据,对供电系统的安全稳定运行有非常重要的意义。由于负荷曲线是用电设备负荷的真实记录,所以不仅可以利用负荷曲线来计算设备或电网的总消费电量,而且可以根据负荷的峰谷情况及供电部门的要求合理安排设备的工作时间,获得最佳用电效率。

2.2.4　负荷计算相关物理量

1. 年最大负荷 P_{max}

全年中负荷最大的工作班内(该工作班的最大负荷不是偶然出现的,而是在负荷最大的月份内至少出现过 2~3 次)消耗电能最大的 30 min 的平均功率。因此,年最大负荷也称为 30 min 最大负荷 P_{30}。

2. 年最大负荷利用小时 T_{max}

年最大负荷利用小时 T_{max} 是假设电力负荷按年最大负荷 P_{max} 持续运行时,在此时间内电力负荷所耗用的电能恰与电力负荷全年实际耗用的电能相同,如图 2-4 所示。因此年最大负荷利用小时是一个假想时间,按下式计算

$$T_{max} = \frac{W_a}{P_{max}} \qquad (2-1)$$

式中 W_a 是全年实际耗用的电能(kWh)。年最大负荷利用小时是反映电力负荷是否均匀的一个重要参数。该值越大,则负荷越平稳。它与工厂的生产班制有关。例如一班制工厂,T_{max} 为 1 800~2 500 h;两班制工厂,T_{max} 为 3 500~4 500 h;三班制工厂,T_{max} 为 5 000~7 000 h。

3．平均负荷 P_{av}

平均负荷 P_{av} 就是电力负荷在一定时间内平均消耗的功率,如在 t 时间内消耗电能为 W_t,则 t 时间的平均负荷为

$$P_{av} = \frac{W_t}{t} \tag{2-2}$$

年平均负荷是指电力负荷在一年内消耗的功率的平均值,即

$$P_{av} = \frac{W_a}{8\ 760\ h} \tag{2-3}$$

在图 2-5 中,阴影部分表示全年实际消耗的电能 W_a,而全年平均负荷 P_{av} 的横线与两坐标轴所包围的矩形面积恰好与之相等。

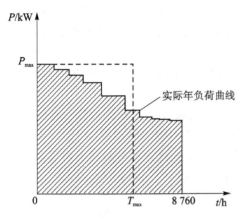

图 2-4　年最大负荷和年最大负荷利用小时

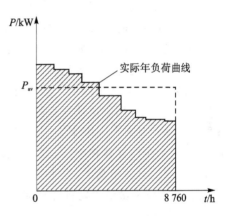

图 2-5　年平均负荷

4．负荷系数 K_L

用电负荷的平均负荷 P_{av} 与其最大负荷 P_{max} 的比值称为负荷系数,即

$$K_L = \frac{P_{av}}{P_{max}} \tag{2-4}$$

对用电设备来说,负荷系数就是设备的输出功率 P 与设备额定容量 P_N 的比值,即

$$K_L = \frac{P}{P_N} \tag{2-5}$$

负荷系数通常以百分值表示。有时也用 α 表示有功负荷系数,用 β 表示无功负荷系数。负荷系数表征负荷曲线不平坦的程度,即表征负荷起伏变动的程度。负荷曲线越接近1,负荷越平坦。一般用户 α 为 $0.7 \sim 0.75$,β 为 $0.76 \sim 0.82$。

2.3　电力负荷的计算

2.3.1　计算负荷的概念

计算负荷是一个假想的恒定的持续性负荷,其所产生的热效应与实际变动负荷所产生的热效应相等。

由于导体通过电流达到稳定温升的时间大约需 $3\tau \sim 4\tau$，τ 为发热时间常数。截面积在 16 mm² 及以上的导体，其 $\tau \geqslant 10$ min，因此载流导体大约经 30 min（半小时）后可达到稳定温升值。由此可见，计算负荷实际上与从负荷曲线上查得的半小时最大负荷 P_{30} 是基本相当的。所以，在设计计算中是将"30 min 最大负荷"作为计算负荷的，用 P_{30} 来表示有功计算负荷，用 Q_{30} 表示无功计算负荷，用 S_{30} 表示视在计算负荷，用 I_{30} 表示计算电流。因为年最大负荷 P_{max} 是以最大负荷工作班 30 min 平均最大负荷绘制的，所以计算负荷、年最大负荷二者之间有如下关系：

$$P_{30} = P_{max}, \quad Q_{30} = Q_{max}, \quad S_{30} = S_{max}, \quad I_{30} = I_{max}$$

2.3.2 用电设备组计算负荷的确定

计算负荷是供电设计计算的基本依据。计算负荷确定的是否正确合理，直接影响到电器和导线电缆的选择是否经济合理。如果计算负荷确定的过大，将使电气设备选得过大，会导致投资和有色金属的浪费；如果计算负荷确定的过小，则会导致电气设备运行时电能损耗增加、温升过高，使其绝缘过早老化，甚至烧毁，造成事故。因此，在供电设计中，应根据不同的情况，选择正确的计算方法来确定计算负荷。

目前，广泛采用确定计算负荷的方法有需要系数法和二项式法。需要系数法是国际上普遍采用的确定计算负荷基本方法，最为简便，但是其计算精度与设备台数有关，台数多时计算精度高，台数少时计算精度低。二项式法应用局限性较大，但在确定台数较少而容量差别较大的分支干线的计算负荷时，采用二项式法较之需要系数法合理，且计算也比较简便。

1. 按需要系数法确定计算负荷

（1）基本公式

在所计算的范围内，用电设备组的计算负荷并不等于其额定容量，两者之间存在一个比值关系，因此引进需要系数的概念，即

$$P_{30} = K_d P_e \tag{2-6}$$

式中，P_{30} 为计算负荷；K_d 为需要系数；P_e 为用电设备组所有设备的额定容量 P_N 之和。

导致用电设备的额定容量和计算容量之间差异的原因有以下四种：

① 用电设备的设备容量是指输出容量，它与输入容量之间有一个额定效率 η_e；

② 用电设备不一定满负荷运行，因此引入负荷系数 K_L；

③ 配电线路有功率损耗，所以引入一个线路平均效率 η_{WL}；

④ 用电设备组的所有设备不一定同时运行，故引入一个同时系数 K_Σ。

由此可得需要系数的表达式为

$$K_d = \frac{K_\Sigma K_L}{\eta_e \eta_{WL}} \tag{2-7}$$

实际上，需要系数还与操作人员的技能及生产过程等多种因素有关，表 2-1 和表 2-2 分别列出了各种工业设备和民用建筑用电设备的需要系数，供计算时参考。一般设备台数多时取较小值，台数少时取较大值。

表 2-1　工业设备的需要系数和功率因数

用电设备组名称		K_d	功率因数	
			$\cos\varphi$	$\tan\varphi$
单独传动的 金属加工机床	小批生产的金属冷加工机床电动机	0.12~0.16	0.50	1.73
	大批生产的金属冷加工机床电动机	0.17~0.20	0.50	1.73
	小批生产的金属热加工机床电动机	0.20~0.25	0.60	1.33
	大批生产的金属热加工机床电动机	0.25~0.28	0.65	1.17
锻锤、压床、剪床及其他锻工机械		0.25	0.60	1.33
木工机械		0.20~0.30	0.50~0.60	1.73~1.33
液压机		0.30	0.60	1.33
生产用通风机		0.75~0.85	0.80~0.85	0.75~0.62
卫生用通风机		0.65~0.70	0.80	0.75
泵、活塞压缩机、空调送风机		0.75~0.85	0.80	0.75
冷冻机组		0.85~0.90	0.80~0.90	0.75~0.48
球磨机、破碎机、筛选机、搅拌机等		0.75~0.85	0.80~0.85	0.75~0.62
电阻炉 （带调压器或 变压器）	非自动装料	0.60~0.70	0.95~0.98	0.33~0.20
	自动装料	0.70~0.80	0.95~0.98	0.33~0.20
	干燥箱、电加热器等	0.40~0.60	1.00	0
工频感应电炉（不带无功补偿装置）		0.80	0.35	2.68
高频感应电炉（不带无功补偿装置）		0.80	0.60	1.33
焊接和加热用高频加热设备		0.50~0.65	0.70	1.02
熔炼用高频加热设备		0.80~0.85	0.80~0.85	0.75~0.62
表面淬火电炉 （带无功补偿 装置）	电动发电机	0.65	0.70	1.02
	真空管振荡器	0.80	0.85	0.62
	中频电炉（中频机组）	0.65~0.75	0.80	0.75
氢气炉（带调压器或变压器）		0.40~0.50	0.85~0.90	0.62~0.48
真空炉（带调压器或变压器）		0.55~0.65	0.85~0.90	0.62~0.48
电弧炼钢炉变压器		0.90	0.85	0.62
电弧炼钢炉的辅助设备		0.15	0.50	1.73
点焊机、缝焊机		0.35,0.20[①]	0.60	1.33
对焊机		0.35	0.70	1.02
自动弧焊变压器		0.50	0.50	1.73
单头手动弧焊变压器		0.35	0.35	2.68
多头手动弧焊变压器		0.40	0.35	2.68
单头直流弧焊机		0.35	0.60	1.33
多头直流弧焊机		0.70	0.70	1.02
金属加工、机修、装配车间用起重机[②]		0.10~0.25	0.50	1.73
铸造车间用起重机[②]		0.15~0.45	0.50	1.73

用电设备组名称	K_d	功率因数	
		$\cos\varphi$	$\tan\varphi$
连锁的连续运输机械	0.65	0.75	0.88
非连锁的连续运输机械	0.50～0.60	0.75	0.88
一般工业用硅整流装置	0.50	0.70	1.02

注：此表摘自《工业与民用配电设计手册》(第四版)。

① 电焊机的需要系数 0.2 仅用于电子行业以及焊接机器人。

② 起重机的设备功率为换算到 ε＝100％的功率,其需要系数已相应调整。

表 2－2　民用建筑用电设备的需要系数及功率因数

用电设备组名称		K_d	功率因数	
			$\cos\varphi$	$\tan\varphi$
通风和采暖用电	各种风机、空调器	0.70～0.80	0.80	0.75
	恒温空调箱	0.60～0.70	0.95	0.33
	集中式电热器	1.00	1.00	0
	分散式电热器	0.75—0.95	1.00	0
	小型电热设备	0.30～0.5	0.95	0.33
冷冻机		0.85～0.90	0.80～0.90	0.75～0.48
各种水泵		0.60～0.80	0.80	0.75
锅炉房用电		0.75～0.80	0.80	0.75
电梯(交流)		0.18～0.22	0.50～0.60	1.73～1.33
输送带、自动扶梯		0.60～0.65	0.75	0.88
起重机械		0.10～0.20	0.50	1.73
厨房及卫生用电	食品加工机械	0.50～0.70	0.80	0.75
	电饭锅、电烤箱	0.85	1.00	0
	电炒锅	0.70	1.00	0
	热水器(淋浴用)	0.65	1.00	0
	电冰箱	0.60～0.70	0.70	1.02
	除尘器	0.30	0.85	0.62
机修用电	修理间机械设备	0.15～0.20	0.50	1.73
	电焊机	0.35	0.35	2.68
	移动式电动工具	0.20	0.50	1.73
打包机		0.20	0.60	1.33
洗衣房动力		0.30～0.50	0.70～0.90	1.02～0.48
天窗开闭机		0.10	0.50	1.73
通信及信号设备		0.70～0.90	0.70～0.90	0.75

注：此表摘自《工业与民用配电设计手册》(第四版)。

在求出有功计算负荷 P_{30} 后,可按下列各式分别求出其余的计算负荷：

无功计算负荷为

$$Q_{30}=P_{30}\tan\varphi \qquad (2-8)$$

式中，$\tan\varphi$ 为对应于用电设备组 $\cos\varphi$ 的正切值。

视在计算负荷为

$$S_{30}=\frac{P_{30}}{\cos\varphi} \qquad (2-9)$$

式中，$\cos\varphi$ 为用电设备组的平均功率因数。

计算电流为

$$I_{30}=\frac{S_{30}}{\sqrt{3}U_{\mathrm{N}}} \qquad (2-10)$$

式中，U_{N} 为用电设备组的额定电压。

例 2-1　已知某机修车间的金属切削机床组，拥有 380 V 的三相电动机 25 台，总容量为 138.5 kW，试用需要系数法确定其计算负荷。

解：查表 2-1 中"小批生产的金属冷加工机床电动机"，可得 $K_{\mathrm{d}}=0.12\sim0.16$，这里取 0.16，$\cos\varphi=0.5$，$\tan\varphi=1.73$。由此可求得：

有功计算负荷　　$P_{30}=K_{\mathrm{d}}P_{\mathrm{e}}=0.16\times138.5\ \mathrm{kW}=22.16\ \mathrm{kW}$

无功计算负荷　　$Q_{30}=P_{30}\tan\varphi=22.16\ \mathrm{kW}\times1.73\approx38.34\ \mathrm{kvar}$

视在计算负荷　　$S_{30}=\dfrac{P_{30}}{\cos\varphi}=\dfrac{22.16\ \mathrm{kW}}{0.5}=44.32\ \mathrm{kV\cdot A}$

计算电流　　　　$I_{30}=\dfrac{S_{30}}{\sqrt{3}U_{\mathrm{N}}}=\dfrac{44.32\ \mathrm{kV\cdot A}}{\sqrt{3}\times0.38\ \mathrm{kV}}=66.34\ \mathrm{A}$

（2）设备容量的计算

需要系数法基本公式 $P_{30}=K_{\mathrm{d}}P_{\mathrm{e}}$ 中的设备容量 P_{e} 的计算，不是简单地将这一组中所用的设备额定容量相加，其计算与用电设备的工作制有关。

用电设备按照工作制可分连续工作制设备、短时工作制设备和断续周期工作制设备三类。

① 连续工作制设备是指能够长期连续运行且每次连续工作时间超过 8 h 的用电设备，而且运行时负荷比较稳定，如通风机、水泵、空气压缩机、电热设备、照明设备、电镀设备、运输机等，都是典型的长期工作制设备。机床主轴电动机的负荷虽然变动较大，但也属于长期工作制设备。

② 短时工作制设备是指运行时间较短而间歇时间相对较长的用电设备，如有些机床上的辅助电动机、煤矿井下的排水泵等。

对于一般连续工作制和短时工作制的设备组容量计算，其设备容量是所有设备（不包含备用设备）的铭牌额定容量之和。

③ 断续周期工作制设备是指工作具有周期性的用电设备，如吊车用电动机、电焊设备、电梯等。

断续周期工作制设备，可用"负荷持续率"（又称暂载率）来表示其工作特征。负荷持续率为一个工作周期内工作时间与工作周期的百分比值，用 ε 表示，即

$$\varepsilon=\frac{t}{T}\times100\%=\frac{t}{t+t_0}\times100\% \qquad (2-11)$$

式中，T 为工作周期；t 为工作周期内的工作时间；t_0 为工作周期内的停歇时间。

同一用电设备，在不同的负荷持续率工作时，其输出功率是不同的。因此，不同负荷持续率的设备容量（铭牌容量）必须换算为同一负荷持续率下的容量才能进行相加运算。并且，这种换算应该是等效换算，即按同一周期内相同发热条件来进行换算。其换算公式为

$$P_\varepsilon = P_N \sqrt{\frac{\varepsilon_N}{\varepsilon}} \tag{2-12}$$

断续周期工作制的用电设备常用的有电焊机和起重机电动机,各自的换算要求如下:

电焊机的铭牌负荷持续率 ε_N 有 50%、60%、75% 和 100% 四种,为了计算简便可查表求需用系数,一般要求统一换算到 $\varepsilon=100\%$。由式(2-12)可得其换算后的容量

$$P_e = P_N \sqrt{\frac{\varepsilon_N}{\varepsilon_{100}}} = S_N \cos\varphi \sqrt{\frac{\varepsilon_N}{\varepsilon_{100}}} = S_N \cos\varphi \sqrt{\varepsilon_N} \tag{2-13}$$

式中,P_N、S_N 为电焊机的铭牌容量;ε_N 为与铭牌容量对应的负荷持续率(计算中用小数);ε_{100} 为其值等于 100% 的负荷持续率;$\cos\varphi$ 为铭牌规定的功率因数。

吊车电动机的铭牌负荷持续率 ε_N 有 15%、25%、40% 和 50% 四种,为了计算简便可查表求需用系数,一般要求统一换算到 $\varepsilon=25\%$。因此由式(2-12)可得换算后的设备容量为

$$P_e = P_N \sqrt{\frac{\varepsilon_N}{\varepsilon_{25}}} = 2P_N \sqrt{\varepsilon_N} \tag{2-14}$$

式中,ε_{25} 为其值为 25% 的负荷持续率;P_N 为吊车电动机铭牌上的有功容量,单位为 kW;ε_N 为与铭牌容量对应的负荷持续率。

(3) 多组用电设备计算负荷的计算

在计算多组用电设备的计算负荷时,应先分别求出各组用电设备的计算负荷,并且要考虑各用电设备组的最大负荷不一定同时出现的因素,应记入同时系数。同时系数的取值见表 2-3。

表 2-3　同时系数

应用范围		$K_{\sum P}$	$K_{\sum Q}$
车间干线		0.85~0.95	0.90~0.97
低压母线	由用电设备组 P_{30} 直接相加	0.80~0.90	0.85~0.95
	由车间干线 P_{30} 直接相加	0.90~0.95	0.93~0.97

总的有功计算负荷为

$$P_{30} = K_{\sum P} \sum P_{30.i} \tag{2-15}$$

总的无功计算负荷为

$$Q_{30} = K_{\sum Q} \sum Q_{30.i} \tag{2-16}$$

以上两式中的 $\sum P_{30.i}$ 和 $\sum Q_{30.i}$ 分别为各组设备的有功和无功计算负荷之和。

总的视在计算负荷为

$$S_{30} = \sqrt{P_{30}^2 + Q_{30}^2} \tag{2-17}$$

总的计算电流为

$$I_{30} = \frac{S_{30}}{\sqrt{3}U_N} \tag{2-18}$$

由于各组设备的功率因数不一定相同,因此总的视在计算负荷和计算电流一般不能用各组的视在计算负荷或计算电流之和来计算,总的视在计算负荷也不能按式(2-9)计算。

例 2-2　某机修车间 380 V 线路上,接有金属切削机床电动机 25 台共 138.5 kW,通风机 4 台共 6 kW 用于卫生通风,电阻炉 3 台 6 kW。试确定此线路上的计算负荷。

解: 先求各组的计算负荷。

① 金属切削机床组

查表 2-1,取 $K_d=0.16$,$\cos\varphi=0.5$,$\tan\varphi=1.73$,故

$$P_{30(1)}=K_d P_{e(1)}=0.16\times138.5\ \text{kW}=22.16\ \text{kW}$$

$$Q_{30(1)}=P_{30(1)}\tan\varphi=22.16\ \text{kW}\times1.73=38.34\ \text{kvar}$$

② 通风机组

查表 2-1,取 $K_d=0.65$,$\cos\varphi=0.8$,$\tan\varphi=0.75$,故

$$P_{30(2)}=K_d P_{e(2)}=0.65\times6\ \text{kW}=3.9\ \text{kW}$$

$$Q_{30(2)}=P_{30(2)}\tan\varphi=3.9\ \text{kW}\times0.75=2.93\ \text{kvar}$$

③ 电阻炉

查表 2-1,取 $K_d=0.4$,$\cos\varphi=1.0$,$\tan\varphi=0$,故

$$P_{30(3)}=K_d P_{e(3)}=0.4\times6\ \text{kW}=2.4\ \text{kW}$$

$$Q_{30(3)}=P_{30(3)}\tan\varphi=0\ \text{kvar}$$

此线路上总的计算负荷为(取 $K_{\sum P}=0.95$,$K_{\sum Q}=0.97$)

$$P_{30}=K_{\sum P}(P_{30(1)}+P_{30(2)}+P_{30(3)})=0.95\times(22.16+3.9+2.4)\ \text{kW}=22.04\ \text{kW}$$

$$Q_{30}=K_{\sum Q}(Q_{30(1)}+Q_{30(2)}+Q_{30(3)})=0.97\times(38.34+2.93+0)\text{kvar}=40.03\ \text{kvar}$$

$$S_{30}=\sqrt{P_{30}^2+Q_{30}^2}=\sqrt{22.04^2+40.03^2}\ \text{kV}\cdot\text{A}=45.7\ \text{kV}\cdot\text{A}$$

$$I_{30}=\frac{S_{30}}{\sqrt{3}U_N}=\frac{45.7\ \text{kV}\cdot\text{A}}{\sqrt{3}\times0.38\ \text{kV}}=69.43\ \text{A}$$

2. 按利用二项式法求计算负荷

(1) 基本公式

二项式法是考虑用电设备的数量和大容量用电设备对计算负荷影响的经验公式。一般应用在机械加工和热处理车间中用电设备数量较少和容量差别大的配电箱及车间支干线的负荷计算,弥补需要系数法的不足之处。但是,二项式系数过分突出最大用电设备容量的影响,其计算负荷往往较实际偏大。其基本公式为

$$P_{30}=bP_e+cP_x \tag{2-19}$$

式中,b、c 为二项式系数;bP_e 为用电设备组的平均负荷,其中 P_e 是用电设备组的设备总容量;cP_x 为用电设备组中容量最大的 x 台用电设备所增加的附加负荷,其中 P_x 是 x 台容量最大的用电设备容量之和。

表 2-4 列出了部分用电设备组的二项式系数。查表时注意,当用电设备组的设备总台数 $n\geqslant2x$ 时,则最大容量设备台数按表取值;当用电设备组的设备总台数 $n<2x$ 时,则最大容量设备台数按 $x=n/2$ 取,且按"四舍五入"法取整;当只有一台设备时,可认为 $P_{30}=P_e$。

表 2-4　用电设备组的二项式系数及功率因数值

用电设备组名称	二项式系数		最大容量设备台数 x	功率因数	
	b	c		$\cos\varphi$	$\tan\varphi$
小批生产的金属冷加工机床电动机	0.14	0.4	5	0.5	1.73
大批生产的金属冷加工机床电动机	0.14	0.5	5	0.5	1.73
小批生产的金属热加工机床电动机	0.24	0.4	5	0.6	1.33

用电设备组名称	二项式系数		最大容量 设备台数 x	功率因数	
	b	c		$\cos \varphi$	$\tan \varphi$
大批生产的金属热加工机床电动机	0.26	0.5	5	0.65	1.17
通风机、水泵、空压机及电动发电机组电动机	0.65	0.25	5	0.8	0.75
非连锁的连续运输机械及铸造车间整砂机械	0.4	0.4	5	0.75	0.88
连锁的连续运输机械及铸造车间整砂机械	0.6	0.2	5	0.75	0.88
锅炉房和机加、机修、装配等类车间的吊车	0.06	0.2	3	0.5	1.73
铸造车间的吊车	0.09	0.3	3	0.5	1.73
自动连续装料的电阻炉设备	0.7	0.3	2	0.5	0.73
非自动连续装料的电阻炉设备	0.5	0.5	1	0.95	0.33

例 2 - 3 已知某机修车间的金属切削机床组，拥有 19 台电压 380 V 的三相电动机：22 kW 3 台，7.5 kW 6 台，4 kW 4 台，1.5 kW 6 台。试用二项式法确定其计算负荷。

解： 由表 2 - 4 查得，$b = 0.14$，$c = 0.4$，$x = 5$，$\cos \varphi = 0.5$，$\tan \varphi = 1.73$。

设备总容量

$$P_e = 22 \text{ kW} \times 3 + 7.5 \text{ kW} \times 6 + 4 \text{ kW} \times 4 + 1.5 \text{ kW} \times 6 = 136 \text{ kW}$$

x 台最大容量的设备容量为

$$P_x = P_5 = 22 \text{ kW} \times 3 + 7.5 \text{ kW} \times 2 = 81 \text{ kW}$$

因此按式（2 - 19）可求得其有功计算负荷为

$$P_{30} = bP_e + cP_x = 0.14 \times 136 \text{ kW} + 0.4 \times 81 \text{ kW} = 51.44 \text{ kW}$$

按式（2 - 9）可求得其视在计算负荷为

$$S_{30} = \frac{P_{30}}{\cos \varphi} = \frac{51.44 \text{ kW}}{0.5} = 102.88 \text{ kV} \cdot \text{A}$$

按式（2 - 10）可求得其计算电流为

$$I_{30} = \frac{S_{30}}{\sqrt{3} U_N} = \frac{102.88 \text{ kV} \cdot \text{A}}{\sqrt{3} \times 0.38 \text{ kV}} = 156.31 \text{ A}$$

（2）多组用电设备计算负荷的确定

有多组用电设备组时，要考虑各组用电设备的最大负荷不同时出现的因素，因此在确定总计算负荷时，只能在各组用电设备中取一组最大的附加负荷，再加上各组用电设备的平均负荷，即

$$P_{30} = \sum (bP_e)_i + (cP_e)_{\max} \tag{2 - 20}$$

$$Q_{30} = \sum (bP_e \tan \varphi)_i + (cP_x)_{\max} \tan \varphi_{\max} \tag{2 - 21}$$

式中，$\tan \varphi_{\max}$ 为最大附加负荷 $(cP_x)_{\max}$ 的设备组的平均功率因数角的正切值。

关于总的视在计算负荷 S_{30} 和计算电流 I_{30}，仍分别按式（2 - 17）和式（2 - 18）计算。

例 2 - 4 一机修车间的 380 V 线路上，接有金属切削机床电动机 30 台共 80 kW（其中功率较大的有 5 台共 40 kW），另接通风机 3 台（2 kW 2 台、1 kW 1 台）共 5 kW，试用二项系数法确定其计算负荷。

解： 先求各组的 bP_e 和 cP_x。

① 金属切削机床组查表 2 - 4 得，$b = 0.14$，$c = 0.4$，$x = 5$，$\cos \varphi = 0.5$，$\tan \varphi = 1.73$，故

$$bP_{e(1)} = 0.14 \times 80 \text{ kW} = 11.2 \text{ kW}$$

$$cP_{x(1)} = 0.4 \times 40 \text{ kW} = 16 \text{ kW}$$

② 通风机组查表 2-4 得，$b = 0.65$，$c = 0.25$，$x = 5$，$\cos \varphi = 0.8$，$\tan \varphi = 0.75$，故

$$bP_{e(2)} = 0.65 \times 5 \text{ kW} = 3.25 \text{ kW}$$

$$cP_{x(2)} = 0.25 \times 5 \text{ kW} = 1.25 \text{ kW}$$

以上各组设备中，附加负荷以 $cP_{x(1)}$ 为最大，因此总计算负荷为

$$P_{30} = \sum (bP_e)_i + (cP_e)_{\max} = (11.2 + 3.25) \text{ kW} + 16 \text{ kW} = 30.45 \text{ kW}$$

$$Q_{30} = \sum (bP_e \tan \varphi)_i + (cP_x)_{\max} \tan \varphi_{\max}$$

$$= (11.2 \times 1.73 + 3.25 \times 0.75) \text{ kvar} + 16 \times 1.73 \text{ kvar}$$

$$= 49.49 \text{ kvar}$$

$$S_{30} = \sqrt{P_{30}^2 + Q_{30}^2} = \sqrt{30.45^2 + 49.49^2} \text{ kV} \cdot \text{A} = 58.1 \text{ kV} \cdot \text{A}$$

$$I_{30} = \frac{S_{30}}{\sqrt{3} U_N} = \frac{58.1 \text{ kV} \cdot \text{A}}{\sqrt{3} \times 0.38 \text{ kV}} = 88.27 \text{ A}$$

2.4　企业负荷

对于企业用电负荷的计算，首先要作负荷统计，并按电压高低、负荷性质及分布位置等条件进行分组，然后从低压用电设备组开始，逐级向低压母线、高压母线直到电源母线进行计算。

2.4.1　供电系统功率损耗与电能损耗的计算

当电流流过线路和变压器时，就要产生有功功率和无功功率的损耗。因此在确定全厂的计算负荷时，应将这部分功率损耗计入。各个供电线路及变压器的首端和末端计算负荷的差就是线路上及变压器的功率损耗。用计算负荷求出的功率损耗，不是实际的功率损耗，其计算目的在于，在同等条件下对供电系统进行技术、经济比较，以确定方案的可行性。

1. 线路的功率损耗

三相供电线路的最大有功功率损耗 $\Delta P_{\max}$ 和三相无功功率损耗 $\Delta Q_{\max}$ 为

$$\left. \begin{array}{l} \Delta P_{\max} = 3 I_{30}^2 R \times 10^{-3} \text{(kW)} \\ \Delta Q_{\max} = 3 I_{30}^2 X \times 10^{-3} \text{(kvar)} \end{array} \right\} \qquad (2-22)$$

式中，R、X 分别为每相线路电阻、电抗，Ω；I_{30} 为线路计算负荷电流，A。

若计算负荷电流用计算功率表示时，则式（2-22）变为

$$\Delta P_{\max} = \frac{S_{30}^2}{U_N^2} R \times 10^{-3} = \frac{P_{30}^2 + Q_{30}^2}{U_N^2} R \times 10^{-3} \text{(kW)}$$

$$\Delta Q_{\max} = \frac{S_{30}^2}{U_N^2} X \times 10^{-3} = \frac{P_{30}^2 + Q_{30}^2}{U_N^2} X \times 10^{-3} \text{(kvar)}$$

式中，P_{30}、Q_{30}、S_{30} 分别为线路的有功、无功及视在计算负荷，单位分别是 kW、kvar、kV·A；U_N 为系统的额定电压，单位是 kV。

由于企业供电系统的线路一般不长，且多采用电缆供电，阻抗较小，所以在进行负荷统计和技术经济比较时，线路上的功率损耗往往忽略不计。

2. 电力变压器的功率损耗

变压器的功率损耗包括铁损和铜损两部分。铁损是指变压器的铁芯在交变磁场下内部产生涡流的损耗,铁损与变压器外加电压大小有关,与变压器的负荷无关;铜损是指变压器的负荷电流流过其绕组时产生的功率损耗。变压器有功损耗和无功损耗分别用 ΔP_T 和 ΔQ_T 表示,可按下式计算。

有功损耗

$$\Delta P_T = \Delta P_{0T} + \Delta P_{NT}\left(\frac{S_{30}}{S_{NT}}\right)^2 = \Delta P_{0T} + \Delta P_{NT}\beta^2 \qquad (2-23)$$

无功损耗

$$\Delta Q_T = \Delta Q_{0T} + \Delta Q_{NT}\left(\frac{S_{30}}{S_{NT}}\right)^2 = (I_{0T}\% + \Delta U_k\%\beta^2)S_{NT} \qquad (2-24)$$

式中,ΔP_{0T}、ΔQ_{0T} 分别为变压器空载时的有功及无功损耗,单位分别是 kW、kvar;ΔP_{NT}、ΔQ_{NT} 分别为变压器额定负载时的有功及无功损耗,单位分别是 kW、kvar;$I_{0T}\%$、$\Delta U_k\%$ 分别为变压器的空载电流百分数及短路电压百分数;S_{NT} 为变压器的额定容量,单位是 kV·A;S_{30} 为计算负荷的视在容量,单位是 kV·A;β 为变压器的负荷率。

在设计时,变压器功率损耗亦可用下式估算:

$$\Delta P_T \approx 0.02 S_{NT}, \quad \Delta Q_T \approx (0.08 \sim 0.1)S_{NT} \qquad (2-25)$$

3. 线路及变压器的电能损耗

在企业供电设计中,对设计方案进行技术、经济比较时,需要考虑不同方案的电能损耗。在设计时通常采用利用最大负荷损耗时间近似确定电能损耗的计算方法。最大负荷损耗时间 τ 的定义为:线路在 τ 时间内持续输送计算电流 I_{30} 所产生的电能损耗恰好等于线路中全年的实际电能损耗,即

$$\Delta W = 3I_{30}^2 R\tau \times 10^{-3}(\text{kW} \cdot \text{h}) \qquad (2-26)$$

式中,I_{30} 为计算负荷电流,单位是 kA;R 为每相导线电阻,单位是 Ω;τ 为最大负荷年损耗小时数,单位是 h。

τ 与年最大负荷年利用小时数 T_{max} 的关系如图 2-6 所示。

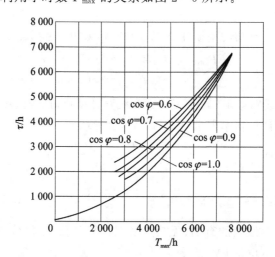

图 2-6 $\tau = f(T_{max})$ 曲线

变压器的年电能损耗可以按照下式计算：

$$\Delta W_{\mathrm{T}} = \Delta P_{0\mathrm{T}} T_{\mathrm{W}} + \Delta P_{\mathrm{NT}} \beta^2 \tau \qquad (2-27)$$

式中，T_{W} 为变压器年投入工作时数，单位为 h。若变压器长年连续工作，则 $T_{\mathrm{W}} = 8\ 760\ \mathrm{h}$。

2.4.2　企业负荷的确定

工业企业供电系统的一般形式如图 2-7 所示，其负荷计算应从负载端开始，逐级上推，直到企业电源进线端为止。用逐级计算方法确定企业计算负荷，可按以下步骤进行：

① 确定用电设备组的计算负荷。根据生产工艺流程及负荷性质将用电设备分组，并使用需要系数法或二项式法确定各组设备的计算负荷，如图 2-7 中的 F 点。

② 确定车间变电所低压母线上的计算负荷。当车间配电干线上接有多个用电设备组时，则该干线上各用电设备组的计算负荷相加后应乘以最大负荷的同时系数，即得该配电干线的计算负荷，如图 2-7 中的 E 点。用同样方法计算车间变电所低压母线上的计算负荷，将车间各用电设备组的计算负荷相加后乘以最大负荷的同时系数，即得车间变电所低压母线上的计算负荷，如图 2-7 中 D 点。

③ 车间变压器高压侧负荷计算。变压器低压侧计算负荷加上该变压器的功率损耗便得变压器高压侧的计算负荷，如图 2-7 中 C 点。

④ 总降压变电所低压母线上的计算负荷。由总降压变电所各配出线计算负荷的总和乘以一个同时系数，再加上各高压配出线的功率损耗（如各高压配出线不长，其功率损耗可以忽略），如图 2-7 中 B 点。

⑤ 企业总计算负荷的确定。首先计算出主变压器的功率损耗，企业计算负荷便是总降压变电所低压母线上的计算负荷与主变压器功率损耗之和，如图 2-7 中 A 点。

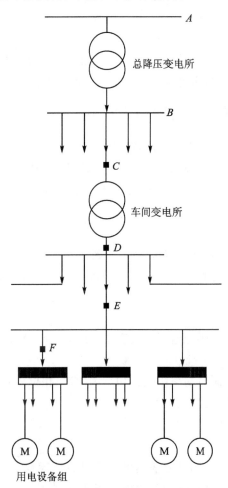

图 2-7　企业供电系统示意图

以上各级负荷计算的结果不仅是为选择供电导线截面和变压器的容量提供依据，而且是选择高低压电气设备和继电保护整定的重要依据。

2.5　功率因数与无功补偿

功率因数是衡量供配电系统是否经济运行的一个重要指标。用户中绝大多数用电设备，如感应电动机、电力变压器、电焊机及交流接触器等，它们都要从电网吸收大量无功电流来产生交变磁场,其功率因数均小于 1,需要进行无功功率补偿,以提高功率因数。

按照《供电营业规则》规定:无功电力应就地平衡。用户应在提高用电自然功率因数的基础上,按有关标准设计和安装无功补偿设备,并做到随其负荷和电压变动及时投入或切除,防止无功电力倒送。除电网有特殊要求的用户外,用户在当地供电企业规定的电网高峰负荷时的功率因数,应达到下列规定:

① 100 kV·A 及以上高压供电的用户功率因数为 0.90 以上。

② 其他电力用户和大、中型电力排灌站、趸购转售电企业,功率因数为 0.85 以上。

③ 农业用电,功率因数为 0.80。

凡功率因数不能达到上述规定的新用户,供电企业可拒绝接电。对已送电的用户,供电企业应督促和帮助用户采取措施,提高功率因数。对在规定期限内仍未采取措施达到上述要求的用户,供电企业可中止或限制供电。

2.5.1 功率因数概论

1. 功率因数的定义

功率因数 λ 是在周期状态下,有功功率 P 的绝对值与视在功率 S 的比值。在正弦周期电路中,功率因数等于电压与电流之间相位差的余弦值 $\cos \varphi$。

$$\cos \varphi = \frac{|P|}{S} = \frac{|P|}{\sqrt{3}UI} \tag{2-28}$$

(1)计算负荷功率因数

计算负荷功率因数是指在需要负荷或最大负荷时的功率因数,按下式计算:

$$\cos \varphi = \frac{P_{30}}{S_{30}} \tag{2-29}$$

在供配电设计过程中,计算负荷功率因数被用于确定需要无功功率补偿的最大需要容量。

(2)瞬时功率因数

瞬时功率因数由功率因数表(相位表)直接读出,或由功率表、电压表和电流表间接测量,再按下式求出:

$$\cos \varphi = \frac{P}{\sqrt{3}UI} \tag{2-30}$$

式中,P 为功率表读出的三相功率读数,单位是 kW;U 为电压表读得的线电压读数,单位是 kV;I 为电流表读得的电流读数,单位是 A。

瞬时功率因数可以用来了解和分析工厂或设备在生产过程中某一时间的功率因数值,以了解当时的无功功率变化情况,及决定是否需要进行无功补偿。

(3)平均功率因数

平均功率因数又称加权平均功率因数,是指某一规定时间内功率因数的平均值,可按下式计算:

$$\cos \varphi = \frac{W_P}{\sqrt{W_P^2 + W_Q^2}} = \frac{1}{\sqrt{1 + (W_Q/W_P)^2}} \tag{2-31}$$

式中,W_P 为某一时间内消耗的有功电能,单位是 kW·h;W_Q 为某一时间内消耗的无功电能,单位是 kvar·h。

2. 提高功率因数的意义

由于工厂企业使用大量的感应电动机和变压器等设备,因此供电系统除供给有功功率外,还需供给大量的无功功率,从而造成发电和配电设备的供电能力不能充分利用。为此,必须提高工厂企业的功率因数,减少对电源系统无功功率的需求量。提高功率因数具有下列实际意义:

(1) 降低电气设备的容量

当系统消耗的无功功率增加导致功率因数较低时,将会使供配电系统的视在功率 S 及电流的有效值 I 增大,从而使得供配电系统中需要使用容量较大的电气设备才能满足需求,这样不仅降低了电气设备的利用率,也增大了电气设备的投资。当电气设备的容量一定时,供配电系统的功率因数越高,系统负荷无功需求就越小,电气设备的利用率就会有所提高。

(2) 降低电气设备及线路的损耗

用户功率因数的提高会使配电系统的电流有效值减小,进而可以减小电气设备及配电线路的电能损耗。

(3) 降低线路及变压器的电压降,提高供电质量

由于用户功率因数的提高,使网络中的电流减少,因此,网络的电压损失减少,网络末端用电设备的电压质量提高。

(4) 降低电能成本

提高功率因数可减少网络和变压器中的电能损耗。在发电设备容量不变的情况下,供给用户的电能就相应增多了,每千瓦时电的总成本就会降低。

2.5.2　提高自然功率因数的方法

提高自然功率因数是指通过电气设备的选型、管理及技术改造等手段提高电气设备或配电系统在无功补偿之前的原始功率因数。

1. 正确选用异步电动机的型号和容量

鼠笼型电动机的功率因数比绕线式电动机的功率因数高,开启式和封闭式的电动机比密闭式的功率因数高。所以在满足工艺要求的情况下,尽量选用功率因数高的电动机。

异步电动机的功率因数和效率在 70% 至满载运行时较高,而在空载或轻载运行时较低。所以在选择电动机的容量时,一般选择电动机的额定容量为拖动负载的 1.3 倍左右。

2. 电力变压器不宜轻载运行

电力变压器一次侧功率因数不仅与负荷的功率因数有关,而且与负荷率有关。若变压器满载运行,一次侧功率因数仅比二次侧降低 3%~5% 左右;若变压器轻载运行,当负荷率小于 0.6 时,由于变压器的激磁损耗是不随负荷变动而变化的,一次侧的功率因数就显著下降,可达 11%~18%。因此电力变压器不宜作轻载运行,当变压器负荷率小于 30% 时,应更换容量较小的变压器。

3. 适当采用同步电动机

对于持续运行不需要调速的大容量电机,有条件时可选择同步电动机,并使其过励磁运行,提供超前无功功率进行补偿。

4. 轻载绕线式异步电动机同步化运行

当绕线式异步电动机的负载率低于 70% 且其最大运行负载率不高于 90% 时,可通过将绕线式异步电动机同步化运行,来提高配电系统的自然功率因数,其具体做法为:当绕线式异步

电动机正常起动,其转速接近同步转速后,将其原转子绕组接线方式改为"两相串联"或"两并一串"等接线方式,并注入直流的励磁电流,通过产生的转矩将绕线式异步电动机牵入同步运行方式。绕线式异步电动机同步化运行与同步电动机工作原理相似,通过改变注入的直流励磁电流,使绕线式异步电动机运行在过励磁状态,即可向电网输出无功功率,减少供电电源的无功输出,进而提高配电系统的功率因数。

5. 保证电动机的检修质量

电动机的定转子间气隙的增大和定子线圈的减少都会使励磁电流增大,从而增加向电网吸收的无功量而使功率因数降低,因此检修时要保证电动机的结构参数和性能参数。

2.5.3　采用电力电容器无功补偿提高功率因数

当采用提高用电设备自然功率因数的方法后,功率因数仍不能达到《供用电规则》所要求的数值时,就需要设置专门的补偿设备来提高功率因数。在工业企业用户中,广泛采用电力电容器作为无功补偿电源。

并联电容器具有安装简单、运行维护方便、有功损耗小,以及组装灵活、扩容方便等优点。但这种方式只能补偿固定的无功功率,因为一旦电容值选定后,就确定了其相应的无功功率。此外,在系统中有谐波时,还可能发生并联谐振,使谐波放大,造成使电容器损坏。

1. 电力电容器容量的确定

用电力电容器作无功补偿以提高功率因数的用户,其电力电容器的补偿容量可用下式确定:

$$Q_C = \alpha P_{30}(\tan\varphi_1 - \tan\varphi_2) \tag{2-32}$$

式中,P_{30} 为有功计算负荷,单位是 kW;α 为月平均有功负荷系数;$\tan\varphi_1$、$\tan\varphi_2$ 为补偿前、后平均功率因数角的正切值。

在计算补偿用电力电容器容量和个数时,应考虑到实际运行电压可能与额定电压不同(实际运行电压只能低于或等于额定电压),电容器能补偿的实际容量应按下式进行换算:

$$Q'_N = Q_N\left(\frac{U}{U_N}\right)^2 \tag{2-33}$$

式中,Q_N 为电容器铭牌上的额定容量;Q'_N 为电容器在实际运行电压下的容量;U_N 为电容器的额定电压;U 为电容器的实际运行电压。

从式(2-33)可以看出,除了在不得已的情况下,应避免电力电容器降压运行。

2. 电容器的补偿方式

用户处的电容器补偿方式可分为就地补偿、分组(分散)补偿和集中补偿三种。

就地补偿是指将电容器直接安装在吸取无功功率的用电设备附近的补偿方式,这样不但可减少供配电线路和变压器中的无功负荷,降低线路和变压器中的有功电能损耗,而且能改善用电设备的电压质量,有时还可减小相应车间线路的导线截面以及车间变压器的容量。因此,该方法对中、小型设备十分适用。

分散补偿是指将全部电容器分别安装于各配电用户的母线上的补偿方式。这种补偿方式的优点是电容器的利用率比单独就地补偿方式高,能减少高压电源线路和变压器中的无功负荷。其缺点是不能减少干线和分支线的无功负荷,操作不够方便,初期投资较大。

集中补偿是指将无功功率补偿装置安装在变电所配电母线上进行无功功率补偿的方式。集中补偿装置利用率高、便于运行维护管理,能对企业高压侧的无功功率进行有效补偿,以满足企业电源侧功率因数的要求。但集中补偿不能减少配电母线至用电设备端的无功电流引起的损耗。

　　在实际应用中,若能够将三种补偿方式统筹考虑、合理布局,将可能取得很好的技术经济效益。对于补偿容量相当大的工厂,宜采用高压侧集中补偿和低压侧分散补偿相结合的方法。对于用电负荷分散及补偿容量较小的工厂,一般仅采用低压补偿。

2.5.4　采用静止补偿装置提高功率因数

　　传统采用电力电容器作为无功补偿电源的方法,不能跟踪负荷无功需求的变化,即使采用断路器或接触器投切补偿电容器,也只能进行分级阶梯状调节,并且受机械开关动作的限制,响应速度慢,不能满足对波动频繁的无功负荷进行补偿的要求,也就是不能实现对无功功率的动态补偿。而随着电力系统的发展,对无功功率进行快速动态补偿的需求越来越大。

　　传统的无功功率动态补偿装置是同步调相机。它是专门用来产生无功功率的同步电机,在过励磁或欠励磁的不同情况下,可以分别发出不同大小的容性或感性无功功率。自 20 世纪 20 年代以来,同步调相机在电力系统无功功率控制中曾一度发挥了主要作用。然而,由于它是旋转电机,因此损耗和噪声都较大,运行维护复杂,响应速度慢,在很多情况下已无法适应快速无功功率控制的要求。所以自 20 世纪 70 年代以来,同步调相机开始逐渐被静止型无功补偿装置(Static Var Compensator,SVC)所取代。

　　早期的静止型无功补偿装置是饱和电抗器(Saturated Reactor,SR)型的,与同步调相机相比,具有静止响应速度快的优点,但是由于其铁心需磁化到饱和状态,因而损耗和噪声都很大,而且存在非线性电路的一些特殊问题,加之不能分相调节以补偿负荷的不平衡,所以未能占据静止型无功补偿装置的主流。

　　电力电子技术的发展及其在电力系统中的应用,将使用晶闸管控制的静止型无功补偿装置推上了电力系统无功功率控制的舞台。由于使用晶闸管控制的静止无功补偿装置具有优良的性能,所以在世界范围内其市场一直在迅速而稳定地增长,已占据静止无功补偿装置的主导地位。因此,静止无功补偿装置(SVC)这个词往往是专指使用晶闸管控制的静止无功补偿装置,包括晶闸管控制电抗器(Thyristor Controlled Reactor,TCR)和晶闸管投切电容器(Thyristor Switched Capacitor,TSC),以及这两者的混合装置(TCR+TSC)等。20 世纪 80 年代以来,一种更为先进的静止型无功补偿装置出现了,这就是采用自换相变流电路的静止无功发生器(Static Sar Generator,SVG)。后文将对这些补偿装置分别简要介绍。

　　利用静止无功补偿装置对电力系统中无功功率进行快速的动态补偿,可以实现如下的功能:

　　① 校正动态无功负荷的功率因数;

　　② 改善电压调整;

　　③ 提高电力系统的静态和动态稳定性,阻尼功率振荡;

　　④ 降低过电压;

　　⑤ 稳定母线电压,减少电压闪烁,提高电压质量;

　　⑥ 阻尼次同步振荡;

　　⑦ 减少电压和电流的不平衡。

1. 晶闸管控制电抗器(TCR)

TCR 的基本原理如图 2-8 所示。其单相基本结构就是两个反向并联的晶闸管与一个电抗器相串联。这样的电路并联到电网上,就相当于电感负载的交流调压电路。显然,触发延迟角 α 的有效移相范围为 $90°\sim180°$。该电路位移因数始终为 0,也就是说,基波电流都是无功电流。触发延迟角 $\alpha=90°$ 时,晶闸管完全导通,导通角 $\delta=180°$,与晶闸管串联的电抗器相当于直接接到电网上,这时电抗器吸收的基波电流和无功功率最大。当触发延迟角 α 在 $90°\sim180°$ 之间时,晶闸管为部分区间导通,导通角 $\delta<180°$。增大触发延迟角 α 的效果就是减少电流中的基波分量,减小其等效电纳,因而减少了其吸收的无功功率。

为了防止 3 次及 3 的倍数次数谐波对电网造成影响,TCR 的三相接线形式大都采用三角形联结,使上述谐波经三相电抗器形式环流而不注入电网。在工程实际中,还常常将每一相的电抗器分成如图 2-9 所示的两部分,分别接在晶闸管对的两端。这样可以使晶闸管在电抗器损坏时能得到额外的保护。

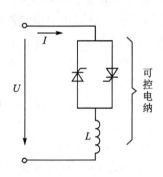

图 2-8　TCR 的基本原理图

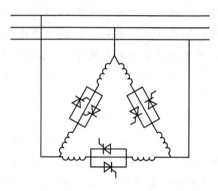

图 2-9　TCR 的三相接线形式

2. 晶闸管投切电容器(TSC)

TSC 的基本原理如图 2-10 所示。图 2-10(a)是其单相电路图。图中两个反向并联晶闸管起着将电容器投入电网或从电网中切除的作用,而串联的小电感对电容器投入电网时可能造成的冲击电流起抑制作用。在工程上常常将电容器分成几组,如图 2-10(b)所示,每组都可由晶闸管单独投切。与 TCR 中利用相控方式改变等效感抗不同,TSC 采用整数半周控制,根据电网的无功功率需求来投切这些电容器。

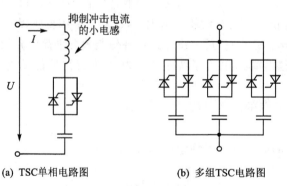

(a) TSC单相电路图　　(b) 多组TSC电路图

图 2-10　TSC 的基本原理图

TSC 实际上就是可有级调节的、吸收容性无功功率的动态无功补偿器。与 TCR 相比,TSC 虽然不能连续调节无功功率,但具有运行时不产生谐波而且损耗较小的优点。因此 TSC 已在电力系统获得了较广泛的应用。为了实现连续可调的吸收容性无功功率的能力,可采用

TSC 和 TCR 相结合的方法。

3. 静止无功发生器(SVG)

SVG 通常是指由自换相的电力半导体变流器来进行动态无功补偿的装置。与传统的以 TCR 和 TSC 为代表的 SVC 装置相比,SVG 的调节速度更快、运行范围更宽,而且在采用多重化、多电平或 PWM 技术等措施后可大大减少补偿电流中的谐波分量。同时,SVG 使用的电抗器和电容器容量远比 SVC 中使用的电抗器和电容器要小,这将大大缩小装置的体积。

简单地说,SVG 的基本原理就是,将自换相桥式变流电路通过电抗器或者直接并联在电网上,适当地调节桥式电路交流侧输出电压的相位和幅值,或者直接控制其交流侧电流,就可以使该电路吸收或者发出满足要求的无功电流,实现动态无功补偿。

SVG 通常分为电压型桥式电路和电流型桥式电路,如图 2-11(a)、(b)所示。电路的直流侧分别接电容和电感两种不同的储能元件。在交流侧,对电压型桥式电路,还需要串联电感才能并入电网;对电流型桥式电路,则需并联上电容器,以吸收换相产生的过电压。目前,由于运行效率等原因,实际上大多数采用电压型桥式电路。

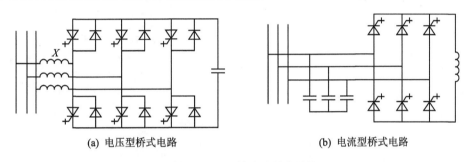

(a) 电压型桥式电路　　　　　　　　(b) 电流型桥式电路

图 2-11　SVG 的电路基本结构

习题与思考题

1. 电力负荷按重要程度分哪几级?各级负荷对供电电源有什么要求?

2. 什么叫最大负荷利用小时?什么叫年最大负荷和年平均负荷?

3. 什么叫计算负荷?为什么计算负荷通常采用半小时最大负荷?

4. 用电设备按其工作制分哪几类?什么叫负荷持续率?它表征哪类设备的工作特性?

5. 需要系数的含义是什么?

6. 计算负荷的需要系数法和二项式法各有哪些特点?

7. 某设备机房共有 11 台 380 V 的水泵,其中 7.5 kW 2 台、5 kW 3 台、15 kW 6 台,试求该水泵设备组的计算负荷。

8. 两组用电设备均为一般工作制小批量生产金属切削机床,总额定功率均为 180 kW。第一组单台容量相同,每台为 4.5 kW;第二组为 30 kW 4 台,20 kW 1 台,10 kW 2 台,5 kW 4 台。试用需要系数法分别求这两组用电设备的计算负荷。

9. 某车间设有小批量生产冷加工机床电动机 40 台,总容量 152 kW,其中较大容量的电动机有 10 kW 1 台、7.5 kW 2 台、4.5 kW 5 台、2.8 kW 10 台;卫生用通风机 6 台共 6 kW。试用需要系数法求车间的计算负荷。

10. 某机修车间有冷加工机床 12 台,共 70 kW;水泵与通风机共 6 台,容量为 47 kW;行车 1 台,共 5.1 kW(ε=15%);电焊机 4 台,共 10.5 kW(ε=63%)。试确定车间的计算负荷。

　　11. 在确定多组用电设备总的视在计算负荷和计算电流时,可否将各组的视在计算负荷和计算电流分别直接相加?

　　12. 何为功率因数? 何为瞬时功率因数?

　　13. 进行无功功率补偿提高功率因数有什么意义?

　　14. 提高自然功率因数有哪些常用的方法? 它们的基本原理是什么?

　　15. 电容器无功功率补偿的方式有哪些?

　　16. 利用静止无功补偿装置对电力系统无功功率进行快速动态补偿可实现哪些功能?

第3章 短路电流计算

本章重点介绍短路电流的概念；短路电流暂态过程的分析；无限大容量电源系统短路电流的计算；大容量电动机对短路电流的影响；短路电流的力、热效应分析等。

3.1 短路电流的基本概念

3.1.1 产生短路电流的原因

供电系统在实际运行中，由于各种原因，难免会出现故障，严重影响系统的正常运行。短路是供电系统中最常见的故障。短路是指不同电位的导电部分之间或导电部分对地之间的低阻性短接。

造成短路的原因主要有：

1. 绝缘性能恶化

高分子绝缘材料老化、气体绝缘湿度增大、绝缘子表面污秽等都会导致绝缘材料绝缘性能降低。当绝缘性能降低达到一定程度时，在正常工作电压或允许过电压的作用下，绝缘可能被击穿。

2. 外加电压过高

当电气设备遭受雷击或高电位侵入时，可能将电气设备的绝缘击穿，造成短路。例如，雷电过电压造成的线路对杆塔闪络，就是一种常见的短路形式。

3. 有关人员误操作

这种情况大多是操作人员违反安全操作规程而造成的，例如带负荷拉闸（即带负荷断开隔离开关），或者误将低电压设备接入较高电压的电路中而造成击穿短路。

4. 自然灾害

鸟类、兽类直接跨接裸导体，恶劣的气候条件以及其他的意外事故引起的输电线路断线和倒杆等，都会引起短路发生。

3.1.2 短路的种类

在三相供电系统中可能发生的主要短路类型有三相短路、两相短路、两相接地短路及单相接地短路。三相短路称为对称短路，其余均称为不对称短路。这几种短路情况如表 3-1 所列。在供电系统实际运行中，发生单相接地短路的几率最大，发生三相对称短路的几率最小。三相短路电流最大，破坏性最强。

表 3 - 1　短路的种类

短路种类	示意图	代表符号	性　质
三相短路		$k^{(3)}$	三相同时在一点短接,属于对称短路
两相短路		$k^{(2)}$	两相同时在一点短接,属于不对称短路
两相接地短路		$k^{(1,1)}$	在中性点直接接地系统中,两相在不同地点与地短接,属于不对称短路
单相接地短路		$k^{(1)}$	在中性点直接接地系统中,一相与地短接,属于不对称短路

3.1.3　短路的危害

发生短路时,由于短路回路的阻抗很小,产生的短路电流较正常电流大数十倍,有时可能高达数万安甚至数十万安。同时系统电压降低,离短路点越近,电压降低越大;三相短路时,短路点的电压可能降到零。因此,短路将造成严重危害。

1. 造成停电

短路导致停电,而且短路点越靠近电源时,停电范围越大,给国民经济带来损失,给人民生活带来不便。

2. 损坏电气设备

短路产生很大的电动力和很高的温度,使故障元件和短路电路中的其他元件受到损害和破坏,甚至引发火灾事故。

3. 导致系统电压下降

越靠近短路点电压降得越低,如果是三相短路,则短路点电压为零。电压下降将严重影响电气设备的正常运行,如电动机转速降低甚至停转,导致工厂产生废次产品。此外,由于电压下降,电动机转速降低,而电动机拖动的机械负荷又没来得及变化,电动机绕组将通过较大的电流,使电动机过热。

4. 影响系统稳定性

严重的短路将影响电力系统运行的稳定性,使并联运行的同步发电机失去同步,严重的可能造成系统解列,甚至崩溃。

5. 产生电磁干扰

短路电流通过线路时在周围产生交变的电磁场,会对附近的通信线路、信号系统及电子设备等产生电磁干扰,使之无法正常运行。

3.1.4　计算短路电流的目的

计算短路电流的目的如下：

1. 正确选择和检验电气设备

三相对称短路是用户供电系统中危害最严重的短路形式，因此，在选择电气设备时，需要使用三相短路电流值来校验电气设备的动、热稳定性。

2. 选择和整定继电保护装置

在选择和整定继电保护装置时，需要计算被保护范围内可能产生的最小短路电流，以便校验继电保护装置动作的灵敏度是否符合要求。

3. 选择限流电抗器

当短路电流过大时，造成设备选择困难或不经济，这时可在供电线路中串接电抗器来限制短路电流。通过短路电流的计算，决定是否使用限流电抗器并确定所选电抗器的参数。

4. 确定合理的主接线方案

主接线方案不同，短路电流大小也不同，在设计阶段需要分别对不同的主接线方案的短路电流进行计算，以选择短路电流比较小的接线方案。

5. 确定中性点的运行方式

在 10 kV 的供配电系统中，需要通过短路电流的大小来确定其中性点的接地方式。

3.2　短路电流暂态过程分析

供电系统发生短路时，系统总是由原来的稳定工作状态，经过一个暂态过程，然后进入短路后的稳定状态。系统短路部分的电流值突然增大，经过暂态过程达到新的稳态值。虽然暂态过程历时很短，但它在某些问题的分析研究中占据重要位置，因此，研究分析短路的暂态过程具有重要意义。

暂态过程的情况，不仅与供电系统的阻抗参数有关，而且还与系统的电源容量大小有关。下面分别讨论无限大容量电源系统及有限容量电源系统的短路暂态过程。

3.2.1　无限大容量电源供电系统短路电流暂态过程分析

无限大容量电源是指功率为无限大且电源内阻为零的电源，其在短路发生时，可以维持电压、频率恒定。无穷大电源是一种"理想电源"，在现实中并不存在。但如果满足下列条件就近似地认为是无限大容量电源：①电源的功率很大，大于系统其他部分功率的 10 倍以上；②电源的内阻抗很小，小于系统其他部分阻抗的 1/10 以下。

1. 短路暂态过程的简单分析

图 3-1 所示为一由无限大容量电源供电的三相对称短路的电路。短路发生前，电路处于某一稳定状态。

由于三相电路是对称的，可只写出 A 相的电压和电流的表达式，即

$$\left.\begin{array}{l} u = U_m \sin(\omega t + \alpha) \\ i = I_m \sin(\omega t + \alpha - \varphi) \end{array}\right\} \tag{3-1}$$

式中

$$I_m = \frac{U_m}{\sqrt{(R_{kl}+R')^2 + \omega^2(L_{kl}+L')^2}}$$

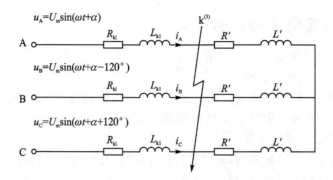

$u_A=U_m\sin(\omega t+\alpha)$

$u_B=U_m\sin(\omega t+\alpha-120°)$

$u_C=U_m\sin(\omega t+\alpha+120°)$

图 3-1　三相对称短路等效电路图

$$\varphi = \arctan \frac{\omega(L_{kl}+L')}{(R_{kl}+R')}$$

式中，$R_{kl}+R'$ 和 $L_{kl}+L'$ 分别为短路前每相的电阻和电感。

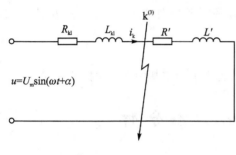

$u=U_m\sin(\omega t+\alpha)$

图 3-2　一相等效电路图

当发生三相短路时，图 3-2 所示的电路将被分成两个独立的回路，一个仍与电源相连接，另一个则成为没有电源的短接回路。在与电源相连的回路中，由于短路导致阻抗突然减小，而电源电压不变，所以电路中的电流突然增大。但是，由于电路中存在着电感，根据楞次定律，电流又不能突变，因而引起一个过渡过程，即短路暂态过程，最终达到一个新稳定状态。在没有电源的短接回路中，电流将从短路发生瞬间的初始值按指数规律衰减到 0。在衰减过程中，回路磁场中所储藏的能量，将全部转化成热能。

假定短路是在 $t=0$ 时发生，由于左边电路仍是对称的，因此可以只研究其中的一相，A 相的微分方程式为

$$L_{kl}\frac{di_k}{dt} + Ri_k = U_m\sin(\omega t+\alpha) \qquad (3-2)$$

上式是一阶常系数线性非齐次微分方程式，其解为

$$i_k = \frac{U_m}{Z_{kl}}\sin(\omega t+\alpha-\varphi_{kl}) + ce^{-\frac{t}{T_k}} \qquad (3-3)$$

式中，U_m 为电源电压的幅值；Z_{kl} 为短路回路的阻抗，$Z_{kl}=\sqrt{R_{kl}^2+(\omega L_{kl})^2}$；$\alpha$ 为短路瞬间电压 u_A 的相位角，一般称合闸相角；φ_{kl} 为短路回路的阻抗角，$\varphi_{kl}=\arctan\dfrac{\omega L_{kl}}{R_{kl}}$；$c$ 为由起始条件确定的积分常数；T_k 为由短路回路阻抗确定的时间常数，$T_k=\dfrac{L_{kl}}{R_{kl}}$。

由式（3-3）可见，无限大功率电源供电系统三相短路电流由短路电流周期分量和非周期分量两部分组成。三相短路电流的周期分量，由电源电压和短路回路阻抗决定，在无限大功率电源条件下，其幅值不变，又称为稳态分量。三相短路电流非周期分量在短路瞬间最大，随后按指数规律衰减，最终为零，又称自由分量。

式（3-3）中的常数 c 就是非周期分量电流的最大值 i_{ap0}，它的大小可按起始条件确定。把

$t=0$ 代入式(3-3)中,得到短路瞬间的电流为

$$i_{0+}=I_{pm}\sin(\alpha-\varphi_{kl})+c \qquad (3-4)$$

式中,$I_{pm}=\dfrac{U_m}{Z_{kl}}$为短路电流周期分量的幅值。

在短路瞬间,电感回路的电流不突变,仍等于短路前瞬间的值,由式(3-1)可得

$$i_{0-}=I_m\sin(\alpha-\varphi) \qquad (3-5)$$

由 $i_{0+}=i_{0-}$,可得

$$c=i_{ap0}=I_m\sin(\alpha-\varphi)-I_{pm}\sin(\alpha-\varphi_{kl}) \qquad (3-6)$$

求得 i_{ap0} 后,即可列出暂态过程中任何时刻非周期分量电流的表达式

$$i_{ap}=[I_m\sin(\alpha-\varphi)-I_{pm}\sin(\alpha-\varphi_{kl})]e^{-\frac{t}{T_k}} \qquad (3-7)$$

式中的 I_m、φ、I_{pm}、φ_{kl} 都与回路中元件参数有关,对某一具体回路,它们的值是固定的。式中的 α 则与故障时刻有关,不同时刻短路,α 的值不同,从而非周期分量电流也不同。而且,由于三相电压的合闸相角不可能相同,每相中的非周期分量电流也不相同。

将式(3-7)代入式(3-3)中,可得 A 相电流的完整表达式

$$i_k=I_{pm}\sin(\omega t+\alpha-\varphi_{kl})+[I_m\sin(\alpha-\varphi)-I_{pm}\sin(\alpha-\varphi_{kl})]e^{-\frac{t}{T_k}} \qquad (3-8)$$

上述短路电流各分量的波形图及相量图如图 3-3 所示。

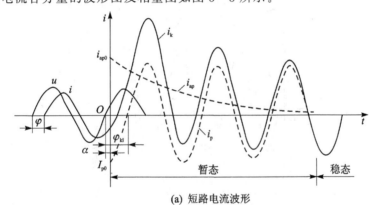

(a) 短路电流波形

(b) 短路电流相量图

图 3-3　短路电流波形及相量图

式(3-8)和图3-3都表明一相的短路电流情况,其他两相只是在相位上相差120°。

短路电流暂态过程的突出特点就是产生非周期分量电流,产生的原因是由于短路回路中存在电感。根据楞次定律,在发生突然短路的瞬间(即 $t=0$ 时),短路回路中会产生一自感电流来阻止短路电流的突变。这个自感电流就是非周期分量,其初值的大小与短路发生的时刻有关,即与电源电压的初相位 α 有关。短路电流的非周期分量以时间常数 T_k 按指数规律衰减,其衰减速度很快,0.2 s 之内即衰减98%,在工程上即可认为已衰减结束。当非周期分量衰减到零后,短路的暂态过程即结束。此时进入短路的稳定状态,这时的电流称为稳态短路电流,其有效值以 I_∞ 表示。

在三相电路中,各相的非周期分量电流大小并不相等。初始值为最大或者为零的情况,只能在一相中出现,其他两相因有120°相角差,初始值必不相同,因此,三相短路全电流的波形是不对称的。三相波形如图3-4所示。

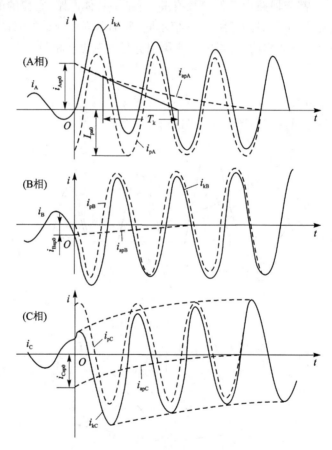

图 3-4　三相短路电流波形

2. 短路电流的冲击值 i_{sh}

短路电流可能出现的最大瞬时值,称为短路电流的冲击值,用 i_{sh} 表示。在电源电压及短路点不变的情况下,要使短路全电流达到最大值,必须具备以下三个条件:

① 短路前为空载,即 $I_m=0$,这时 $i_{ap0}=-I_{pm}\sin(\alpha-\varphi_{kl})$。

② 假设短路回路的感抗 X_{kl} 比电阻 R_{kl} 大得多,即短路阻抗角 $\varphi_{kl}\approx90°$。

③ 短路发生于某相电压瞬时值过零时,即当 $t=0$ 时,初相角 $\alpha=0$。这时,从式(3-8)得

$$i_k = I_{pm} \sin\left(\omega t - \frac{\pi}{2}\right) + I_{pm} e^{-\frac{t}{T_k}}$$

从图 3-4 中可以看出,经过 0.01 s 后,短路电流的幅值达到最大,此值即为短路电流的冲击值 i_{sh},其大小为

$$i_{sh} = I_{pm} + I_{pm} e^{-\frac{0.01}{T_k}} = I_{pm}\left(1 + e^{-\frac{0.01}{T_k}}\right) = k_{sh} I_{pm} = \sqrt{2} k_{sh} I_p \qquad (3-9)$$

式中,k_{sh} 称为冲击系数,$k_{sh} = 1 + e^{-\frac{0.01}{T_k}}$;$I_p$ 是短路电流周期分量的有效值。

冲击系数表示冲击电流与短路电流周期分量幅值的倍数,其值取决于短路回路时间常数 T_k 的大小,因一般线路为感性电路,故 $0 \leqslant T_k \leqslant \infty$,而冲击系数 $1 \leqslant k_{sh} \leqslant 2$。通常,在高压供电系统中,因电抗较大,故 $T_k \approx 0.05$ s,$k_{sh} = 1.8$,则短路电流冲击值为

$$i_{sh} = \sqrt{2} k_{sh} I_p = 2.55 I_p$$

在低压供电系统中,因电阻较大,故 $T_k \approx 0.008$ s,$k_{sh} = 1.3$,则短路电流冲击值为

$$i_{sh} = \sqrt{2} k_{sh} I_p = 1.84 I_p$$

3. 短路全电流的有效值 I_{kt}

短路电流在某一时刻的有效值 I_{kt} 是以时间 t 为中心的一个周期 T 内短路全电流的均方根值,即

$$I = \sqrt{\frac{1}{T} \int_{t-\frac{T}{2}}^{t+\frac{T}{2}} i_k^2 \, dt} = \sqrt{\frac{1}{T} \int_{t-\frac{T}{2}}^{t+\frac{T}{2}} (i_{pt} + i_{apt})^2 \, dt} \qquad (3-10)$$

式中,i_{pt} 为周期分量在时刻 t 的瞬时值;i_{apt} 为非周期分量在时刻 t 的瞬时值。

由于非周期分量是随时间而衰减的,为了简化计算,通常取 t 时刻的瞬时值 i_{apt} 作为一个周期内的有效值,考虑非正弦电流有效值的计算公式可得

$$I_{kt} = \sqrt{I_{pt}^2 + I_{apt}^2}$$

如果在最不利的条件下发生短路,则在第一个周期内的短路电流有效值最大,称为短路全电流的最大有效值,简称冲击电流的有效值,用 I_{sh} 表示。此时,非周期分量的有效值为 $t = 0.01$ s 的瞬时值,则

$$I_{ap(t=0.01)} = I_{pm} e^{-\frac{0.01}{T_k}} = \sqrt{2} I_p e^{-\frac{0.01}{T_k}}$$

对于无限大容量的电源,周期分量不衰减,$I_{pt} = I_{pm}/\sqrt{2} = I_p$。由此得到短路全电流的最大有效值为

$$I_{sh} = \sqrt{I_p^2 + \left(\sqrt{2} I_p e^{-\frac{0.01}{T_k}}\right)^2} = I_p \sqrt{1 + 2(k_{sh} - 1)^2}$$

在高压供电系统中,当 $k_{sh} = 1.8$ 时,$I_{sh} = 1.52 I_p$。

在低压供电系统中,当 $k_{sh} = 1.3$ 时,$I_{sh} = 1.09 I_p$。

冲击电流的有效值主要用来校验电气设备及载流导体的动稳定性。

4. 稳态短路电流有效值

稳态短路电流有效值是指短路电流非周期分量衰减完毕后的短路电流有效值,用 I_∞ 表示。在无限大容量供电系统中发生三相短路时,短路电流的周期分量有效值保持不变,故有 $I_p = I_\infty$。在短路电流计算中,通常用 I_k 表示周期分量的有效值,以下简称短路电流,即

$$I_k = I_p = I_\infty = \frac{U_{av}}{\sqrt{3} Z_{kl}} \tag{3-11}$$

5. 短路容量 S_k

在短路计算和电气设备选择时,常遇到短路容量的概念,其定义为短路点所在线路的平均额定电压 U_{av} 与短路电流周期分量 I_p 所构成的三相视在功率,即

$$S_k = \sqrt{3} U_{av} I_p \tag{3-12}$$

计算短路容量的目的是在选择开关设备时,用来校验其分断能力。

3.2.2　有限大容量电源供电系统短路电流暂态过程分析

当电源容量较小时,或者短路点距离电源较近时,其短路电流的非周期分量与周期分量都是衰减的。这是因为,对电源来说,相当于在发电机的端头处短路,由于回路阻抗突然减小,使同步发电机的定子电流激增,产生很强的电枢反应磁通 Φ''_{ad},因短路回路几乎呈纯电感性,短路电流周期分量滞后发电机势近 $90°$,故其方向与转子绕组产生的主磁通 Φ_0 相反,产生强去磁作用,削弱电机气隙中的合成磁场,导致端电压下降。但是,根据磁链不能突变原则,在突然短路的瞬间,转子上的激磁绕组和阻尼绕组都将产生感应电势,从而产生感应电流 i_{ex} 和 i_{da},它们分别产生与电枢反应磁通相反的附加磁通 Φ_{ex} 和 Φ_{da},以维持定子与转子绕组间的磁链不变。故在短路瞬间,发电机端电压不会突变。然而激磁绕组和阻尼绕组中的感应电流是随时间按指数规律衰减,由它们产生的磁通 Φ_{ex} 和 Φ_{da} 也随之衰减;发电机气隙合成磁场减弱,电枢反应的去磁作用相对增强,使发电机的端电压降低,从而引起短路电流周期分量的衰减。当发电机的端电压降到某一规定值时,强制励磁装置自动投入,发电机的端电压逐渐恢复,短路电流的周期分量的幅值逐渐增加,最终趋于稳定。有自动电压调整器的发电机短路电流变化曲线如图 3-5 所示。

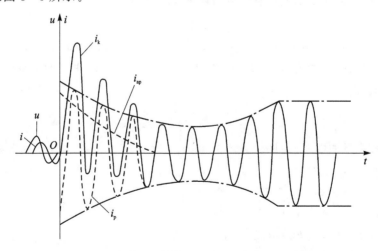

图 3-5　有自动电压调整器的发电机短路电流变化曲线

一般称阻尼绕组感应电流 i_{da} 的衰减过程为次暂态过程。在 i_{da} 衰减完后,激磁绕组的感应电流 i_{ex} 继续衰减的过程称为暂态过程,i_{ex} 衰减完后,短路便进入稳定状态。

阻尼绕组感应电流衰减得较快,其速度取决于阻尼绕组的等效电感和电阻的比值,该比值称为次暂态时间常数 T''_d。对于水轮发电机,$T''_d = 0.02 \sim 0.06$ s;对于汽轮发电机,$T''_d = 0.03 \sim 0.11$ s。

激磁绕组感应电流衰减的较慢,因为其等效电感较大,其时间常数称为暂态时间常数 T'_d。对于水轮发电机,$T'_d = 0.8 \sim 3$ s;对于汽轮发电机,$T'_d = 0.4 \sim 1.6$ s。

若短路前负荷电流为零,短路瞬间恰好发生在发电机电势过零点,则产生的短路电流周期分量起始值最大。通常称这个最大起始值为次暂态电流,其有效值用 I'' 表示。在次暂态过程中,发电机的电势称为次暂态电势 E'',其定子的等效电抗称为次暂态电抗 X''_d,这是短路计算中发电机的两个重要参数。

3.3　无限大容量电源供电系统短路电流计算

在无限大容量系统短路电流计算过程中,首先由电源电压及短路回路的等值阻抗按欧姆定律求得短路电流周期分量的有效值,然后再根据短路电流周期分量的有效值计算其他有关短路的物理量。短路电流的计算方法包括有名值法和标幺值法两种。

3.3.1　有名值计算法

1. 有名值法计算短路电流的步骤

在供电系统中,当 k 点发生三相短路时,其短路电流周期分量的有效值可由欧姆定律直接求得,即

$$I_k^{(3)} = \frac{U_{av}}{\sqrt{3}\sqrt{R_{kl}^2 + X_{kl}^2}} = \frac{U_{av}}{\sqrt{3}Z_{kl}} \qquad (3-13)$$

式中,U_{av} 为短路点所在线路的平均电压,各级标准电压等级的平均电压值如表 3-2 所列;R_{kl}、X_{kl}、Z_{kl} 分别为短路回路的总等值电阻、电抗和阻抗,均已归算到短路点所在的电压等级。

表 3-2　标准电压等级的平均电压

标准电压/kV	0.127	0.22	0.38	3	6	10	35	110
平均电压/kV	0.133	0.23	0.40	3.15	6.3	10.5	37	115

在高压供电系统中,一般情况下 $X_{kl} \geqslant 3R_{kl}$,短路回路的电阻 R_{kl} 可以忽略,用 X_{kl} 代替 Z_{kl},所引起的误差不超过 15%,则式(3-13)可变为

$$I_k^{(3)} = \frac{U_{av}}{\sqrt{3}X_{kl}} \qquad (3-14)$$

有名值计算法计算短路电流的步骤大致如下:

① 绘制短路计算电路图,将短路计算所需考虑的各元件的额定参数都表示出来,并将各元件依次编号,然后确定短路计算点。

② 针对短路计算点绘制短路电路的等效电路图,计算各元件的阻抗,并将计算结果标注在等效电路图上。分子标明元件序号或代号,分母用来标明其阻抗。

③ 按照阻抗串并联的方法化简电路,求等效电路的总阻抗。

④ 计算短路点的三相短路电流周期分量的有效值 $I_k^{(3)}$ 及其他短路电流如 $i_{sh}^{(3)}$、$I_{sh}^{(3)}$ 等。

⑤ 计算短路点的三相短路容量 $S_k^{(3)}$。

2. 供电系统中常用元件阻抗的计算方法

(1) 系统(电源)电抗 X_S

无限大容量系统的电阻相对电抗来说很小,一般不予考虑。系统的电抗分为两种情况:

① 当不知道系统（电源）的短路容量时，认为系统电抗为零；② 如果知道系统（电源）母线上的短路容量 S_k 及平均电压 U_{av}，则系统电抗可由下式求得

$$X_S = \frac{U_{av}}{\sqrt{3}\,I_k^{(3)}} = \frac{U_{av}^2}{\sqrt{3}\,I_k^{(3)}U_{av}} = \frac{U_{av}^2}{S_k} \tag{3-15}$$

（2）变压器电抗 X_T

由变压器的短路电压百分数 $u_{k,\%}$ 近似地计算。

$$u_{k,\%} \approx \frac{\sqrt{3}\,I_{NT}Z_T}{U_{NT}} = Z_T\frac{S_{NT}}{U_{NT}^2} \tag{3-16}$$

式中，Z_T 为变压器等效阻抗，单位是 Ω；S_{NT} 为变压器额定容量，单位是 V·A；U_{NT} 为变压器额定电压，单位是 V；I_{NT} 为变压器额定电流，单位是 A。

变压器的阻抗可由下式求得

$$Z_T \approx u_{k,\%}\frac{U_{NT}^2}{S_{NT}} \tag{3-17}$$

当忽略变压器的电阻时，变压器的电抗 X_T 就等于变压器的阻抗 Z_T，即

$$X_T \approx u_{k,\%}\frac{U_{av}^2}{S_{NT}} \tag{3-18}$$

式中，U_{av} 为短路点的平均电压，单位是 V。

在式（3-18）中将变压器的额定电压代换为短路点所在的线路平均电压 U_{av}，是因为变压器的阻抗应归算到短路点所在处，以便计算短路电流。当考虑变压器的电阻 R_T 时，可根据变压器的铜耗 ΔP_{NT} 得到

$$R_T = \Delta P_{NT}\frac{U_{NT}^2}{S_{NT}} \tag{3-19}$$

再由式（3-17）可计算出变压器的阻抗 Z_T，从而变压器的电抗可由下式求出

$$X_T = \sqrt{Z_T^2 - R_T^2} \tag{3-20}$$

（3）电抗器的电抗 X_L

电抗器是用来限制短路电流的电感线圈，只有当短路电流过大造成开关设备选择困难或不经济时，才在线路中串接电抗器。电抗器的电抗值是以其额定值的百分数形式给出，其值可由下式求出：

$$X_L = X_{L,\%}\frac{U_{NL}}{\sqrt{3}\,I_{NL}} \tag{3-21}$$

式中，$X_{L,\%}$ 为电抗器的百分电抗值；U_{NL} 为电抗器的额定电压，单位是 V；I_{NL} 为电抗器的额定电流，单位是 A。

有时电抗器的额定电压与安装地点的线路平均电压相差很大，例如额定电压为 10 kV 的电抗器，可用在 6 kV 的线路上。因此，计算时一般不用线路的平均电压代换它的额定电压。

（4）线路电抗 X_l

线路电抗取决于导线间的几何均距、线径及材料，根据导线参数及几何均距可从手册中查得单位长度的电抗值 X_0，得到

$$X_l = X_0 l \tag{3-22}$$

式中，X_0 为线路单位长度电抗，单位是 Ω/km；l 为导线长度，单位是 km。

三相线路导线单位长度的电抗,要根据导线截面和线间几何均距来计算。三相导线间的几何均距可按下式计算:

$$D = \sqrt[3]{D_{12}D_{23}D_{31}} \qquad (3-23)$$

式中,D_{12}、D_{23}、D_{31} 分别为各相导线间的距离,单位是 mm。

在工程计算中,高压架空线 $X_0 = 0.4\ \Omega/\text{km}$;1 kV 以下电缆 $X_0 = 0.06\ \Omega/\text{km}$;3~10 kV 电缆 $X_0 = 0.08\ \Omega/\text{km}$。

在低压供电系统中,常采用电缆线路,因其电阻较大,所以在计算低压电网短路电流时,电阻不能忽略,线路每相电阻值可用下式计算:

$$R_l = \frac{l}{\gamma A} \qquad (3-24)$$

式中,l 为线路长度,单位是 m;A 为导线截面积,单位是 mm^2;γ 为电导率,其值如表 3-3 所列,单位是 $\text{m}/(\Omega \cdot \text{mm}^2)$。

当已知线路单位长度电阻值时,线路每相电阻也可由下式求得

$$R_l = R_0 l \qquad (3-25)$$

式中,R_0 为单位长度电阻值,单位是 Ω/km;l 为线路长度,单位是 km。

在计算低压供电系统中的最小两相短路电流时,需考虑电缆在短路前因负荷电流而使温度升高造成电导率下降以及因多股绞线使电阻增大等因素。此时电缆的电阻应按最高工作温度下的电导率计算。

表 3-3　电缆的电导率

电缆名称	电导率 $\gamma/(\text{m} \cdot \Omega^{-1} \cdot \text{mm}^{-2})$		
	20 ℃	65 ℃	80 ℃
铜芯软电缆	53	42.5	
铜芯铠装电缆		48.6	44.3
铝芯铠装电缆	32	28.8	

如果短路回路中存在多个电压等级,需要将不同电压等级的元件的阻抗值归算到短路点所在的电压等级下,之后绘制短路等效电路图,计算出总阻抗。阻抗归算公式如下:

$$Z' = Z\left(\frac{U_{av2}}{U_{av1}}\right)^2 \qquad (3-26)$$

式中,Z' 为归算到电压等级 U_{av2} 下的阻抗;Z 为对应于电压等级 U_{av1} 下的阻抗。

例 3-1　如图 3-6 所示为一简化供电系统示意图,试求总降压变电所 6 kV 母线上的 k_1 点和车间变电所 380 V 母线上的 k_2 点发生三相短路时的短路电流和短路容量。

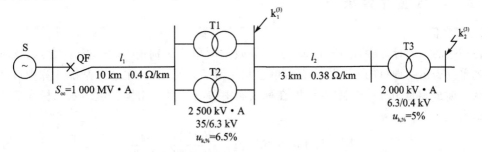

图 3-6　简化供电示意图

解： a. 计算各元件电抗

电力系统的电抗：

$$X_S = \frac{U_{av1}^2}{S_{oc}} = \frac{37^2}{1\,000} = 1.369(\Omega)$$

架空线 l_1 的电抗：

$$X_{l1} = X_{01}l_1 = 0.4 \times 10 = 4(\Omega)$$

变压器 T1 和 T2 的电抗：

$$X_{T1} = X_{T2} = u_{k,\%}\frac{U_{av1}^2}{S_{NT}} = 6.5\% \times \frac{37^2}{2.5} = 35.594(\Omega)$$

架空线 l_2 的电抗：

$$X_{l2} = X_{02}l_2 = 0.38 \times 3 = 1.14(\Omega)$$

变压器 T3 的电抗：

$$X_{T3} = u_{k,\%}\frac{U_{av2}^2}{S_{NT}} = 5\% \times \frac{6.3^2}{2} = 0.99(\Omega)$$

b. 计算各短路点的总电抗

k_1 点短路：

$$X_{k1} = (X_S + X_{l1} + X_{1T}//X_{2T})\left(\frac{U_{av2}}{U_{av1}}\right)^2 = 23.166 \times \left(\frac{6.3}{37}\right)^2 = 0.671(\Omega)$$

k_2 点短路：

$$X_{k2} = (X_{k1} + X_{l2} + X_{3T})\left(\frac{U_{av3}}{U_{av2}}\right)^2 = 2.8 \times \left(\frac{0.4}{6.3}\right)^2 = 0.011\,3(\Omega)$$

c. 计算各短路点的短路电流和短路容量

k_1 点：

$$I_{k1} = \frac{U_{av2}}{\sqrt{3}\,X_{k1}} = \frac{6.3}{\sqrt{3} \times 0.671} = 5.42\ (kA)$$

$$i_{sh.k1} = 2.55I_{k1} = 2.55 \times 5.42 = 13.8\ (kA)$$

$$S_{k1} = \sqrt{3}U_{av2}I_{k1}^{(3)} = \sqrt{3} \times 6.3 \times 5.42 = 59.1\ (MV \cdot A)$$

k_2 点：

$$I_{k2} = \frac{U_{av3}}{\sqrt{3}\,X_{k2}} = \frac{0.4}{\sqrt{3} \times 0.011\,3} = 20.43(kA)$$

$$i_{sh.k2} = 1.84I_{k2} = 1.84 \times 20.43 = 37.59(kA)$$

$$S_{k2} = \sqrt{3}U_{av3}I_{k2}^{(3)} = \sqrt{3} \times 0.4 \times 20.43 = 14.2(MV \cdot A)$$

3.3.2 标幺值计算法

1. 标幺值

在一般的电路计算中，电压、电流、功率和阻抗的单位分别用 V、A、W、Ω 表示，这种用实际有名单位表示物理量的方法称为有名单位制。为了方便计算，在电力系统计算中广泛采用标幺制。标幺制是相对单位制的一种，在标幺制中各物理量都用标幺值表示。标幺值定义由下式给出：

$$某一电气量的标幺值 = \frac{该量的实际值}{该量的基准值} \tag{3-27}$$

标幺值是一个没有量纲的数值,对于同一个实际有名值,基准值选得不同,其标幺值也就不同。因此,当我们说一个量的标幺值时,必须同时说明它的基准值,否则,标幺值的意义是不明确的。

当选定电压、电流、功率和阻抗的基准值分别为 U_B、I_B、S_B 和 Z_B 时,相应的标幺值为

$$\left.\begin{aligned} U_* &= \frac{U}{U_B} \\ I_* &= \frac{I}{I_B} \\ S_* &= \frac{S}{S_B} = \frac{P+jQ}{S_B} = \frac{P}{S_B} + j\frac{Q}{S_B} = P_* + jQ_* \\ Z_* &= \frac{Z}{Z_B} = \frac{R+jX}{Z_B} = \frac{R}{Z_B} + j\frac{X}{Z_B} = R_* + jX_* \end{aligned}\right\} \tag{3-28}$$

基准容量 S_B、基准电压 U_B、基准电流 I_B 和基准阻抗 Z_B 也应遵守功率方程 $S_B = \sqrt{3}\,U_B I_B$ 和电压方程 $U_B = \sqrt{3}\,I_B Z_B$,因此,四个基准值中只有两个基准值是独立的,通常选定基准容量和基准电压,按下式求出基准电流和基准阻抗。

$$Z_B = \frac{U_B}{\sqrt{3}\,I_B} = \frac{U_B^2}{S_B} \tag{3-29}$$

$$I_B = \frac{S_B}{\sqrt{3}\,U_B} \tag{3-30}$$

基准值的选取是任意的,但为了计算方便,通常取 100 MV·A 为基准容量,取线路平均额定电压为基准电压。

2. 不同基准值的标幺值的换算

因为从手册或产品说明书中查得的电器元件的阻抗值一般是以各自的额定容量和额定电压为基准的标幺值。所以在供配电系统的实际计算中,要先将这些元件的阻抗换算到统一的基准值下,再制定标幺值等值电路进行计算,其换算公式为

$$X_{*(B)} = \frac{X_{*(N)} X_N}{X_B} = X_{*(N)} \frac{U_N^2}{S_N} \bigg/ \frac{U_B^2}{S_B} = X_{*(N)} \frac{S_B}{S_N} \frac{U_N^2}{U_B^2} \tag{3-31}$$

3. 各元件标幺值的计算

(1) 系统(电源)电抗

若已知发电机的次暂态电抗,X_G'' 就是以发电机额定值为基准的标幺电抗,又已知发电机的额定容量为 S_{NG},则换算到基准值下的标幺值 $X_{G(B)}^*$ 为

$$X_{G(B)}^* = X_G'' \frac{S_B}{S_{NG}} \tag{3-32}$$

若已知的是系统母线的短路容量 S_k,则系统电抗的基准标幺值 $X_{S(B)}^*$ 为

$$X_{S(B)}^* = \frac{X_S}{X_B} = \frac{U_{av}^2/S_k}{U_{av}^2/S_B} = \frac{S_B}{S_k} \tag{3-33}$$

(2) 变压器电抗

已知变压器的电压百分值 $u_{k,\%}$,忽略变压器的电阻时,则

$$u_{k,\%} \approx X_T \frac{\sqrt{3}\,I_{NT}}{U_{NT}} \times 100\% = \frac{X_T}{X_{NT}} \times 100\% = X_{NT}^* \times 100\% \tag{3-34}$$

式中，X_{NT}^{*} 为变压器的额定标幺电抗。式(3-34)是变压器额定标幺值与百分值之间的关系。

由不同基准值的标幺值间的换算可得变压器的电抗基准标幺值为

$$X_{T(B)}^{*} = X_{NT}^{*} \frac{S_B}{S_{NT}} = u_{k,\%} \frac{S_B}{S_{NT}} \tag{3-35}$$

以上换算是对双绕组变压器而言。对于三绕组变压器，图3-7(a)给出的短路电压百分值是 $u_{k1-2,\%}$、$u_{k2-3,\%}$、$u_{k3-1,\%}$，注脚数字1、2、3代表三个绕组，其等效电路如图3-7(b)所示。

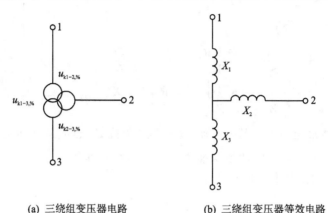

(a) 三绕组变压器电路　　　　　　(b) 三绕组变压器等效电路

图3-7　三绕组变压器等效电路图

这里 $u_{k1-2,\%}$ 是在绕组3开路条件下，在绕组1和绕组2间作短路试验测得的短路电压百分值，其值为

$$u_{k1-2,\%} = X_1 \frac{\sqrt{3} I_{NT}}{U_{NT}} \times 100\% + X_2 \frac{\sqrt{3} I_{NT}}{U_{NT}} \times 100\% = u_{k1,\%} + u_{k2,\%} \tag{3-36}$$

同样可得

$$\left. \begin{array}{l} u_{k2-3,\%} = u_{k2,\%} + u_{k3,\%} \\ u_{k3-1,\%} = u_{k3,\%} + u_{k1,\%} \end{array} \right\} \tag{3-37}$$

由式(3-36)和式(3-37)可得各绕组的短路电压百分值为

$$\left. \begin{array}{l} u_{k1,\%} = \dfrac{1}{2} (u_{k1-2,\%} + u_{k3-1,\%} - u_{k2-3,\%}) \\[2mm] u_{k2,\%} = \dfrac{1}{2} (u_{k1-2,\%} + u_{k2-3,\%} - u_{k3-1,\%}) \\[2mm] u_{k3,\%} = \dfrac{1}{2} (u_{k3-1,\%} + u_{k2-3,\%} - u_{k1-2,\%}) \end{array} \right\} \tag{3-38}$$

按式(3-35)可求得各绕组的基准标幺电抗。

(3) 电抗器电抗

当已知电抗器的额定百分电抗 $X_{L,\%}$、额定电压 U_{NL} 及额定电流 I_{NL} 时，电抗器的基准标幺电抗可由下式求得

$$X_{L(B)}^{*} = X_{L,\%} \frac{I_B U_N}{U_B I_N} \tag{3-39}$$

(4) 输电线路电抗

当已知输电线路的长度 l、单位长度(km)电抗 X_0 及线路所在区段的平均电压 U_{av} 时，可

求出线路基准标幺电抗为：

$$X_{l(B)}^* = X_0 l \frac{S_B}{U_B^2} \tag{3-40}$$

4. 变压器耦合电路的标幺值计算

假设某一供电系统如图 3-8 所示,系统中有 3 段不同电压等级线路。

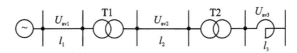

图 3-8　不同电压等级的供电系统

假设短路发生在第三区段的 k 点,选本系统的基准容量为 S_B,基准电压 U_B 为第 3 区段的平均电压 U_{av3},即 $U_B = U_{av3}$,则第 1 区段的线路电抗 X_{l1} 归算至短路点的电抗为

$$X_{l1}' = X_{l1} \left(\frac{U_{av2}}{U_{av1}} \right)^2 \left(\frac{U_{av3}}{U_{av2}} \right)^2 = X_{l1} \left(\frac{U_{av3}}{U_{av1}} \right)^2 \tag{3-41}$$

相对于基准容量 S_B 及基准电压 U_B 的电抗标幺值为

$$X_{l1}^* = X_{l1}' \frac{S_B}{U_B^2} = X_{l1} \left(\frac{U_{av3}}{U_{av1}} \right)^2 \frac{S_B}{U_B^2} = X_{l1} \frac{S_B}{U_{av1}^2} = X_0 l_1 \frac{S_B}{U_{av1}^2} \tag{3-42}$$

同样,第 2 区段的线路电抗 X_{l2} 归算至短路点的电抗标幺值为

$$X_{l2}^* = X_{l2} \frac{S_B}{U_{av2}^2} = X_0 l_2 \frac{S_B}{U_{av2}^2} \tag{3-43}$$

由式(3-42)和式(3-43)可以看出,在有多个电压等级的电路中计算元件参数的标幺值时,可以直接用元件所在电压等级的平均电压做基准电压,避免了多级电压系统中电压的归算,简化了计算过程。

5. 短路电流计算

计算出短路回路中各元件的电抗标幺值后,就可根据系统中各元件的连接关系做出它的等值电路图,然后根据它们的串、并联关系,计算出短路回路的总电抗标幺值 X_Σ^*,最后根据欧姆定律的标幺值形式,计算出短路电流周期分量标幺值 I_k^*,即

$$I_k^* = \frac{U^*}{X_\Sigma^*} \tag{3-44}$$

式中,U^* 为短路点电压的标幺值,在取 $U_B = U_{av}$ 时,$U^* = 1$。故

$$I_k^* = \frac{1}{X_\Sigma^*} \tag{3-45}$$

短路电流周期分量的实际值,可由标幺值定义按下式计算：

$$I_k = I_k^* I_B \tag{3-46}$$

例 3-2　试用标幺值法计算例 3-1 所示供电系统中 k_1 和 k_2 点的短路电流和短路容量。

解： 取基准值 $S_B = 100$ MV·A,基准电压 $U_B = U_{av}$,3 个电压等级的基准电压分别为 $U_{B1} = 37$ kV、$U_{B2} = 6.3$ kV、$U_{B3} = 0.4$ kV,相应的基准电流分别为 I_{B1}、I_{B2}、I_{B3}。

a. 计算各元件参数标幺值

电力系统电抗标幺值：

$$X_S^* = \frac{S_B}{S_{oc}} = \frac{100}{1\ 000} = 0.1$$

线路 l_1 电抗标幺值：

$$X_{l1}^* = X_{01} l_1 \frac{S_B}{U_{Bl}^2} = 0.4 \times 10 \times \frac{100}{37^2} = 0.292$$

变压器 T1 和 T2 的电抗标幺值：

$$X_{T1}^* = X_{T2}^* = \frac{u_{k.\%}}{100} \frac{S_B}{S_N} = \frac{6.5}{100} \times \frac{100}{2.5} = 2.6$$

线路 l_2 电抗标幺值：

$$X_{l2}^* = X_{02} l_2 \frac{S_B}{U_{B2}^2} = 0.38 \times 3 \times \frac{100}{6.3^2} = 2.87$$

变压器 T3 的电抗标幺值：

$$X_{T3}^* = \frac{u_{k.\%}}{100} \frac{S_B}{S_N} = \frac{5}{100} \times \frac{100}{2} = 2.5$$

绘制等效电路如图 3-9 所示，图中元件所标注的分数，其分子表示元件编号，其分母表示元件标幺电抗值。

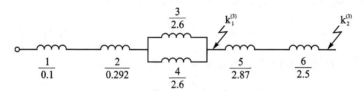

图 3-9　等效电路图

b. k_1 点短路

k_1 点短路时的总电抗标幺值：

$$X_{k1}^* = X_S^* + X_{l1}^* + X_{T1}^* /\!/ X_{T2}^* = 0.1 + 0.292 + 2.6 /\!/ 2 = 1.692$$

$$I_{B2} = \frac{S_B}{\sqrt{3} U_{B2}} = \frac{100}{\sqrt{3} \times 6.3} = 9.164 \ (kA)$$

k_1 点短路时的短路电流和短路容量：

$$I_{k1}^* = \frac{1}{X_{k1}^*} = \frac{1}{1.692} = 0.591$$

$$I_{k1} = I_{B2} I_{k1}^* = 9.164 \times 0.591 = 5.42 \ (kA)$$

$$i_{sh.k1} = 2.55 I_{k1} = 2.55 \times 5.42 = 13.82 \ (kA)$$

$$S_{k1} = \frac{S_B}{X_{k1}^*} = \frac{100}{1.692} = 59.1 \ (MV \cdot A)$$

c. k_2 点短路

k_2 点短路时的总电抗标幺值：

$$X_{k2}^* = X_{k1}^* + X_{l2}^* + X_{T3}^* = 1.692 + 2.87 + 2.5 = 7.06$$

$$I_{B3} = \frac{S_B}{\sqrt{3} U_{B3}} = \frac{100}{\sqrt{3} \times 0.4} = 144.3 \ (kA)$$

k_2 点短路时的短路电流和短路容量：

$$I_{k2}^* = \frac{1}{X_{k2}^*} = \frac{1}{7.06} = 0.141 \ 6$$

$$I_{k2} = I_{B3} I_{k2}^* = 144.3 \times 0.141\,6 = 20.43 \ (kA)$$

$$i_{sh.k2} = 1.84 I_{k2} = 1.84 \times 20.43 = 37.59 \ (kA)$$

$$S_{k2} = \frac{S_B}{X_{k2}^*} = \frac{100}{7.06} = 14.2 \ (MV \cdot A)$$

3.4 不对称短路电流的计算

两相短路和单相短路都属于不对称短路。对无限大电源容量系统,由于两相和单短路电流都较三相短路电流小,因此常用两相短路电流或单相短路电流来校验继电保护装置的灵敏度。在采用中性点不直接接地系统中,不存在单相短路故障,需要使用其两相短路电流校验保护装置的灵敏度;在中性点直接接地系统中,其单相接地短路电流比两相接地短路电流小,所以需要使用单相接地电流校验保护装置的灵敏度。

3.4.1 两相短路电流的计算

图 3-10 所示的无限大容量供电系统发生两相短路时,其短路电流的计算式为

$$I_k^{(2)} = \frac{U_{av}}{2X_k} \tag{3-47}$$

式中,U_{av} 为短路点的平均额定电压;X_k 为短路回路一相电抗值。

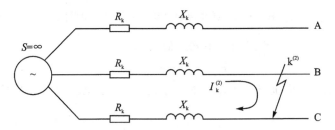

图 3-10 无限大容量供电系统发生两相短路

将式(3-47)和式(3-14)三相短路电流计算公式相比,可得两相短路电流与三相短路电流的关系,并同样适用于冲击短路电流,即

$$I_k^{(2)} = \frac{\sqrt{3}}{2} I_k^{(3)} \tag{3-48}$$

$$i_{sh}^{(2)} = \frac{\sqrt{3}}{2} i_{sh}^{(3)} \tag{3-49}$$

$$I_{sh}^{(2)} = \frac{\sqrt{3}}{2} I_{sh}^{(3)} \tag{3-50}$$

因此,无限大容量供电系统中发生短路时,两相短路电流较三相短路电流小。

3.4.2 单相短路电流的计算

在低压 TT、TN 的配电系统中,相线与中性线(N 线)、相线与保护线(PE 线)、相线与保护中性线(PEN 线)或地之间发生短路,均形成单相短路。单相短路电流的计算式为

$$I_k^{(1)} = \frac{U_{av}}{\sqrt{3} X_{p0}} \tag{3-51}$$

式中，U_{av} 为短路点的平均额定电压；X_{p0} 为单相短路回路中的短路电抗。

3.5　大功率电动机对短路电流的影响

供配电系统发生三相短路时，从电源到短路点的系统电压下降，严重时短路点的电压可降为零。接在短路点附近运行的电动机的反电势可能大于电动机所在处系统的残压，此时电动机将和发电机一样，向短路点馈送短路电流。该电流衰减得非常快，但影响总短路冲击电流。当电动机容量较大(100 kW 以上)时，这个影响不能忽略。

3.5.1　异步电动机的影响

图 3-11(a)和(b)分别为异步电动机的等值电路及相量图。

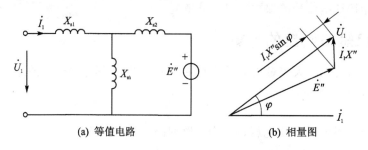

(a) 等值电路　　　　　(b) 相量图

图 3-11　异步电动机等值电路图及相量图

异步电动机的次暂态电势 E'' 可由下式近似计算：

$$E'' = U_1 - I_1 X'' \sin \varphi \tag{3-52}$$

式中，U_1、I_1、φ 分别为短路前异步电动机的定子电压、定子电流及其相角差。次暂态电抗 X'' 计算公式为

$$X'' = X_{s1} + \frac{X_{s2} X_m}{X_{s2} + X_m} \tag{3-53}$$

式中，X_{s1}、X_{s2}、X_m 分别为异步电动机的定、转子漏抗及励磁电抗。

由等值电路图 3-11 可看出，次暂态电抗 X'' 就是电机起动瞬时(此时转子不动，$E''=0$)电机的等值电抗，其值可由起动时的电压和电流决定，以标幺值表示为

$$X''^* = \frac{U^*}{I_{st}^*} = \frac{1}{I_{st}^*} \tag{3-54}$$

式中，U^* 为定子额定电压的标幺值，其值为 1；I_{st}^* 为起动电流的标幺值，一般取 $I_{st}^* = 5$。所以，次暂态电抗 $X''^* = 0.2$(通常电机次暂态电抗标幺值也用 X'' 表示)。

将式(3-52)化为标幺值形式，把 $X'' = 0.2$ 代入，考虑在额定运行状态下异步电动机的功率因数为 $0.85 \sim 0.87$，其 $\sin \varphi \approx 0.5$，则得次暂态电势标幺值为 $E''^* = 0.9$。

异步电动机在端头处短路时，端电压等于零，它对短路点提供的起始电流即为 E''^* / X''^*。由于没有单独的激磁绕组，其反电势将迅速衰减，故其所供给的周期分量电流亦将迅速衰减，所产生的非周期分量电流亦衰减很快。因此，只有在计算短路冲击电流时，才考虑异步电动机的影响。

异步电动机所提供的冲击电流 i_{shM} 可用下式计算：

$$i_{shM} = \sqrt{2}\, k_{sh}\, \frac{E''^*}{X''^*}\, I_{NM} \tag{3-55}$$

式中，I_{NM} 为电动机的额定电流；k_{sh} 为电动机反馈电流冲击系数，对于高压电动机其取值范围为 1.4～1.6，对于低压电动机取 $k_{sh}=1$。在计入异步电动机影响后的短路电流冲击值为

$$i_{sh\Sigma} = i_{shG} + i_{shM} \tag{3-56}$$

3.5.2　同步电动机的影响

同步电动机有过激磁和欠激磁两种运行状态。在过激磁状态下，当短路时，其次暂态电势 E'' 大于外加电压，不论短路点在何处，都可作为发电机看待。对于欠激磁的同步电动机，只有在短路点附近电压降低很多时，才能作为发电机看待。一般在同一地点装机总容量大于 1 000 kW 时，才作为附加电源考虑。

同步电动机的短路冲击电流也可按式(3-55)进行计算，其次暂态电抗及次暂态电势值可选用表 3-4 中的平均值。

表 3-4　X'' 和 E'' 的平均值(额定标幺值)

电机类型	X''	E''
汽轮发电机	0.125	1.08
水轮发电机(有阻尼绕组)	0.2	1.13
水轮发电机(无阻尼绕组)	0.27	1.18
同步电动机	0.2	1.10
同步补偿机	0.2	1.20
异步电动机	0.2	0.9

3.6　短路电流的电动效应与热效应

短路电流所产生的效应可分为电动力效应和热效应。电动力效应是指短路电流流过设备和导体时会产生很大的电动力，可能使设备和导体受到破坏或产生永久形变。热效应是指短路电流产生的热量会造成设备和导体温度迅速升高。

3.6.1　短路电流的电动效应和动稳定度

1. 短路时的最大电动力

(1) 两平行导体间的电动力

对于两平行导体，当通过电流分别为 i_1 和 i_2 时，如图 3-12 所示，其相互间的电动力可由比-沙定律计算，即

$$F = 2 i_1 i_2 \frac{l}{a} \times 10^{-7} \, (\text{N}) \tag{3-57}$$

式中，i_1、i_2 分别为两导体中的电流瞬时值，单位是 A；l 为平行导体的长度，单位是 m；a 为两平行导体中心距，单位是 m。

式(3-57)是在导体的尺寸与线间距离 a 相比很小且导体很长时才正确。对于矩形截面的导体(如母线)相互距离较近时，其作用力仍可用上式计算，但需乘以形状系数 k_s 加以修

正,即

$$F = 2k_s i_1 i_2 \frac{l}{a} \times 10^{-7} (\text{N}) \qquad (3-58)$$

式中,k_s 为导体形状系数,对于矩形导体可查图 3-13 中的曲线求得。

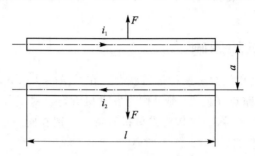

图 3-12　两平行导体间的电动力

图 3-13 中形状系数曲线是以 $\dfrac{a-b}{h+b}$ 为横坐标,表示线间距离与导体半周长之比。曲线的参变量 m 是宽与高之比,即 $m = \dfrac{b}{h}$。

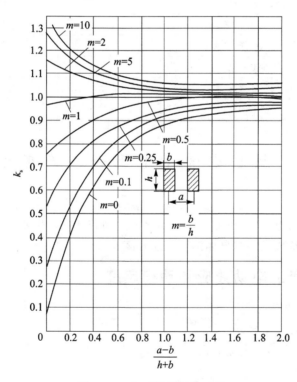

图 3-13　矩形导体形状系数

(2) 三相平行导体间的电动力

在三相系统中,当三相导体在同一平面平行布置时,受力最大的是中间相。设有三相交流电通过导体,如图 3-14 所示。

取 B 相为参考相,三相电流为

$$i_A = I_m \sin(\omega t + 120°)$$
$$i_B = I_m \sin \omega t \qquad\qquad (3-59)$$
$$i_C = I_m \sin(\omega t - 120°)$$

则 B 相导体所受的力为

$$F_B = F_{BA} - F_{BC}$$

$$= 2k_s \frac{l}{a}(i_B i_A - i_B i_C) \times 10^{-7}$$

$$= 2k_s \frac{l}{a} i_B (i_A - i_C) \times 10^{-7}$$

$$= \sqrt{3} k_s \frac{l}{a} I_m^2 \sin 2\omega t \times 10^7 (\text{N})$$

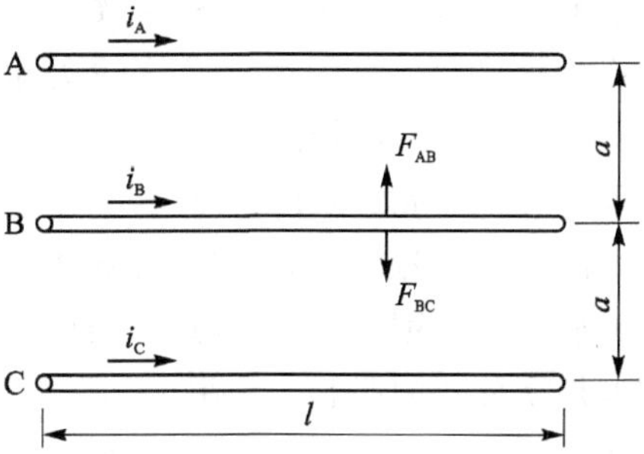

图 3 – 14　三相导体间的电动力

当 $2\omega t = \pm 90°$ 时,得 B 相受力的最大值为

$$F_{Bm} = \sqrt{3} k_s I_m^2 \frac{l}{a} \times 10^{-7} (\text{N})$$

当发生三相短路故障时,短路电流冲击值通过导体,中间相所受电动力的最大值为

$$F_{Bm} = 1.73 k_s i_{sh}^2 \frac{l}{a} 10^{-7} (\text{N}) \qquad\qquad (3-60)$$

式中,i_{sh} 为三相短路电流冲击值,单位是 kA。

由于 $i_{sh}^{(3)} = 1.15 i_{sh}^{(2)}$,故三相短路电动力比两相短路电动力大。因此,电气设备和导体的电动力校验,均用三相短路电流冲击值进行校验。

2. 电气设备的动稳定校验

为了便于用户选择,制造厂家通过计算和试验,从承受电动力的角度出发,在产品技术数据中,直接给出了电气设备允许通过的最大峰值电流,这一电流称为电气设备的动稳定电流,用符号 i_{es} 表示。有的厂家还给出了允许通过的最大电流有效值,用符号 I_{es} 表示。

在选择电气设备时,其动稳定电流 i_{es} 和最大电流有效值 I_{es} 应不小于短路电流冲击值和冲击电流有效值,即

$$i_{es} > i_{sh} \text{或} I_{es} > I_{sh} \qquad\qquad (3-61)$$

3.6.2　短路电流的热效应和热稳定度

1. 短路时导体的发热过程

当电力线路发生短路时,由于继电保护装置很快动作,所以短路电流通过导体的时间很短(一般不会超过 2~3 s),产生的热量来不及向周围介质中散发,因此,可以认为全部热量都用来升高导体的温度了。由于导体温度上升得很快,因而导体的电阻和比热不是常数,而是随温度的变化而变化的。

短路时导体温度的变化情况如图 3 – 15 所示。导体在短路前正常负荷时的温度为 θ_L。在 t_1 时刻,线路发生短路,导体温度按指数规律迅速升高。在 t_2 时刻,线路保护装置将短路故障切除,此时导体温度已达到 θ_k。短路故障切除后,导体将不再产生热量,按指数规律向周围介质散热,直到导体温度等于周围介质温度 θ_0 为止。如果导体和电器在短路及故障切除时段内的发热温度不超过允许温度,则应认为导体和电器是满足短路热稳定度要求的。

2. 等效发热计算

一般采用短路稳态电流来等效计算实际短路电流所产生的热量。由于通过导体的实际短路电流并不是短路稳态电流,因此需要假定一个短路发热的假想时间。假定在此时间内,导体中持续流过短路稳态电流,并产生与流过实际短路电流相等的热量。短路发热的假想时间用 t_{ima} 表示,其由周期分量的假想时间和非周期分量的假想时间组成。

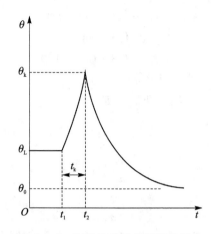

$$t_{ima} = t_k + 0.05\left(\frac{I''}{I_\infty}\right)^2 \text{(s)} \qquad (3-62)$$

因为在无穷大容量系统中,有

$$I'' = I_\infty, \quad t_k = t_{op} + t_{oc}$$

式中,t_{op} 为短路保护装置实际最长的动作时间;t_{oc} 为断路器的断开时间。

图 3-15　短路前后导体的温度变化

因此

$$t_{ima} = t_k + 0.05 \text{(s)} \qquad (3-63)$$

当 $t_k > 1$ s 时,可以认为 $t_{ima} = t_k$。

根据这种假设,导体在实际短路时间 t_k 内通过短路电流 i_k 产生的发热量 Q_{t_k},就等于短路稳态电流为 I_∞ 在短路发热假想时间 t_{ima} 内产生的热量,即

$$Q_{t_k} = \int_0^{t_k} i_k^2 R\,dt = I_\infty^2 R t_{ima} \qquad (3-64)$$

习题与思考题

1. 什么叫短路? 产生短路的原因有哪些? 短路对电力系统有哪些危害?

2. 短路的形式有哪些? 哪种短路形式发生的几率最大? 哪种短路形式的危害最为严重?

3. 什么叫无限大容量电力系统? 其短路暂态过程有何特点?

4. 短路电流周期分量和非周期分量各是如何产生的? 短路电流非周期分量的初始值与什么有关?

5. 在什么条件下,发生的三相短路冲击电流值最大?

6. 试说明采用有名值和标幺值计算短路电流各有什么特点? 这两种方法各适用于什么场合?

7. 在标幺值法计算短路回路中各元件的标幺电抗时,必须选取一个统一的基准容量,其大小可以任意选定,而其基准电压必须采用该元件所在线路的平均电压,不得任意选取,原因是什么?

8. 在无限大容量系统中,两相短路电流和单相短路电流各与三相短路电流有什么关系?

9. 在什么情况下应计及短路点附近交流电动机反馈电流的影响?

10. 什么是短路电流的电动力效应? 为什么要用短路冲击电流来计算?

11. 什么是短路电流的热效应? 为什么要用稳态短路电流 I_∞ 和假想时间 t_{ima} 来计算?

12. 某供电系统如图 3-16 所示,电源容量为无限大,且短路容量分别为 $S_{k1} = 300$ MV·A、

$S_{k2}=400$ MV · A,求 k_1、k_2、k_3 点的短路参数。

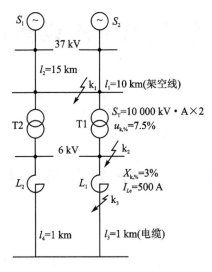

图 3 - 16　习题 12 图

13. 某企业供电系统简图如图 3 - 17 所示,电源为无限大容量,其余数据见供电系统简图。试求供电系统中 k_1 和 k_2 点分别发生三相短路时的短路电流、冲击短路电流和短路容量。

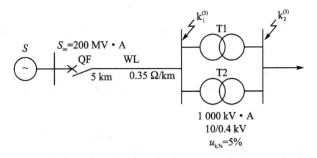

图 3 - 17　习题 13 图

第4章 供配电一次设备及主接线

本章重点介绍供配电一次设备和一次设备的选择、供配电系统主接线的基本形式及主接线方案的选择方法。本章所讲述的内容可为供配电系统一次回路配置提供依据和方法,也是从事供配电设计与运行必备的基础知识。

4.1 一次设备的选择

4.1.1 供配电一次设备

供配电系统中担负输送和分配电能任务的设备称为一次设备。一次设备按功能分为如下几类:

① 变换设备,是用来变换电能、电压或电流的设备,如发电机和电力变压器等。

② 控制设备,是用来按供配电系统的工作要求控制一次电路通、断的电气设备,如高(低)压断路器、开关等。

③ 保护设备,是用来对一次回路过电压或过电流进行保护的设备,包括限制短路电流的电抗器、高低压熔断器、避雷器等。

④ 载流导体,是传输电能的软、硬导体,如各种类型的架空线路和电力线缆等。

⑤ 补偿设备,是用来补偿电路的无功功率以提高系统功率因数的装置,如高、低压电容器。

⑥ 成套设备,是按照一定的线路方案将有关一、二次设备组合而成的装置,如高压开关柜、低压配电屏、动力和照明配电箱、高低压电容器柜及成套变电所等。

4.1.2 一次设备选择的原则

供配电系统中的一次设备是在一定的电压、电流、频率和工作环境条件下工作的,电气设备的选择,除了满足正常工作时安全可靠运行条件,适应所处的场所(户内或户外)、环境温度、海拔高度,以及防尘、防火、防腐、防爆等要求,还应满足在短路等故障时不致损坏的条件,开关电器还必须具有足够的断流能力。

电气设备的选择应遵循以下三个原则:

1. 按正常工作条件选择原则

(1) 环境条件

电气设备的工作环境可分户内、户外两大类。户外设备的工作条件较恶劣,各方面要求较高,成本也高。户内设备不能用于户外,户外设备虽可用于户内,但不经济。此外,选择电气设备时,还应根据实际环境条件考虑防水、防火、防腐、防尘、防爆以及高海拔地区或湿热带地区等方面的要求。

(2) 额定电压的选择

在选择电气设备时,应按照电气设备的额定电压 U_N 不低于装置地点电网额定电压 U_{NS}

的条件选择,即

$$U_N \geqslant U_{NS} \qquad (4-1)$$

(3) 额定电流的选择

电气设备的额定电流是指在一定的周围环境温度下,电气设备长期允许通过的最大工作电流。选择时应使电气设备的额定电流 I_N 不小于其所在回路最大长时负荷电流 $I_{lo.m}$(或计算电流 I_{30}),即

$$I_N \geqslant I_{lo.m} \qquad (4-2)$$

应当注意的是,有关手册中给出的各种电气设备的额定电流,都是按标准环境条件确定的。当实际使用环境发生改变时,应按下式进行修正:

$$I'_N = K_\theta I_N \qquad (4-3)$$

式中,$K_\theta = \sqrt{\dfrac{\theta_{al}-\theta}{\theta_{al}-\theta_0}}$ 为环境温度修正系数;θ_{al} 为电气设备的长期允许发热温度;θ_0 为基准温度,裸导线通常取值为 25 ℃,断路器、隔离开关等一次设备通常取值为 40 ℃;θ 为周围介质温度。

2. 按短路条件校验原则

(1)动稳定校验

短路电流通过所选择的电气设备时,电气设备能够承受最大三相短路冲击电流 $i_{sh}^{(3)}$ 所产生的电动力而不损坏,其满足动稳定的条件是

$$i_{max} \geqslant i_{sh}^{(3)} \text{ 或 } I_{max} \geqslant I_{sh}^{(3)} \qquad (4-4)$$

式中,i_{max} 和 I_{max} 分别为电气设备所允许通过的极限电流的峰值和有效值。

(2) 热稳定校验

短路电流通过所选择的电气设备时,其各部件温度应不超过短时允许发热温度。即

$$Q_{al} \geqslant Q_k^{(3)} \qquad (4-5)$$

式中,Q_{al} 为电气设备所允许的短时热效应;$Q_k^{(3)}$ 为最大三相稳态短路电流产生的热效应。

对于电气设备,通常按下式校验热稳定性:

$$I_t^2 t \geqslant I_\infty^{(3)2} t_{ima} \qquad (4-6)$$

式中,I_t 为电气设备的在时间 t 内通过的热稳定电流,单位是 kA;$I_\infty^{(3)}$ 为稳态短路电流,单位是 kA;t_{ima} 为短路假想时间,单位是 s。

常用高压电气设备选择项目和校验项目如表 4-1 所列。

表 4-1　高压电器选择与校验项目

校验项目	电 压	电 流	断流容量	短路电流校验	
				动稳定	热稳定
断路器	+	+	+		+
负荷开关	+	+		+	+
隔离开关	+	+		+	+
熔断器	+	+	+		
电抗器	+	+		+	+
母线	+	+		+	+

续表 4 - 1

校验项目	电压	电流	断流容量	短路电流校验	
				动稳定	热稳定
支柱绝缘子	+	+		+	
套管绝缘子	+	+		+	+
电流互感器	+	+		+	+
电压互感器	+	+			
电缆	+	+			+

　　注：+号为电器应校验项目。

4.2　开关电弧产生的机理与熄灭方法

4.2.1　电弧的产生

　　当高压开关开断电路时，其动静触头间形成很小间隙，在电源电压作用下，触头间隙中的介质被击穿，形成弧光放电现象，产生电弧。

　　电源相电压作用触头间隙上，形成的电场强度很大。在强电场作用下，阴极表面向间隙中发射电子，并加速向阳极移动。在强电场的作用下，自由电子逐渐积累动能，当具有足够大动能的电子与介质的中性质点相碰撞时，产生正离子与新的自由电子，这种现象称为碰撞游离。碰撞游离不断发生的结果是使触头间隙中的电子与离子大量增加，间隙中的介质便被击穿，形成电弧。

　　电弧发生的过程中，弧隙温度剧增，形成弧柱温度可达 6 000～7 000 ℃，弧心温度高达10 000 ℃以上。在高温作用下，弧隙内中性质点的热运动加剧，获得大量的动能；当其相互碰撞时，生成大量的正离子和自由电子，这种由热运动而产生的游离叫热游离。一般气体热游离温度为 9 000～10 000 ℃，金属蒸汽热游离温度约为 4 000～5 000 ℃。进一步加强了电弧中的游离。

　　当电弧形成后，弧隙压降将剧减，维持电弧主要靠热游离。随着触头开距的加大，失去了强电场发射条件，此后的弧隙自由电子，则由阴极表面产生热电发射来继续提供。因此，弧隙自由电子由强电场产生，热电发射维持；电弧由碰撞游离产生，热游离维持。

4.2.2　电弧的危害

　　电弧是一种极强烈的电游离现象，其具有很强的亮度和很高的温度。电弧对电气设备的安全运行是一个极大的威胁。

　　① 电弧延长了电路开断的时间，如果电弧是短路电流产生的，电弧的存在就意味着短路电流还存在，从而使短路电流危害的时间延长。

　　② 电弧的高温可能烧损开关触头，烧毁电气设备及导线、电缆，甚至引起火灾和爆炸事故。

　　③ 强烈的弧光可能损伤人的视力。

　　电气设备在结构设计上要力求避免产生电弧，或在产生电弧后能迅速地将其熄灭。

4.2.3　电弧的熄灭

1. 熄灭电弧的条件

要使电弧熄灭,必须使触头间电弧中的去游离率大于游离率,即电弧中离子消失的速率大于离子产生的速率。

2. 熄灭电弧的去游离方式

（1）复　合

复合是带异性电荷的质点相遇,正负电荷中和成为中性质点的现象。间隙中电子的相对速度比正离子快得多,它们复合的可能性很小。但电子在碰撞时,如果先附着在中性质点上形成负离子,则速度大大减慢,此时,正、负离子间的复合比电子和正离子间的复合要容易得多。复合速率与以下因素有关:

① 带电质点浓度越大,复合几率越高。当电弧电流一定时,电弧截面越小或介质压力越大,带电质点浓度也越大,复合就越强。因此断路器宜采用小直径的灭弧室,可以提高弧隙间带电质点的浓度,增强其灭弧性能。

② 电弧温度越低,复合就越容易。加强电弧冷却,降低弧隙温度,使带电质点运动速度减慢,能促进复合。在交流电弧中,当电流接近零时,弧隙温度骤降,此时复合特别强烈。

③ 降低弧隙电场强度,使带电质点运动速度减慢,可增大复合的可能性。因此提高断路器的开断速度,对复合有利。

（2）扩　散

扩散是指电弧中自由电子和正离子逸出,进入周围未被游离的冷介质中的现象。扩散去游离主要有两方面的原因及形式:

① 离子浓度差。由于弧道中带电质点浓度高,而弧道周围介质中带电质点浓度低,存在着浓度上的差别。带电质点会由浓度高的地方向浓度低的地方扩散,使弧道中的带电质点减少。

② 温度差。由于弧道中温度高,而弧道周围温度低,存在温度差。弧道中的高温带电质点将向温度低的周围介质中扩散,使弧道中的带电质点减少。

另外,电弧截面越小,离子扩散也越强。

断路器综合利用上述原理,制成各式灭弧装置,能迅速有效地熄灭电弧。

3. 电气设备中常用的灭弧方法

（1）速拉灭弧法

迅速拉长电弧,可使弧隙的电场强度骤降,致使带电质点的复合迅速增强,从而加速电弧的熄灭。这是开关电器中普遍采用的最基本的一种灭弧方法。

（2）冷却灭弧法

降低电弧的温度,可使电弧中的热游离减弱,致使带电质点的复合增强,有助于电弧迅速熄灭。这种灭弧方法在开关电器中应用也很普遍。

（3）吹弧灭弧法

采用绝缘介质吹弧,使电弧拉长,增大冷却面,提高传热率,迫使弧道中游离介质扩散,并流入周围冷介质以促使电弧熄灭。吹动电弧有纵吹和横吹两种方式,如图 4-1 所示。纵吹主要使电弧冷却变细,加大介质压强,加强去游离,使电弧熄灭。而横吹可将电弧拉长,增加弧柱表面积,使冷却加强,熄弧效果较好。也有断路器采用纵横混吹弧的方式,以取得更好的灭弧效果。

（4）长弧切短灭弧法

当电弧经过与其垂直的一排金属栅片时，长电弧被分割成若干段短电弧；而短电弧的电压将主要降落在阴、阳极区内，如果栅片的数目足够多，使各段维持电弧燃烧所需的最低电压降的总和大于外加电压，则电弧自行熄灭。交流电弧在电流过零后，由于近阴极效应，每短弧隙介质强度骤增到 150～250 V，采用多段弧隙串联，可获得较高的介质强度，使电弧在过零熄灭后不再重燃。如图 4-2 所示为钢灭弧栅将长弧切成若干短弧的情形，这种钢灭弧栅同时还具有电动力吹弧和铁磁吹弧的作用，而且钢片对电弧还有冷却降温作用。

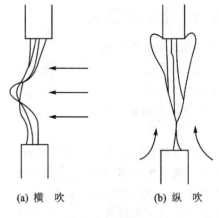

(a) 横 吹　　　　　(b) 纵 吹

图 4-1　吹弧方式

（5）多断口灭弧法

每相采用两个或更多的断口串联，在断路器分闸时，由操动机构将断路器各个串联断口同时拉开，断口把电弧分割成多个小电弧段，把长弧变成短弧。在相等的触头行程下，多断口比单断口的电弧拉得长，而且电弧被拉长的速度也增加，加速了弧隙电阻的增大。同时，由于加在每个断口的电压降低，使弧隙恢复电压降低，亦有利于熄灭电弧。

（6）狭沟灭弧法

使电弧在固体介质的狭缝中运动，由于电弧在介质的狭缝中运动，一方面受到冷却，加强了去游离作用；另一方面电弧被拉长，弧径被压小，弧电阻增大，促使电弧熄灭。如图 4-3 所示的绝缘灭弧栅，是狭沟灭弧法的应用实例。

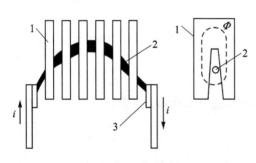

1—钢栅片；2—电弧；3—触头

图 4-2　钢灭弧栅灭弧

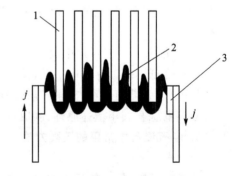

1—绝缘栅片；2—电弧；3—触头

图 4-3　绝缘灭弧栅灭弧

（7）利用介质灭弧

电弧的去游离在很大程度上取决于电弧周围灭弧介质的特性。SF_6 就是很好的灭弧介质，其灭弧能力比空气约强 100 倍。因为 SF_6 电负性很强，能迅速吸附电子而形成稳定的负离子，有利于复合去游离。真空（压强在 0.013 Pa 以下）也是很好的灭弧介质，其灭弧能力比空气约强 15 倍。因为真空中的中性质点很少，不易于发生碰撞游离，且真空有利于扩散去游离。

在现代的电气设备特别是开关电器中，往往是根据具体情况综合运用上述某几种灭弧方法来达到迅速灭弧的目的。

4.3　高压一次设备

4.3.1　变压器

电力变压器(符号为 T 或 TM)是变电所最关键的一次设备,其主要功能是用来实现电能的电压升高或降低,以利于电能的合理输送和分配。发电机发出的电能要用升压变压器将电压升高到输电电压,以实现电能的远距离传输。发电机的端电压一般为 13.8 kV 或 20 kV,而典型的输电电压有 220 kV 或更高的电压 500 kV 以及 750 kV 等。供配电系统中,要用降压变压器将输电电压逐级降低为配电电压(35~110 kV,6~10 kV,380/220 V),以满足电气设备电压等级的要求。同时电力变压器还可用来调整电压和在一定范围内控制潮流。

1. 变压器的分类及其型号

(1) 电力变压器的分类

电力变压器的分类方法比较多。按冷却方式和绕组绝缘分有油浸式、干式两大类,其中油浸式变压器又有油浸自冷式、油浸风冷式、油浸水冷式和强迫油循环冷却式等,而干式变压器又有浇注式、开启式、充气式(SF$_6$)等;按相数分有单相和三相变压器;按绕组导体的材质分有铜绕组和铝绕组变压器;按调压方式分有无载调压变压器和有载调压变压器。安装在总降压变电所的变压器通常称为主变压器,6~10(20)kV 变电所的变压器常被叫做配电变压器。

(2) 电力变压器的型号

电力变压器全型号的表示和含义如图 4-4 所示。

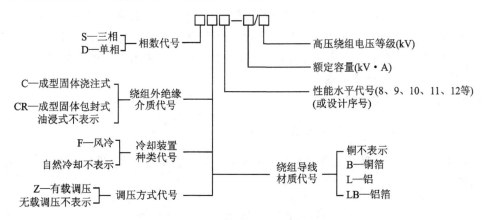

图 4-4　电力变压器全型号的表示和含义

例如,SZ7-5000/35 表示三相铜绕组油浸式(自冷式)有载调压变压器,设计序号为 7,容量为 5 000 kV・A,高压绕组额定电压为 35 kV。

2. 电力变压器的联结组标号

电力变压器的联结组标号,是指变压器一、二次绕组因采取不同的联结方式而形成变压器一、二次侧对应的线电压之间不同的相位关系。常用的联结组别有 Yyn0、Dyn11、Yzn11、Yd11、YNd11 等。

35~110 kV 总降压电力变压器的联结组标号一般为 YNd11。20 kV 及以下配电变压器有 Yyn0 和 Dyn11 两种常见联结组,如图 4-5 所示。由于 Dyn11 联结组变压器具有低压侧单相接地故障电流大(有利于接地故障切除)、承受单相不平衡负荷的负载能力强和高压侧三角形联结有利于抑制零序谐波电流注入电网等优点,从而在低压配电网中得到越来越广泛的应用。

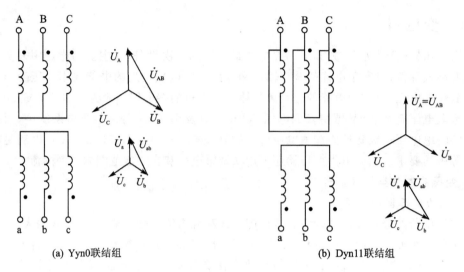

(a) Yyn0联结组　　　　　　　　　　　　　　(b) Dyn11联结组

图 4 - 5　电力变压器 Yyn0 和 Dyn11 联结组

3. 变压器的实际容量和过负荷能力

(1) 变压器的实际容量

电力变压器的额定容量是指它在规定的环境温度条件下,能够保证变压器正常运行的最大载荷视在功率,它与变压器所采取的冷却方式有关,可查相关技术手册得到。GB 1094《电力变压器》规定,变压器正常使用的最高年平均气温为 20 ℃。如果变压器安装地点的年平均气温 $\theta_{0. av} \neq 20$ ℃时,则年平均气温每升高 1 ℃,变压器的容量应相应减小 1%。因此变压器的实际容量应计入一个温度校正系数 K_{θ}。

对室外变压器,其实际容量为

$$S_T = K_{\theta} S_{NT} = \left(1 - \frac{\theta_{0. av} - 20}{100}\right) S_{NT} \tag{4-7}$$

对室内变压器,由于散热条件较差,室内温度要高于室外温度,因此其容量比室外要减小约8%,即

$$S_T = K_{\theta} S_{NT} = \left(0.92 - \frac{\theta_{0. av} - 20}{100}\right) S_{NT} \tag{4-8}$$

(2) 变压器的过负荷能力

电力变压器在运行中,其负荷是动态变化的。大部分时间的负荷都低于最大负荷,而变压器容量是按最大负荷选择的。因此,在正常工作时,变压器往往达不到它的额定值。从维持变压器规定的使用年限考虑,变压器在必要时完全可以过负荷运行。变压器的过负荷能力,是指它在较短时间内所能输出的最大容量。油浸式变压器,户外可正常过负荷30%,户内可正常过负荷20%。干式变压器一般不考虑正常过负荷。

4. 变电站变压器的选择

(1) 变压器型式的选择

变压器的型式应根据其使用环境来选择。在有可燃性及爆炸性场所,要选用符合要求的

防爆型(隔爆型)变压器;在空间较小的车间内可选用干式变压器;在使用环境较好的场所应选用普通型的变压器;在新设计的变电所中尽可能地选用最新节能型的变压器。

(2) 变压器台数的确定

为满足变电所对负荷的供电可靠性,希望所装设的变压器台数越多越好,但投资和运行费用也相应地增加。因此,在选择变电所主变压器台数时,在满足供电可靠性的前提下,应充分考虑投资及运行的经济性。

通常一个车间尽量选择一台变压器;如果一、二级负荷所占比例较大,应选用两台变压器,若能从邻近用户取得备用电源时,也可选用一台变压器。企业总降压变电所主变压器台数应根据企业的负荷类型来确定。对于中、大型企业或具有一、二级负荷的企业,一般选用两台变压器,以保证对一、二级负荷供电的可靠性。只有在分期建设,经技术、经济比较具有优越性,或两台大容量变压器需增加限制短路电流的设备,以及 6 kV 电网接地电流大于 30 A 时,才考虑选用三台变压器,以便分期建设或分裂运行。当一台变压器发生故障时,其余各台变压器应能保证一、二类负荷用电。

(3) 变压器容量的选择

装单台变压器时,其额定容量 S_{NT} 应能满足全部用电设备的计算负荷 S_{30},考虑负荷发展应留有一定的容量裕度,并考虑变压器的经济运行,即

$$S_{NT} \geqslant (1.15 \sim 1.4)S_{30} \tag{4-9}$$

装有两台主变压器时,其中任意一台主变压器容量 S_{NT} 应同时满足下列两个条件。

① 任一台主变压器单独运行时,应满足总计算负荷的 60%～70% 的要求,即

$$S_{NT} = (0.6 \sim 0.7)S_{30} \tag{4-10}$$

② 任一台主变压器单独运行时,应能满足全部一、二级负荷 $S_{30(I+II)}$ 的需要,即

$$S_{NT} \geqslant S_{30(I+II)} \tag{4-11}$$

变电所主变压器台数和容量的最终确定,应结合变电所主接线方案,经技术经济比较择优而定。

例 4-1　某工业企业拟建造一座 10/0.4 kV 变电所,所址设在厂房建筑内。已知总计算负荷为 1 000 kV・A,其中一、二级负荷 600 kV・A。试初步选择该变电所主变压器的台数和容量。

解: 根据变电所有一、二级负荷的情况,应选用两台主变压器。每台容量:

$$S_{NT} = (0.6 \sim 0.7) \times 1\,000\ \text{kV·A} = 600 \sim 700\ \text{kV·A}$$

且
$$S_{NT} \geqslant S_{30(I+II)}$$

因此初步确定每台主变压器容量为 700 kV・A。

4.3.2　互感器

互感器是电流互感器和电压互感器的统称。互感器能根据变压器的变压、变流原理将一次电量(电压、电流)转变为同类型的二次电量,该二次电量可作为二次回路中测量仪表、保护继电器等设备的电源或信号源。

互感器的主要作用有两个:一是隔离作用。使用互感器将一次电路与测量仪表和继电器等二次设备在电气方面隔离,以保障工作人员的安全,保护测量仪表和继电器的电流线圈受到一次电路短路电流的损害。二是变换作用。互感器可以将一次侧中的大电流、高电压变换为二次侧中标准的小电流、低电压。这样有利于扩大仪表、继电器等二次设备的应用范围,实现

仪表、继电器等设备的标准化和小型化,还能够采用低压小截面的控制电力电缆,实现远距离测量和控制。

1. 电流互感器

（1）电流互感器的基本结构原理和接线方案

单相电流互感器的原理接线图如图 4 - 6 所示。互感器的铁芯上有两个匝数不同的绕组,匝数少的绕组为一次绕组,其串接在供配电系统的一次回路中;匝数多的绕组为二次绕组,与二次侧测量仪表等串联构成闭合的二次回路。

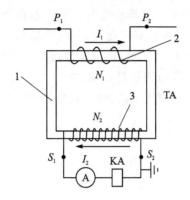

1—铁芯;2——一次绕组;3—二次绕组

图 4 - 6　电流互感器的基本结构原理

因为一次绕组阻抗远小于负载阻抗,将其串入一次系统,对一次系统电流量值的扰动可忽略不计,可以认为互感器一次绕组中的电流是真实的一次系统电流。电流互感器的一次电流 I_1 与其二次电流 I_2 之间的关系如下式所示,据此,可以通过互感器二次绕组电流值推算出一次系统电流大小。

$$I_1 \approx \frac{N_2}{N_1} I_2 \approx K_i I_2 \qquad (4-12)$$

式中,N_1、N_2 分别为电流互感器一、二次绕组匝数;K_i 为电流互感器的电流比,一般表示为其一、二次的额定电流之比,即 $K_i = I_{1N}/I_{2N}$,例如 100 A/5 A。

电流互感器在三相电路中常用的接线方案有:

① 一相式接线(如图 4 - 7 所示):一个互感器接在一相上(通常为 B 相),电流互感器二次绕组中流过的是对应相一次电流的二次电流值,以反映该相电流变化。这种接线通常用于三相负荷平衡的系统中,供测量电流或过负荷保护装置用。

② 两相不完全星形接线(如图 4 - 8 所示):也称为两相 V 形接线。两个互感器接在两相上(通常是 A 相和 C 相),其广泛用于中性点不接地的三相三线制电路中(如 6~10 kV 高压电路中),供测量三相电流、电能及过电流继电保护装置用。

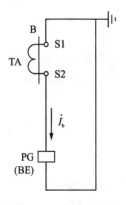

图 4 - 7　一相式接线

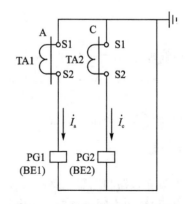

图 4 - 8　两相不完全星形接线

③ 三相星形接线(如图 4 - 9 所示):这种接线可以用来测量负载平衡或三相不平衡系统的三相电流。用三相星形接线方式组成的继电保护电路,能保证对各种故障(三相、两相短路及单相接地短路)具有相同的灵敏度,因此可靠性较高。它广泛应用于电流测量、电能计量或过电流保护接线中。

为避免引入地电位差电流,电流互感器的二次回路应有且只能有一个接地点,宜在配电装置处经端子排接地。有几组电流互感器绕组组合且有电路直接联系的回路,电流互感器二次回路应在和电流处接地,以避免出现地中电流和各电流互感器二次回路电流耦合引起的保护装置误动作。

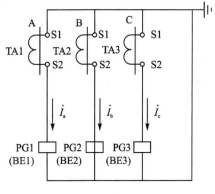

图 4 - 9　三相星形接线

（2）电流互感器的类型和型号

电流互感器的类型有多种。按一次绕组的匝数分,有单匝式和多匝式;按一次电压分,有高压和低压两大类;按电流互感器的用途分,有测量用和保护用两大类;按准确度级别分,测量用电流互感器有 0.1、0.2、0.5、1、3、5 等级,保护用电流互感器有 5P、10P 两级。

电流互感器全型号的表示和含义如图 4 - 10 所示。

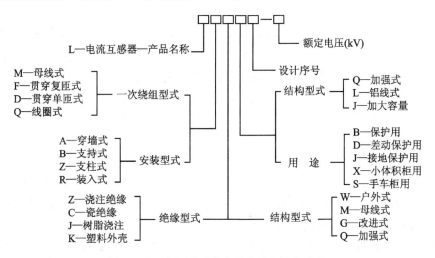

图 4 - 10　电流互感器全型号的表示和含义

（3）电流互感器的选择与校验

电流互感器要根据使用地点、电网电压和长时最大负荷电流来选择,并按短路条件校验动、热稳定性。此外,还应根据二次设备要求选择互感器的精确等级,并按二次阻抗对精确等级进行校验。继电保护用互感器应校验其 10% 误差倍数。具体选择步骤如下:

① 额定电压应大于或等于电网电压。

② 原边额定电流应大于或等于 1.2～1.5 倍长时最大工作电流,即

$$I_{N1} \geqslant (1.2 \sim 1.5) I_{lo.m} \tag{4-13}$$

③ 电流互感器的精确等级应与二次设备的要求相适应。互感器的精确等级与二次负载的容量有关,如容量过大,精确等级下降。要满足精确等级要求,二次总容量 $S_{2\sum}$ 应小于或等于精确等级所规定的额定容量 S_{2N},即

$$S_{2\sum} \leqslant S_{2N} \tag{4-14}$$

电流互感器的二次电流已标准化（5 A）,故二次容量仅决定于二次负载电阻 R_{2L},即

$$S_{2\sum} = I_2^2 R_{2L}$$
$$R_{2L} = K_{w2} \sum R_{cj} + K_{w1} R_l + R_j \left.\right\} \quad (4-15)$$

式中，K_{w1}、K_{w2} 为接线系数，取值于互感器二次接线方式，其值如表 4-2 所列；$\sum R_{cj}$ 为测量仪表和继电器线圈内阻，单位是 Ω；R_l 为二次设备连接导线电阻，单位是 Ω；R_j 为导线连接时的接触电阻，一般取 $0.05 \sim 0.1\ \Omega$。

表 4-2　电流互感器二次接线系数

接线方式		接线系数		备　注
		K_{w1}	K_{w2}	
单　相		2	1	
三相星形		1	1	
三相星形	三线接负载	$\sqrt{3}(3)$	$\sqrt{3}(3)$	括号内接线系数为经过 Y、d 变压器后，两相短路的数值
	二线接负载	$\sqrt{3}(3)$	$1(1)$	
二相差接		$2\sqrt{3}(6)$	$\sqrt{3}(3)$	
三角形		3	3	

在二次负载电阻中考虑了连线电阻，这是因为仪表和继电器的内阻很小，连线电阻不能忽视。在安装距离已知后，为满足精确等级要求，连线电阻应为

$$R_l \leqslant \frac{S_{2N} - I_{2N}^2 \left(K_{w2} \sum R_{cj} + R_j\right)}{k_{w1} I_{2N}^2} \quad (4-16)$$

导线的计算截面为

$$A_l = \frac{l}{\gamma R_l} \quad (4-17)$$

式中，γ 为导线材料的电导率，单位是 $mm^2 \cdot \Omega/m$。连接导线一般采用铜线，其最小截面积不得小于 $1.5\ mm^2$，最大不得超过 $10\ mm^2$。

④ 动、热稳定性校验。电流互感器的动稳定性包括内部与外部两个方面。内部动稳定性是考虑故障电流通过自身线圈产生的电动力；外部动稳定性则是异相电流对互感器产生的电动力，其大小与互感器安装情况有关。电流互感器的内部动稳定性用互感器的动稳定倍数 k_{es} 表示，它是互感器允许的极限通过电流峰值 i_{es} 与其一次额定电流幅值之比，即

$$k_{es} = \frac{i_{es}}{\sqrt{2} I_{1N}} \quad (4-18)$$

满足动稳定性的条件是

$$\sqrt{2} I_{1N} k_{es} \geqslant i_{sh} \quad (4-19)$$

电流互感器外部动稳定性校验又分为两种情况。一种是产品标明允许力 F_{al} 的互感器，可按下式校验：

$$F_{al} \geqslant \frac{1}{2} \times 0.172 i_{sh}^2 \frac{l}{a}$$

式中，i_{sh} 为短路电流冲击值，单位是 kA；l 为互感器出线端与相邻固定点的距离，单位是 m；a 为相间距离，单位是 m。

另一种是标明动稳定倍数 k_{es} 及 a、l 尺寸的互感器,动稳定性按下式校验:

$$\sqrt{2}\,I_{1N}k_{es} \geqslant i_{sh}$$

当互感器安装尺寸与规定的 a、l 不符时,上式左边应乘以修正系数 k_s,且

$$k_s = \sqrt{\frac{a_s}{l_s}} \tag{4-20}$$

式中,a_s、l_s 为互感器的实际安装尺寸。

互感器热稳定性校验。电流互感器的热稳定性是用热稳定倍数 k_{th} 表示,它是互感器在一定时间 t(一般 $t = 1$ s)内的热稳定电流 I_{th} 与其额定电流 I_{1N} 之比,即

$$k_{th} = \frac{I_{th}}{I_{1N}} \tag{4-21}$$

热稳定性按下式校验:

$$k_{th} \geqslant \frac{I_{\infty}}{I_{1N}}\sqrt{t_{ima}} \tag{4-22}$$

式中,I_{∞} 为短路稳态电流;t_{ima} 为假想时间,单位是 s。

⑤ 继电保护用的电流互感器还应按 10% 误差曲线进行校验。作为继电保护用的电流互感器,精确等级只有在装置动作时才有意义。为保证继电器可靠动作,允许其误差不超过 10%,因此对所选互感器进行 10% 误差校验。产品样本中提供的互感器 10% 误差曲线,是在电流误差为 10% 时一次电流倍数 m(一次最大电流与额定电流之比)与二次负载阻抗 Z_2 之间的关系。校验时,根据二次回路的相负载阻抗值从所选互感器的 10% 误差曲线上查出允许的电流倍数 m,其值应大于保护装置动作时的实际电流倍数 m_t,即

$$m > m_t = \frac{(1 + 10\%)I_{op}}{I_{1N}} \tag{4-23}$$

式中,I_{op} 为保护装置的动作电流;I_{1N} 为电流互感器一次额定电流;10% 为考虑互感器的 10% 误差。

(4) 电流互感器的使用注意事项

① 电流互感器在工作时二次侧不能开路。如果开路,二次侧会出现危险的高电压,危及设备及人身安全。而且铁芯会由于二次开路磁通急剧增加而过热,并产生剩磁,使得互感器准确度降低。

② 电流互感器的二次侧必须有一点接地,防止其一、二次绕组间绝缘击穿时,一次侧的高压窜入二次侧,危及人身安全和测量仪表、继电器等设备的安全。

③ 电流互感器在连接时必须注意端子极性,防止接错线。

2. 电压互感器

(1) 电压互感器的基本结构原理和接线方案

电压互感器的基本结构原理如图 4-11 所示。匝数多的绕组为一次绕组,并联在供配电一次回路上;匝数少的为二次绕组,与二次侧测量仪表并联。由于一次绕组阻抗很大,并入一次系统后对一次系统电压的影响可忽略不计;二次绕组阻抗很小,但二次负载阻抗很大,因此电压互感器相当于一台接近开路运行的小容量变压器。

电压互感器的一次电压 U_1 与其二次电压 U_2 之间有下列关系:

$$U_1 \approx \frac{N_1}{N_2}U_2 \approx K_u U_2 \tag{4-24}$$

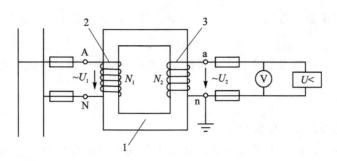

1—铁芯；2——一次绕组；3—二次绕组

图 4 - 11　电压互感器的基本结构原理

式中，N_1、N_2 分别为电压互感器一、二次绕组的匝数；K_u 为电压互感器的电压比，一般表示为其额定一、二次电压比，即 $K_u = U_{1N}/U_{2N}$。

电压互感器在三相电路中常用的接线方案有以下三种：

① 一个单相电压互感器的接线如图 4 - 12(a)所示，这种接线方式用于只需测量任意两相之间电压的电路。电压互感器额定电压为 380 V 时，一次侧绕组与被测电路之间经熔断器连接，熔断器既是一次侧绕组的保护元件，又是控制电压互感器接入电路的控制元件。二次侧绕组的熔断器为二次侧保护元件。

② 两个单相电压互感器接成 Vv 形如图 4 - 12(b)所示，这种接线方式又称不完全星形接线。它可以供仪表、继电器接于三相三线制电路中测量三个线电压，主要应用于 20 kV 及以下中性点不接地或经消弧线圈接地的电网中。它的优点是接线简单、经济，广泛用于工厂供配电所高压配电装置中。它的缺点是不能测量相电压。

③ 三个单相三绕组电压互感器或一个三相五芯柱三绕组电压互感器接成 Yynd 联结如图 4 - 12(c)所示，接成星形的二次绕组可测量各个线电压及相电压，而接成开口三角形的剩余二次绕组可测量零序电压，可接用于绝缘监视的电压继电器或微机小电流接地选线装置。一次电路正常工作时，开口三角形两端的电压接近于零。当一次系统某一相接地时，开口三角形两端将出现近 100 V 的零序电压，使电压继电器动作，发出信号。

（2）电压互感器的类型和型号

电压互感器按相数分，有单相和三相两类。按绝缘及其冷却方式分，有干式（含环氧树脂浇注式）和油浸式两类。电压互感器全型号的表示和含义如图 4 - 13 所示。

（3）电压互感器的选择

除按电网电压、装设地点及用途选择其额定电压与型号外，还应按二次负荷校验其精确等级。

① 一次额定电压的选择。互感器一次额定电压 U_{1N} 应与互感器接入电网时一次绕组所受的电压 U_1 相适应，其值应满足下式的要求：

$$1.1U_{1N} > U_1 > 0.9U_{1N} \tag{4 - 25}$$

式中，1.1、0.9 是互感器最大误差所允许的波动范围。电压互感器二次电压在任何情况下不得超过标准值（100 V），因此二次绕组电压按表 4 - 3 进行选择。

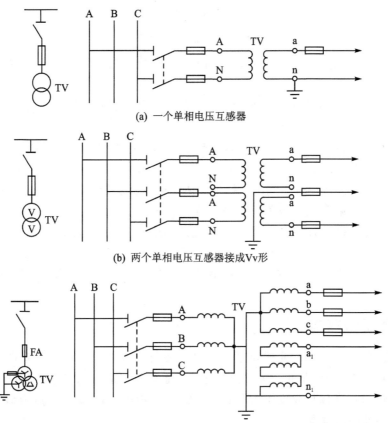

(a) 一个单相电压互感器

(b) 两个单相电压互感器接成Vv形

(c) 三个单相三绕组电压互感器或一个三相五芯柱三绕组电压互感器接成Yynd联结

图 4 - 12　电压互感器的接线方案

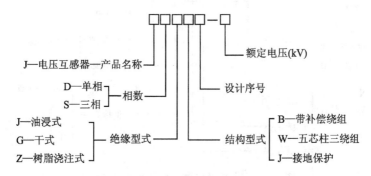

图 4 - 13　电压互感器全型号的表示和含义

表 4 - 3　电压互感器的二次绕组电压

绕　组	二次主绕组		二次辅助绕组	
高压侧接线	接于线电压上	接于相电压上	中性点直接接地	中性点不直接接地
二次绕组电压/V	100	$100/\sqrt{3}$	100	100/3

② 按二次负荷校验精确等级。校验电压互感器的精确等级应使二次侧连接仪表所消耗的总容量 $S_{2\sum}$ 小于精确等级所规定的二次额定容量 S_{2N}，即

$$S_{2N} \geqslant S_{2\sum}$$

$$S_{2\sum} = \sqrt{\left(\sum S_i \cos \varphi_i\right)^2 + \left(\sum S_i \sin \varphi_i\right)^2} \qquad (4-26)$$

式中，S_i、$\cos \varphi_i$ 分别为第 i 个仪表并联线圈所消耗的功率及其功率因数，此值可通过查相关手册得到。

由于电压互感器两侧均装有熔断器，故不需进行短路的动、热稳定性校验。

（4）电压互感器的使用注意事项

① 电压互感器在工作时二次侧不能短路。电压互感器的一、二次侧都必须实施短路保护，装设保护熔断器。

② 电压互感器二次侧有一端必须接地。防止电压互感器一、二次绕组绝缘击穿时，一次侧的高压窜入二次侧，危及人身和设备安全。

③ 电压互感器接线时必须注意极性，防止接错线时引起事故。单相电压互感器分别标 A、X 和 a、x。三相电压互感器分别标 A、B、C、N 和 a、b、c、n。

④ 电压互感器瓷管应及时清洁，没有碎裂或闪络痕迹；油位指示应正常，没有渗油等现象。

4.3.3　高压断路器

高压断路器（符号为 QF）是供电系统中最重要的设备之一。它有完善的灭弧装置，是一种专门用于断开或接通电路的开关设备。它不仅能通断正常的工作电流，而且能承受一定时间的短路电流，并能在保护装置作用下动作跳闸，切除故障回路，保证无故障部分正常运行。

1. 高压断路器的型号

高压断路器全型号的表示和含义如图 4-14 所示。

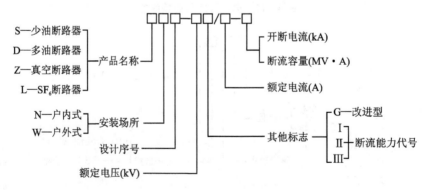

图 4-14　高压断路器全型号的表示和含义

例如，ZN24-10/1250-20 代表真空户内断路器，设计序号 24，额定电压 10 kV，额定电流 1 250 A，开断电流 20 kA；而 LN2-35Ⅱ代表 SF$_6$ 户内断路器，设计序号 2，额定电压 35 kV，断流能力Ⅱ级（25 kA）。

2. 高压断路器的技术参数

（1）额定电压 U_N

额定电压是保证断路器长时间正常运行能承受的工作电压。考虑到线路始端与末端运行电压的不同及电力系统的调压要求，断路器可能在高于额定电压下长期工作，通常规定 220 kV 及以下设备，最高工作电压为额定电压的 1.15 倍；330 kV 及以上的设备，最高工作电压为额定电压的 1.1 倍。额定电压不仅决定了断路器的绝缘水平,而且在相当程度上决定了断路器的总体尺寸和灭弧条件。

（2）额定电流 I_N

断路器的额定电流是指在规定的环境温度下,允许长期通过的最大工作电流。额定电流决定了断路器导体、触头等载流部分的尺寸和结构。

（3）热稳定电流 I_{th}

热稳定电流是指在规定的持续时间内,断路器所能承受的最大热效应对应的短路电流有效值。其持续时间与额定电压有关,通常 110 kV 及以下为 4 s,220 kV 及以上为 2 s。热稳定电流在数值上取断路器的额定短路开断电流,但是它反映的是断路器承受短路热效应的能力。

（4）动稳定电流 I_{es}

动稳定电流是指断路器在关合位置时能允许通过而不至影响其正常运行的短路电流最大瞬时值。它是反映断路器机械强度的一项指标,即表征断路器承受短路时产生的电动力的冲击能力。

（5）额定开断电流 I_{Nbr}

额定开断电流是指在规定条件下,断路器能保证正常开断的最大短路电流,以触头分离瞬间电流周期分量有效值和非周期分量百分数表示。对远离发电机端处,短路电流的非周期分量不超过周期分量峰值的 20%,额定短路开断电流可仅由周期分量有效值表征。

（6）额定短路关合电流 I_{Nd}

额定关合电流是指断路器关合短路故障电流的能力。供配电系统中的设备或线路可能在投入运行前就存在绝缘故障,甚至可能已经处于短路状态,这种情况称为"预伏故障"。当断路器关合到预伏故障上时,可能触头尚未闭合,触头间隙就被击穿,产生短路电弧。短路电弧对触头产生排斥力,可能出现动触头合不到底的现象,使电弧持续存在,烧毁触头,甚至引起断路器爆炸。

（7）开断时间 t_{br}

开断时间是指断路器的操动机构从接到分闸指令到三相电弧完全熄灭的时间间隔,它包括断路器的分闸时间和熄弧时间两部分。分闸时间指断路器接到分闸命令起到首先分离相的触头分开为止的时间间隔。它主要取决于断路器及其所配操动机构的机械特性。熄弧时间是指从首先分离相的触头刚分离起到三相电弧完全熄灭为止的时间间隔。

（8）合闸时间 t_d

合闸时间是指断路器接到合闸指令瞬间起到所有相触头都接触瞬间的时间间隔。

3. 高压断路器的分类

（1）真空高压断路器

真空断路器是利用真空作为绝缘和灭弧介质的断路器。真空断路器有落地式、悬挂式、手车式 3 种形式,它是实现无油化改造的理想设备。

真空断路器的主要部分是真空灭弧室,其原理结构如图 4 - 15 所示。断路器的动、静触头及屏蔽罩都密封在抽成真空的绝缘外壳中,外壳可用玻璃或陶瓷制作。波纹管可保证动触头与真空管之间的密封,当触头运动时,波纹管在其弹性变形范围内伸缩。为了保证外壳的绝缘性能,在动、静触头外面装有金属屏蔽罩。

在断路器触头刚分离时,由于真空中没有可被游离的气体,只有高电场发射和热电子发射

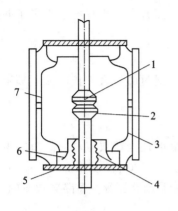

1—静触头；2—动触头器；3—屏蔽罩；
4—波纹管；5—与外壳接地的金属法兰盘；
6—波纹管屏蔽罩；7—绝缘外壳
图4-15　真空断路器灭弧室结构

使触头间产生真空电弧。电弧的温度很高，使金属表面形成金属蒸气，由于触头设计为特殊形状，在电流通过时产生一个横向磁场，使真空电弧在主触头表面切线方向快速移动，电流自然过零时，电弧暂时熄灭，触头间的介质强度迅速恢复。电流自然过零后，外加电压虽然恢复，但触头间隙不会再被击穿，电弧在电流第一次过零时就能完成熄灭。

真空断路器在开断大电流后，其真空绝缘强度常常会下降，为了提高真空断路器的耐压性能，通常对其触头作如下处理：

① 选择熔点高、热传导率小、机械强度和硬度大的触头材料，目前使用最广泛的是铜铬合金。

② 预先对触头作"老练处理"，即向触头间隙施加高电压，并通过反复放电，使触头表面附着的金属或绝缘微粒熔化、蒸发。

③ 改善触头外形，减少凸起，减弱触头间的电场强度。

真空断路器的优点是：体积小、重量轻、寿命长（比油断路器触头的寿命长50～100倍），维护工作量少，噪音低、振动小、动作快，无外露火花易于防爆，且适合于操作频繁和开断电容电流等。其缺点是：开断小电感电流时容易产生截流现象，产生截流过电压。

（2）油断路器

油断路器采用变压器油作为灭弧介质。按其绝缘结构可分为多油和少油断路器两大类。少油断路器中的油仅作为灭弧介质使用，因此其外壳带有高压。SN10-10型高压少油断路器的外形图及内部结构的剖面图如图4-16和图4-17所示。多油式断路器中的油具有灭弧和绝缘两大功能，且由于多油式断路器油量过大，存在爆炸火灾隐患，目前已淘汰使用。

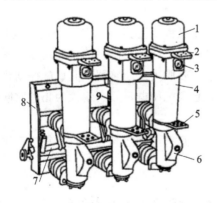

1—铝帽；2—上接线端子；3—油标；4—绝缘筒；5—下接线端子；
6—基座；7—主轴；8—框架；9—断路弹簧
图4-16　SN10-10型少油断路器外形结构

油断路器中的灭弧室是典型的自能式灭弧室。电弧在油中燃烧时，油迅速分解、蒸发并在电弧周围形成气泡，在灭弧室内由气体、油和油蒸气形成的气流和液流，可对电弧形成横向吹弧、平行于电弧的纵向吹弧或横纵结合方式吹弧，加速去游离过程，缩短熄弧时间，从而使电弧

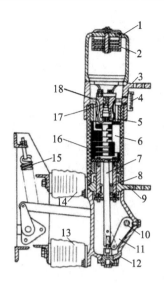

1—铅帽；2—油气分离室；3—上接线端子；4—油标；5—插座式静触头；6—灭弧室；

7—动触头（导电杆）；8—中间滚动触头；9—下接线端子；10—转轴；11—拐臂；12—基座；

13—下支柱绝缘子；14—上支柱绝缘子；15—断路弹簧；16—绝缘筒；17—逆止阀；18—绝缘油

图 4-17　SN10-10 型少油断路器内部剖面结构

在电流过零时熄灭。

少油断路器的优点是：结构简单、坚固，运行比较安全，体积小，用油少，可节约大量的油和钢材。其缺点在于：在发生故障时可能引起油箱的爆炸和燃烧；工作中会散发出有害气体；灭弧时间较长，动作较慢，检修周期短，不适用于频繁开合断路器的场合；附装电流互感器比较困难，不适宜于严寒地带等。因此在高压系统用真空断路器代替少油断路器已经成为一种趋势。

（3）六氟化硫（SF_6）断路器

六氟化硫断路器是利用 SF_6 气体做灭弧和绝缘介质的断路器。SF_6 是一种无色、无味、无毒且不易燃烧的惰性气体，在 150 ℃ 以下时，其化学性能相当稳定。由于 SF_6 中不含碳元素，对于灭弧和绝缘介质来说，具有极为优越的特性。SF_6 也不含氧元素，不存在触头氧化问题。但在电弧的高温作用下，SF_6 会分解出氟，氟不仅具有较强的腐蚀性和毒性，而且能与触头的金属蒸气化合为一种具有绝缘性能的白色粉末状的氟化物。这些氟化物在电弧熄灭后的极短时间内能自动还原，对残余杂质可用特殊的吸附剂清除，基本上对人体和设备没有什么危害。SF_6 还具有优良的电绝缘性能，在电流过零时，电弧暂时熄灭后 SF_6 能迅速恢复绝缘强度，从而使电弧很快熄灭。

SF_6 断路器灭弧室的结构形式有压气式、自能灭弧式（旋弧式、热膨胀式）和混合灭弧式。图 4-18 为压气式灭弧室结构图，当断路器分闸时，动触头、压气活塞和绝缘喷嘴一起运动，动静触头分开后产生电弧，活塞迅速移动时压缩 SF_6 气体，产生气流通过喷嘴，对电弧进行吹弧，使大量新鲜的 SF_6 分子不断和电弧接触，更加迅速地使

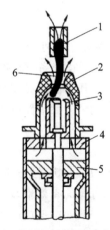

1—静触头；2—绝缘喷嘴；
3—动触头；4—气缸；
5—压气活塞；6—电弧

图 4-18　SF_6 断路器灭弧室工作示意图

电弧熄灭。

SF$_6$断路器的优点是：散热性好，通流能力大，灭弧能力强，易于制成断流能力大的断路器；允许开断次数多；寿命和检修周期长；开断小电感电流及电容电路时，基本上不出现过电压。其缺点是：加工精度要求高，密封、水分等的控制要求严格，在电晕作用下产生剧毒气体 SO$_2$F$_2$，在漏气时对人身安全有危害。

4. 高压断路器的选择与校验

由于断路器要切除短路故障电流，所以高压断路器除按电气设备的一般原则选择外，还必须校验断流容量（或开断电流）。具体选择步骤如下。

（1）按工作环境选型

按使用地点的条件选择，如户内式、户外式，在井下及具有爆炸危险的地点要选择防爆型的设备。

（2）按正常工作条件选择额定电压和额定电流

额定电压 U_N 及额定电流 I_N 应满足以下条件，即

$$U_N \geqslant U_{NS} \tag{4-27}$$

$$K_\theta I_N \geqslant I_{lo.m} \tag{4-28}$$

式中，U_{NS} 为电网的额定电压；$I_{lo.m}$ 为电网的最大长时工作电流。

（3）按短路电流校验动、热稳定性

① 动稳定性校验。若要断路器在通过最大短路电流时，不致变形损坏，就必须要求断路器的允许通过电流峰值 i_{es}（或有效值 I_{es}）应大于或等于短路电流冲击值 i_{sh}（或短路冲击电流有效值 I_{sh}），即

$$i_{es} \geqslant i_{sh} \text{ 或 } I_{es} \geqslant I_{sh} \tag{4-29}$$

② 热稳定性校验。当断路器在通过最大短路电流时，不使其温度超过最高允许温度，就必须对断路器进行热稳定校验。其校验公式为

$$I_{th} \geqslant I_\infty \sqrt{\frac{t_{ima}}{t_{th}}} \tag{4-30}$$

式中，I_{th}、t_{th} 分别为断路器的热稳定电流及该电流所对应的热稳定时间；I_∞ 为短路稳定电流；t_{ima} 为假想时间。

（4）校验高压断路器的开断能力

高压断路器必须可靠地切除通过它的最大短路电流。因此，其额定开断电流应不小于开断瞬间的最大短路电流，即

$$\left.\begin{array}{l} I_{Nbr} \geqslant I_{kt} \\ I_{Nbr} \geqslant I'' \end{array}\right\} \tag{4-31}$$

式中，I_{kt} 为断路器开断瞬间流过断路器的短路电流有效值，单位是 kA；I'' 为次暂态短路电流周期分量的有效值，单位是 kA。

一般的中速或低速断路器，开断时间较长（$\geqslant 0.1$ s），在断路器开断时，短路电流的非周期分量衰减接近完毕，则开断短路电流的有效值不会超过次暂态短路电流周期分量的有效值 I''，故可按 I'' 来校验断路器开断能力。

（5）校验断路器的额定关合电流

为了保证断路器在关合短路电流时的安全，避免触头熔焊和遭受电动力的损坏，断路器的额定关合电流 i_{Nd} 不应小于短路电流最大冲击值 i_{sh}，即

$$i_{\mathrm{Nd}} \geqslant i_{\mathrm{sh}} \tag{4-32}$$

选择断路器时除考虑上述条件外,还应考虑所控负荷的性质。例如,在开断小电感电流回路时,不能用灭弧能力过强的断路器;在开断电容性负荷时,必须选用灭弧能力强的断路器,以免出现截流或多次重燃而产生过高的操作过电压。

例 4 – 2　某 35 kV 变电站主接线图如图 4 – 19 所示,变压器的额定容量为 6 300 kV·A,10 kV 侧的总负荷为 9 000 kV·A。在正常情况下,系统采用并联运行。并联运行时,k1 点发生三相短路时短路电流为 8.21 kA,k2 点发生三相短路时短路电流为 12.89 kA;分裂运行时,k1 点发生三相短路时短路电流为 5.1 kA,k2 点发生三相短路时短路电流为 6.77 kA。35 kV 进线的继电保护动作时限为 2.5 s。10 kV 侧的变压器总开关不设保护。试选择变电站主变压器两侧的高压断路器。

解:① 按断路器的工作电压和电流选择断路器型号。在正常运行时,断路器只负担总负荷的一半,但是当一台变压器发生故障时,另一台要承担总负荷的 60%～70%,这样断路器的最大长时负荷电流就变成了变压器的最大电流。故 35 kV 侧变压器回路中的最大长时负荷电流为

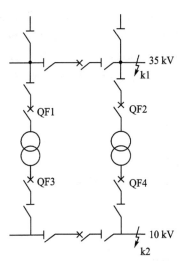

$$I_{1.\mathrm{lo.m}} = \frac{1.05 S_{\mathrm{NT}}}{\sqrt{3}\,U_{\mathrm{N1}}} = \frac{1.05 \times 6\,300}{\sqrt{3} \times 35} = 103.92(\mathrm{A})$$

10 kV 侧变压器回路中的最大长时负荷电流为

$$I_{2.\mathrm{lo.m}} = \frac{1.05 S_{\mathrm{NT}}}{\sqrt{3}\,U_{\mathrm{N2}}} = \frac{1.05 \times 6\,300}{\sqrt{3} \times 10} = 363.73(\mathrm{A})$$

QF1 和 QF2 的工作电压为 35 kV,最大长时负荷电流为 103.92 A,初步选户内式真空断路器,型号为 ZN23 – 35 型,额定电压为 35 kV,额定电流为 1 250 A。其技术参数如表 4 – 4 所列。

图 4 – 19　某变电站主接线图

QF3 和 QF4 的工作电压为 10 kV,最大长时负荷电流为 363.73 A,布置在室内,初步选用断路器为户内式真空断路器,型号为 ZN5 – 10,额定电压为 10 kV,额定电流为 1 250 A。其技术参数如表 4 – 4 所列。

表 4 – 4　所选断路器的电气参数

型　　号	额定电压/kV	额定电流/A	额定开断电流/kA	动稳定电流/kA	4 s 热稳定电流/kA
ZN23 – 35	35	1 250	25	63	25
ZN5 – 10	10	1 250	25	63	25

② 断路器校验。根据给出的短路参数,对选择的断路器进行动、热稳定性及其开断能力校验。由题设可知:当供电系统采用并联运行方式时,QF1 和 QF2 通过的短路电流最大,当供电系统采用分列运行方式时,QF3 和 QF4 通过的短路电流最大。应按照此短路情况进行动、热稳定及开断能力校验。

a. 断路器额定开断电流校验

QF1 和 QF2 按并联运行 k1 点的最大短路电流校验,即

$$I_{\text{Nbr}} = 25 \text{ kA}$$
$$I_{\text{k1}}^{(3)} = 8.21 \text{ kA}$$
$$I_{\text{Nbr}} > I_{\text{k1}}^{(3)}$$

符合要求。

QF3 和 QF4 按分列运行 k2 点的最大短路电流校验,即

$$I_{\text{Nbr}} = 25 \text{ kA}$$
$$I_{\text{k2}}^{(3)} = 6.77 \text{ kA}$$
$$I_{\text{Nbr}} > I_{\text{k2}}^{(3)}$$

符合要求。

b. 动稳定校验

由题目中的条件可求得,并联运行时,k1 点发生三相短路时三相短路冲击电流为 20.94 kA, k2 点发生三相短路时三相短路冲击电流为 32.87 kA。分列运行时,k1 点发生三相短路时三相短路冲击电流为 13 kA,k2 点发生三相短路时三相短路冲击电流为 17.26 kA。

QF1 和 QF2 按 k1 点并联运行的最大冲击电流校验,即

$$i_{\text{es}} = 63 \text{ kA}$$
$$i_{\text{sh}} = 20.94 \text{ kA}$$
$$i_{\text{es}} > i_{\text{sh}}$$

符合要求。

QF3 和 QF4 按 k2 点分列运行的最大冲击电流校验,即

$$i_{\text{es}} = 63 \text{ kA}$$
$$i_{\text{sh}} = 17.26 \text{ kA}$$
$$i_{\text{es}} > i_{\text{sh}}$$

符合要求。

c. 热稳定校验

QF1 和 QF2 热稳定校验。由于变压器容量为 6 300 kV·A,变压器设有差动保护,在差动保护范围内短路时,其为瞬时动作,继电器保护动作时限为 0,短路持续时间小于 1 s,需要考虑非周期分量的假想时间。此时假想时间由断路器的全开断时间 0.1 s 和非周期分量假想时间 0.05 s 构成,即 $t_{\text{ima}} = 0.1 + 0.05 \text{ s} = 0.15 \text{ s}$。当短路发生在 10 kV 母线上时,差动保护不动作,此时过流保护动作时限为 2 s,短路持续时间大于 1 s,此时假想时间由继电保护时间和断路器全开断时间构成,即 $t_{\text{ima}} = 2.1 \text{ s}$。

在并列运行 k1 点短路时,流经 QF1 和 QF2 的相当于 4 s 的热稳定电流为

$$I_{\text{th}} = I_\infty \sqrt{\frac{t_{\text{ima}}}{4}} = 8.21 \times \sqrt{\frac{0.15}{4}} = 1.59 (\text{kA}) < 25 (\text{kA})$$

符合要求。

在分列运行 k2 点短路时,流经 QF1 和 QF2 的相当于 4 s 的热稳定电流为

$$I_{\text{th}} = \frac{I_\infty}{n} \sqrt{\frac{t_{\text{ima}}}{4}} = 6.77 \times \sqrt{\frac{2.1}{4}} \times \frac{10}{35} = 1.4 (\text{kA}) < 25 (\text{kA})$$

符合要求。

QF3 和 QF4 热稳定校验。因 QF3 和 QF4 的过流保护动作时限为 2 s,$t_{\text{ima}} = 2.1 \text{ s}$,在 k2 点短路时,流经 QF3 和 QF4 的相当于 4 s 的热稳定电流为(因为 10 kV 侧的变压器总开关不

设保护)

$$I_{th} = \frac{I_\infty}{n} \sqrt{\frac{t_{ima}}{4}} = 6.77 \times \sqrt{\frac{2.1}{4}} = 4.91(kA) < 25(kA)$$

符合要求。

由此,所选断路器各项指标均符合要求。

4.3.4 高压隔离开关

高压隔离开关(符号为 QS)主要用来隔离高压电源,保证电气设备和线路在检修时与电源有明显的断口。隔离开关没有专门的灭弧装置,不允许带负荷操作,其通、断应在断路器分开后进行,防止发生电弧损坏开关,造成系统的弧光短路,危及操作人员的安全。不过,它可用来通断一定的小电流,如励磁电流(空载电流)不超过 2 A 的空载变压器,电容电流(空载电流)不超过 5 A 的空载线路以及电压互感器、避雷器电路等。

1. 高压隔离开关的型号

高压隔离开关全型号的表示和含义如图 4-20 所示。

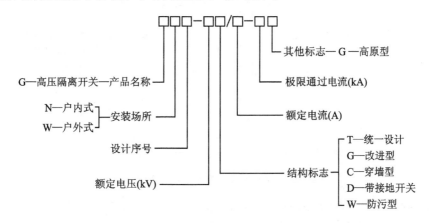

图 4-20 高压隔离开关全型号的表示和含义

例如,GN8-10T/400 代表户内型隔离开关,设计序号 8,额定电压 10 kV,额定电流 400 A,而 GW13-35/630 代表户外型隔离开关,额定电压 35 kV,额定电流 630 A。

2. 高压隔离开关的技术参数

(1) 额定电压

额定电压是指隔离开关长期运行时所能承受的工作电压。

(2) 最高工作电压

最高工作电压是指隔离开关所能承受的超过额定电压的最高电压。

(3) 额定电流

额定电流是指隔离开关可以长期通过的工作电流。

(4) 热稳定电流

热稳定电流是指隔离开关在规定的时间内允许通过的最大电流。它表明了隔离开关承受短路电流热稳定的能力。

(5) 极限通过电流峰值

极限通过电流峰值是指隔离开关所能承受的最大瞬时冲击短路电流。

隔离开关没有灭弧装置,因此不允许带负荷操作。

3. 高压隔离开关的分类

隔离开关的分类方法有多种。按装设地点可分为户内和户外两种;按极数可分为单极型和三极型;按支柱绝缘子数目可分为单柱式、双柱式和三柱式;按其动作方式可分为闸刀式、旋转式和插入式;按所配操动机构可分为手动、电动、气动、液压四种。

4.3.5　高压负荷开关

高压负荷开关(符号为 QL)有简单的灭弧装置和明显的断开点,可通断负荷电流和过负荷电流,具有隔离开关的作用,但不能断开短路电流。负荷开关常与熔断器一起配合使用,构成负荷开关熔断器组合电器。借助熔断器来切除故障电流,可代替造价较高的断路器,广泛应用于城网和农村电网改造。

1. 高压负荷开关的型号

高压负荷开关全型号的表示和含义如图 4 - 21 所示。

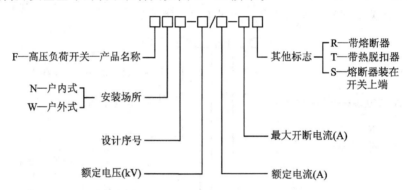

图 4 - 21　高压负荷开关全型号的表示和含义

例如,FN3 - 10RT 代表户内型高压负荷开关,设计序号 3,额定电压 10 kV,带熔断器,其灭弧装置为压气式。其外形结构如图 4 - 22 所示。

2. 高压负荷开关的分类

负荷开关按灭弧方式可分为油负荷开关、磁吹负荷开关、压气式负荷开关、产气式负荷开关、真空负荷开关和六氟化硫负荷开关。油负荷开关、磁吹负荷开关目前已被淘汰,真空负荷开关和六氟化硫负荷开关则与同类高压断路器有诸多相通之处,在此仅介绍产气式与压气式负荷开关。

(1) 产气式负荷开关

产气式负荷开关利用聚四氯乙烯、三聚氢胺等产气材料在电弧作用下产生的 H_2、O_2、CO 等气体吹弧,是国内目前产量最多、使用最广泛的一种负荷开关。由于需要不断更换灭弧管,因此不适用于频繁操作的场合。

(2) 压气式负荷开关

在开断过程中,活塞在气缸中运动压缩空气,被压缩的空气通过绝缘吹嘴熄灭电弧。通过增大活塞和气缸容积,加大压气量,可提高开断能力。但其结构复杂,操作功率大。

3. 高压负荷开关的选择与校验

真空负荷开关性能优良,且与断路器相比价格便宜,特别适合农村小型化变电所及配电线路。SF_6 负荷开关体积小,开断性能好,但价格昂贵,比较适用于大城市。产气式负荷开关只

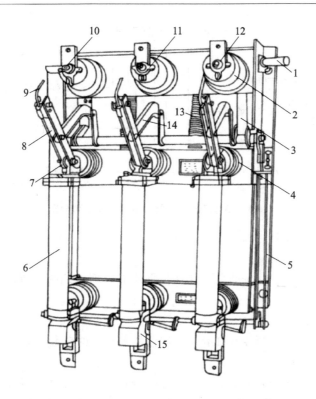

1—主轴;2—上绝缘子兼气缸;3—连杆;4—下绝缘子;5—框架;
6—RN1 型高压熔断器;7—下触座;8—闸刀;9—弧动触头;
10—绝缘喷嘴(内有弧静触头);11—主静触头;12—上触座;
13—断路弹簧;14—绝缘拉杆;15—热脱扣器

图 4 - 22　FN3 - 10RT 型高压负荷开关

能用于开断容量较小、操作不频繁的场合。

负荷开关应按工作条件选择额定电压及额定电流,按短路条件校验其动、热稳定性,当负荷开关配有熔断器时,应校验熔断器的断流容量,负荷开关的动、热稳定性可不校验。

4.3.6　高压熔断器

熔断器(符号为 FU)是一种在电路电流超过规定值并经一定时间后,使其熔体(符号为FE)熔断而分断电流、断开电路的一种保护电器。其功能主要是对电路及其设备进行短路和过负荷保护。

1. 高压熔断器的型号

高压熔断器全型号的表示和含义如图 4 - 23 所示。

2. 高压熔断器的技术参数

熔断器的主要技术参数有:

(1) 熔断器额定电压

熔断器额定电压既是绝缘介质所允许的电压等级,又是熔断器允许的灭弧电压等级。对于限流式熔断器,不允许降低电压等级使用,以免出现大的过电压。

(2) 熔断器额定电流

熔断器额定电流是指在一般环境温度(不超过 40 ℃)下,熔断器壳体的载流部分和接触部

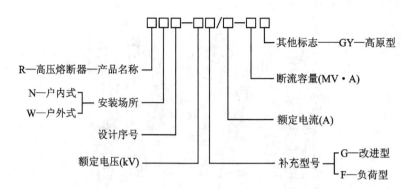

图 4 - 23　高压熔断器全型号的表示和含义

分长期允许通过的最大工作电流。

（3）熔体额定电流

熔体额定电流指熔体在保证正常工作前提下所能长期承载的电流，但并不是熔断器保护动作的门限值。

（4）额定开断电流

额定开断电流是指熔断器受灭弧介质的限制所能开断的最大电流。

3. 高压熔断器的分类

高压熔断器分为户内与户外式，其灭弧方式有两种。一种是熔管内壁为产气材料，在电弧作用下分解出大量的气体，使熔管内气压剧增，达到灭弧目的；或利用所产气体吹弧，达到熄弧目的。另一种是利用石英砂作为灭弧介质，填充在熔管内，熔件熔断后，电弧与石英砂紧密接触，弧电阻很大起到了限制短路电流的作用，使电流未达到最大值时即可熄灭，所以又叫限流熔断器。国产 RN1 - 10、RN2 - 10 及 RW - 35 型熔断器等均属此类产品。

（1）RN1 和 RN2 型户内高压管式熔断器

RN1 型和 RN2 型的结构基本相同，都是瓷质熔管内充石英砂填料的密封管式熔断器，其外形如图 4 - 24 所示。

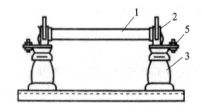

1—熔丝管；2—静触头座；3—支柱绝缘子；4—底座；5—接线座
图 4 - 24　RN1、RN2 型高压熔断器

RN1 型主要用作高压电路和设备的短路保护，并能起过负荷保护的作用，其熔体要通过主电路的大电流，因此其结构尺寸较大，额定电流可达 100 A。而 RN2 型只用作高压电压互感器一次侧的短路保护，由于电压互感器二次侧全部连接阻抗很大的电压线圈，致使它接近于空载工作，其一次电流很小，因此 RN2 型的结构尺寸较小，其熔体额定电流一般为 5 A。

RN1、RN2 型熔断器熔管的内部结构如图 4 - 25 所示，图中虚线表示熔断指示器在熔体熔断时弹出。熔体是利用熔点较低的金属材料制成的金属丝或金属片（金属丝上焊有小锡球，金属片为变截面），埋放在石英砂中，串联在被保护电路中。过负荷时，锡是低熔点金属，铜丝上锡球受热熔化,铜锡分子相互渗透形成熔点较低的铜锡合金(冶金效应),使铜熔丝能在较低的温度下熔断。当短路电流发生时,几根并联铜丝熔断时可将粗弧分细,电弧在石英砂中燃烧,并熄灭电弧。因此,熔断器的灭弧能力很强,能在短路电流未达到冲击电流值时就将电弧熄灭。这种熔断器称为有限流作用熔断器。

（2）RW 型户外高压跌开式熔断器

RW 系列户外高压跌开式熔断器主要作为配电变压器或电力线路的短路保护和过负荷保护,还可以直接用高压绝缘操作棒来操作熔管的分合,兼起高压隔离开关的作用。

RW4 - 10(G)型跌开式熔断器的外形结构图如图 4 - 26 所示。正常运行时,熔管上端的动触头借助管内熔丝张力拉紧后,先将下动触头卡入下静触头,再将上动触头推入上静触头内锁紧,接通电路。当线路上发生短路时,短路电流使熔丝熔断,在熔管的上、下动触头弹簧片的作用下,熔管迅速跌落,形成断开间隙,使电路断开,切除故障段线路或者故障设备。

这种熔断器靠熔管产气吹弧和迅速拉长电弧并熄灭电弧,它还采用了"逐级排气"的结构,其熔管上端有管帽(带薄膜),如图 4 - 26 中 4 所示。在正常运行时管帽是封闭的,可防雨水滴入。分断小故障电流时,由于上端封闭形成单端排气(纵吹),使管内

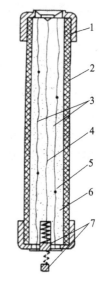

1—管帽;2—瓷管;3—工作熔体;
4—指示熔体;5—锡球;
6—石英砂填料;7—熔断指示器

图 4 - 25　RN1、RN2 型熔断器熔管的内部结构

保持较大压力,有利于熄灭小故障电流产生的电弧。而在分断大故障电流时,由于电弧使消弧管内产生大量气体,上端管帽被冲开,形成两端排气,减轻气压,既能有效地分断大故障电流,又能避免熔断器遭到气压冲击破坏。

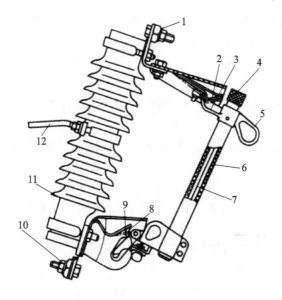

1—上接线端子;2—上静触头;3—上动触头;4—管帽(带薄膜);5—操作扣环;
6—熔管(外层为酚醛纸管或环氧玻璃布管,内套纤维质消弧管);7—铜熔丝;
8—下动触头;9—下静触头;10—下接线端子;11—瓷绝缘子;12—固定安装板

图 4 - 26　RW4 - 10(G)型跌开式熔断器

跌开式熔断器利用电弧燃烧使消弧管内壁分解产生气体来熄灭电弧,其灭弧能力不强,灭弧速度也不快,不能在短路电流达到冲击值之前熄灭电弧,因此这种跌开式熔断器属于"非限流"熔断器。

（3）限流式户外高压熔断器

RW10-35型限流式户外高压熔断器如图4-27所示,是我国生产的一种新型熔断器,可用来保护户外35 kV电压互感器。它由熔管、瓷套、接线端帽、紧固装置和棒形支柱绝缘子组成,熔体放在充有石英砂的熔管中,属限流型熔断器。这种熔断器的熔管固定在棒形支柱绝缘子上,熔断器熔体熔断后无明显可见的断开间隙,不能作隔离开关用。

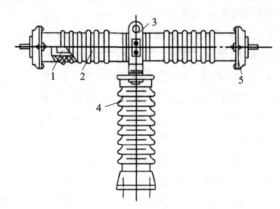

1—熔管;2—瓷套;3—紧固装置;4—棒形支柱绝缘子;5—接线端帽

图4-27　RW10-35型限流式户外高压熔断器

4. 高压熔断器的选择

（1）熔断器的选择

高压熔断器的选择除满足其应用现场需求外,应遵循以下原则:

① 熔断器的额定电压应不低于线路额定电压。高压熔断器额定电压应不低于线路的最高电压。若熔断器的工作电压低于其额定电压,则过电压有可能超过电器的绝缘水平造成事故。

② 熔断器的额定电流不小于所装熔体的额定电流,即满足:

$$I_{\mathrm{N.FU}} \geqslant I_{\mathrm{N.FE}} \qquad\qquad (4-33)$$

式中,$I_{\mathrm{N.FU}}$为熔断器的额定电流,$I_{\mathrm{N.FE}}$为熔体的额定电流。同时其熔体的额定电流不小于线路的最大长时负荷电流$I_{\mathrm{lo.m}}$,即

$$I_{\mathrm{N.FU}} \geqslant I_{\mathrm{lo.m}} \qquad\qquad (4-34)$$

③ 熔断器的类型应符合被保护设备对保护的技术要求,主要包括:

a. 保护高压电动机

为避免高压电动机正常启动等原因造成的尖峰电流I_{pk}(持续时间1～2 s)引起熔断器熔断,熔体的额定电流$I_{\mathrm{N.FE}}$应满足:

$$I_{\mathrm{N.FE}} \geqslant KI_{\mathrm{pk}} \qquad\qquad (4-35)$$

式中,K为计算系数。因熔体的熔断需要一定时间,而尖峰电流持续时间很短,因此K通常小于1。对单台电动机的线路:当电动机启动时间$t_{\mathrm{st}} < 3$ s时,取$K = 0.25\sim0.35$;当重载启动时($t_{\mathrm{st}} = 3\sim8$ s),取$K = 0.35\sim0.5$;当$t_{\mathrm{st}} > 8$ s或电动机为频繁启动、反接制动时,取$K = 0.5\sim0.6$。对供给多台电动机的线路,取$K = 0.5\sim1$。

b. 保护电力变压器

考虑到变压器的正常过负荷电流、低压侧电动机自起动引起的尖峰电流等因素,并保证在变压器励磁涌流($10I_{1\text{NT}}\sim 12I_{1\text{NT}}$)持续时间(可取 0.1 s)内熔体不熔断,保护电力变压器的熔断件额定电流 $I_{\text{N.FE}}$ 要按变压器一次侧额定电流 $I_{1\text{NT}}$ 的 1.5～2 倍选择,即

$$I_{\text{N.FE}} \geqslant (1.5 \sim 2.0)I_{1\text{NT}} \tag{4-36}$$

c. 保护电压互感器

由于电压互感器正常运行时相当于处于空载状态下的变压器,因此,保护电压互感器的熔断件额定电流 $I_{\text{N.FE}}$ 一般为 0.5 A 或 1 A,应能承受电压互感器励磁电流的冲击。

(2) 熔断器间的选择性配合

熔断器之间的选择性配合要求在线路发生短路故障时,靠近故障点的熔断器首先熔断,切除故障,防止发生越级熔断,扩大事故范围,确保其他部分仍能够正常运行。

若下级线路或设备发生故障,保护下级的熔断器应熔断而保护上级线路的熔断器不应熔断,只有下级的熔断器因故障不发生熔断时,上级熔断器才会熔断,此时上级熔断器为下级线路的后备保护。如图 4 - 28 所示电路,若 k 点短路,则 FU$_2$ 应先熔断,且 FU$_1$ 不动作,当 FU$_2$ 不动作时,FU$_1$ 才动作。这里 FU$_1$ 是 FU$_2$ 的后备保护。正常情况下,FU$_1$ 要可靠动作,否则将导致其他两支路不能正常运行,降低了供电系统的可靠性。通常,上级熔断器的熔断时间为下级熔断器的熔断时间的 3 倍,或上级熔体额定电流为下级的 1.6～2 倍才可满足选择性的要求。

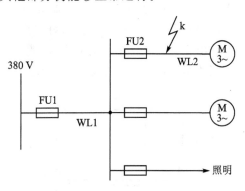

图 4 - 28　熔断器的级间配合

4.3.7　高压开关柜

高压开关柜是将控制设备、计量表计、保护装置及操动机构等组装在一个柜内,成为一套完整的配电装置。

为了适应不同接线系统的要求,开关柜一次回路由隔离开关、负荷开关、断路器、熔断器、电流互感器、电压互感器、避雷器、电容器及所用变压器等组成多种一次接线方案。开关柜的二次回路则根据计量、保护、控制、自动装置与操动机构等各方面的不同要求也组成多种二次接线方案。为了选用方便,一、二次接线方案均有其固定的编号。

1. 高压开关柜的型号

高压开关柜全型号的表示和含义如图 4 - 29 所示。

2. 高压开关柜的分类

(1) 固定式高压开关柜

固定式高压开关柜有 GG、KGN、XGN 等系列。

GG 系列为开启型固定式开关柜,有单母线和双母线结构。其优点是制造工艺简单、钢材消耗少、价廉,缺点是体积大、封闭性能差、检修不方便。其主要用于中、小型变电站的户内配电装置。KGN、XGN 系列为金属封闭铠装型固定式。KGN 系列有单母线、单母线带旁路和双母线结构,母线呈三角形布置,配装 SN10 - 10 型少油断路器,操动机构不外露。XGN 系列

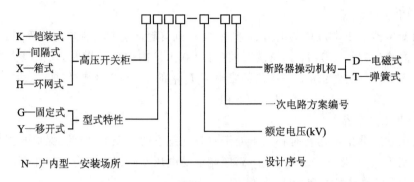

图 4-29 高压开关柜全型号的表示和含义

配装 ZN-10 型真空断路器,也可配装 SN10-10 型少油断路器,操动机构外露。

图 4-30 所示为 XGN2-10 型固定式开关柜,由断路器室、母线室、电缆室、仪表室等部分构成。断路器室在柜体的下部由拉杆与操动机构连接。母线室在柜体后上部,母线呈"品"字形排列。电缆室在柜体下部的后方,电缆固定在支架上。仪表室在柜体前上部,便于运行人员观察。断路器操动机构装在面板左边位置,其上方为隔离开关的操动及联锁机构。

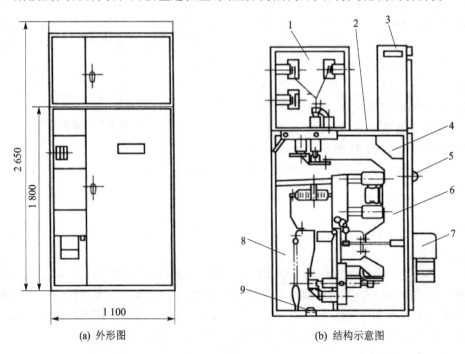

(a) 外形图　　　　　　(b) 结构示意图

1—母线室;2—压力释放通道;3—仪表室;4—组合开关室;5—手动操作及连锁机构;
6—断路器室;7—电磁式弹簧机构;8—电缆室;9—接地母线
图 4-30 XGN2-10 型高压开关柜

(2) 手车式高压开关柜

手车式高压开关柜中的高压断路器等主要电气设备是可以通过手车拉出和推入开关柜的。高压断路器等设备出现故障需要检修时,可随时将其手车拉出,然后推入同类备用设备,即可恢复供电。较之采用固定式开关柜,手车式开关柜具有检修安全方便、供电可靠性高的优点,但其价格较贵。

　　图 4 - 31 所示为 JYN2 - 10 型手车式金属封闭高压开关柜。开关柜由固定壳体和手车两部分组成。通常外壳用钢板或绝缘板分隔成手车室、母线室、电缆室和继电器仪表室四个部分。手车室位于开关柜前正中部,断路器及操动机构均装在手车上,断路器手车正面上部为推进机构,用脚踩手车下部连锁脚踏板,车后母线室面板上的遮板提起,插入手柄,转动蜗杆,可使手车在柜内平稳前进或后移。当手车在工作位置时,断路器通过隔离插头与母线和出线相通。检修时,将手车拉出柜外,动、静触头分离,一次触头隔离罩自动关闭,起安全隔离作用。当断路器离开工作位置后,其一次隔离插头断开,二次线仍可接通,以便调试断路器。手车与柜相连的二次线采用插头连接。手车两侧及底部设有接地滑道、定位销和位置指示等附件。

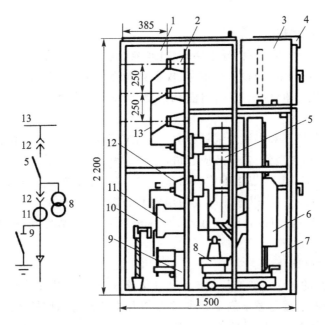

1—母线室;2—母线及绝缘子;3—继电器仪表室;4—小母线室;5—断路器;6—手车;7—手车室;
8—电压互感器;9—接地隔离开关;10—出线室;11—电流互感器;12—一次接头罩;13—母线

图 4 - 31　JYN2 - 10 型高压开关柜外形结构示意图

3. 高压开关柜的"五防"功能

高压开关柜的"五防"功能包括:

① 防止误分、误合断路器;

② 防止带负荷误分、误合隔离开关;

③ 防止误入带电间隔;

④ 防止带电误挂接地线;

⑤ 防止带接地线或在接地开关闭合时误合隔离开关或断路器。

4. 高压开关柜的选择

(1) 高压开关柜型式选择

应根据高压开关柜使用环境条件来确定是采用户内型还是户外型,根据供电可靠性要求来确定是采用固定式还是手车式。此外,经济合理性也是重要考虑因素。

(2) 高压开关柜电路方案选择

高压开关柜一次电路方案选择应满足变电站一次接线的要求,并经过方案的技术经济比较后,优选出开关柜一次电路方案编号。在选择二次接线方案时,应首先确定是交流还是直流控制,然后再根据柜的用途以及计量、保护、自动装置、操动机构的要求,选择二次接线方案编号。

4.3.8　母　线

母线(符号为 W 或 WB)是在变电站的各级电压配电装置中,将变压器、互感器、进出线、电抗器等大型电气设备与各种电器之间连接的导线。母线的作用是汇集、传输和分配电能。母线是构成电气主接线的主要设备。

1. 母线选型

(1) 材料和形状的选择

母线材料有铜、铝、钢等。铜的导电率高、抗腐蚀性强、价格较贵;铝质轻、价廉。在选择母线材料时,应贯彻"以铝代铜"的技术政策,除规程只允许采用铜的特殊环境外,均应采用铝母线。钢机械强度大,但导电性差、抗腐蚀性较弱。所以钢母线只用于负荷电流很小、年利用小时数很少的地方。

母线形状有矩形、管形和多股绞线等种类。35 kV 及以下高压开关柜的母线截面,通常选用硬铝矩形母线。从散热条件、集肤效应、机械强度等因素综合考虑,矩形母线的高宽比通常采用为 1/12～1/5。35 kV 及以上的室外母线,一般采用多股绞线(如钢芯铝绞线),并用耐张绝缘子串固定在构件上,使得室外母线的结构和布置简单,投资少,维护方便。由于管形铝母线具有结构紧凑、构架低、占地面积小、金属消耗量少等优点,已在变电站室外得到广泛使用。

(2) 母线截面积的选择

变电站汇流母线的截面一般按长时最大负荷电流来选择,并用短路条件校验其动、热稳定性。但对平均负荷较大、线路较长的主母线(如主变压器回路等),则按经济电流密度选。

a. 按最大长时负荷电流选择母线截面积

按最大长时负荷电流选择母线截面积,应满足下式要求,即

$$I_{al} \geqslant I_{lo.m} \qquad (4-37)$$

式中,$I_{lo.m}$ 为通过母线的长时最大工作电流,若进线在母线中间时,则取 0.6～0.8 倍总负荷电流;I_{al} 为母线截面的长时最大允许电流。

母线的长时最大允许电流是指环境最高温度为 25 ℃、导体最高发热温度为 70 ℃时的长时允许电流。当最高环境温度为 θ ℃,其长时允许电流应按下式修正:

$$I'_{al} = I_{al}\sqrt{\frac{\theta_{al}-\theta}{\theta_{al}-25}} \qquad (4-38)$$

式中,θ_{al} 为母线最高允许温度,一般为 70 ℃,用超声波搪锡时,可提高到 80 ℃;θ 为所在环境最热月份室内最高气温的月平均值,单位是℃。

矩形母线平放时散热较差,长时允许电流下降。当母线宽度大于 60 mm 时,电流降低8%;小于 60 mm 时,电流降低 5%。

b. 按经济电流密度选择母线截面

在负荷较大、母线较长的情况下,为减少母线的电能损耗,减少投资,应按经济电流密度选择母线截面,即

$$A_{ec} = I_{lo.m}/J_{ec} \qquad (4-39)$$

式中，A_{ec} 为经济截面积，单位是 mm^2；J_{ec} 为经济电流密度，单位是 A/mm^2。

2. 母线校验

（1）热稳定性校验

所选母线的截面 A 应不小于最小热稳定截面 A_{min}，即

$$A \geqslant A_{min} = I_\infty \frac{\sqrt{t_{ima}}}{C} \tag{4-40}$$

式中，A 为母线截面，单位是 mm^2；A_{min} 为最小热稳定截面，单位是 mm^2；I_∞ 为短路稳定电流，单位是 A；t_{ima} 为假想时间，单位是 s；C 为母线材料的热稳定系数，其值如表 4-5 所列。

表 4-5　热稳定系数 C 值

母线材料	最高容许温度/℃	C 值/$(A \cdot \sqrt{s} \cdot mm^{-2})$
铜	300	171
铝	200	87

（2）动稳定性校验

校验母线动稳定性是为了校验母线在短路冲击电流电动力作用下是否会产生永久性变形或断裂，即是否超过母线材料应力的允许范围。

由于硬母线一般采用一端或中间固定在支持绝缘子上的方式，其所受的最大弯矩计算如下。

当母线跨距数小于或等于 2 时，

$$M = \frac{FL}{8} \ (N \cdot m) \tag{4-41}$$

式中，F 为短路时母线每跨距导线所受的最大力，单位为 N；L 为母线跨距，单位为 m。

当母线跨距数大于 2 时，

$$M = \frac{FL}{10} \ (N \cdot m) \tag{4-42}$$

母线材料的计算弯曲应力为

$$\sigma_c = \frac{M}{W} \ (N/m^2) \tag{4-43}$$

式中，W 为母线的抗弯矩，单位为 m^3。对于矩形母线，竖放时 $W = bh^2/6$，平放时 $W = b^2h/6$，其中 b 和 h 分别为矩形母线的宽度与高度。对于实心圆母线，$W \approx 0.1D^3$，其中 D 为圆形母线直径；对于管形母线，$W = \frac{\pi}{32}\left(\frac{D^4 - d^4}{D}\right)$，其中 D 和 d 分别表示管形母线的外径和内径。

当材料的允许弯曲应力 σ_{al} 大于或等于计算应力 σ_c 时，即

$$\sigma_{al} \geqslant \sigma_c \tag{4-44}$$

其动稳定性符合要求。

母线材料不同，其 σ_{al} 值不同。铜的 $\sigma_{al} = 1.372 \times 10^8 \ N/m^2$，铝的 $\sigma_{al} = 0.686 \times 10^8 \ N/m^2$，钢的 $\sigma_{al} = 1.568 \times 10^8 \ N/m^2$。

若母线的动稳定性不符合要求，可采取下列措施：增大母线之间的距离；缩短母线跨距；将竖放的母线改为平放；增大母线截面；更换应力大的材料等。其中效果最好的措施为减小跨距。

3. 母线支柱绝缘子和套管绝缘子选择

支柱绝缘子主要是用来固定导线或母线,并使导线或母线与设备或基础绝缘。穿墙套管主要用于导线或母线穿过墙壁、楼板及封闭配电装置时,做绝缘支持与外部导线间连接之用。

(1) 支柱绝缘子的选择

支柱绝缘子只承受导体的电压、电动力和机械荷载,不载流,没有发热问题。

a. 种类和型式选择

户内型支柱绝缘子主要由瓷件及装于瓷件两端的铁底座和铁帽组成,铁底座和铁帽胶装在瓷件外表面的称为外胶装(Z 型),胶装入瓷件孔内的称为内胶装(ZN 型)。外胶装绝缘子机械强度高,内胶装绝缘子装电气性能好,但不能承受扭矩。对机械强度要求较高时,应采用外胶装或联合胶装绝缘子(ZL 型,铁底座外胶装,铁帽内胶装)。户外型支柱绝缘子采用棒式绝缘子,支柱绝缘子需要倒挂时,采用悬挂式支柱绝缘子。

b. 额定电压选择

支柱绝缘子额定电压不小于所在电网的电压,即

$$U_{\mathrm{N}} \geqslant U_{\mathrm{NS}} \tag{4-45}$$

c. 动稳定校验

如图 4-32 所示,当三相导体水平布置时,支柱绝缘子所承受电动力应为两侧相邻跨导体受力总和的一半,所以作用在导体截面水平中心线与绝缘子轴线交点上的电动力 F_{max} 为

$$F_{\mathrm{max}} = \frac{F_1 + F_2}{2} = 1.73 \times 10^{-7} \frac{L_1 + L_2}{2a} i_{\mathrm{sh}}^2 \tag{4-46}$$

式中,L_1、L_2 为与绝缘子相邻的跨距,单位是 m。

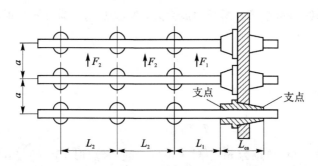

图 4-32　支柱绝缘子和穿墙套管所受电动力(俯视)

由于制造厂商给出的是绝缘子顶部的抗弯破坏负荷 F_{de},因此需要将 F_{max} 换算为绝缘子顶部所受的电动力 F_{c}。如果母线在绝缘子上为平放(见图 4-33(a)),则 F_{c} 按式(4-46)计算,即 $F_{\mathrm{c}} = F_{\mathrm{max}}$,如果母线为竖放(见图 4-33(b)),则 $F_{\mathrm{c}} = 1.4 F_{\mathrm{max}}$。

动稳定校验条件为

$$F_{\mathrm{c}} \leqslant 0.6 F_{\mathrm{de}} \tag{4-47}$$

式中,F_{de} 为抗弯破坏负荷,单位是 N;0.6 为安全系数。

(2) 穿墙套管的选择

套管绝缘子按是否带导体可分为普通型(本身带导体)和母线型(不带导体)两种类型。

a. 额定电压选择和额定电流选择

穿墙套管应符合产品额定电压大于或等于所在电网电压的要求。

具有导体的穿墙套管额定电流 I_N 应大于或等于回路中最大持续工作电流 $I_{lo.m}$，当环境温度 $\theta = 40 \sim 60 \ ℃$，导体的 θ_{al} 取 $85 \ ℃$，I_N 应按下式修正：

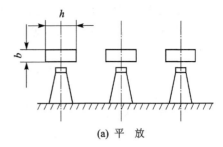

(a) 平　放

$$\sqrt{\frac{85-\theta}{45}} I_N \geqslant I_{max} \qquad (4-48)$$

母线型穿墙套管无需按持续工作电流选择，只需保证套管的型式与穿过母线的窗口尺寸配合。

b. 动稳定校验

当三相导体水平布置时，穿墙套管端部所受电动力 F_{max} 为

$$F_{max} = \frac{F_1 + F_2}{2} = 1.73 \times 10^{-7} \frac{L_1 + L_2}{2a} i_{sh}^2$$
$$(4-49)$$

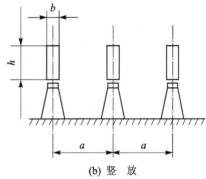

(b) 竖　放

图 4-33　水平排列的母线

式中，L_1 为套管端部至最近一个支柱绝缘子之间的距离；L_2 为套管本身长度。

动稳定校验条件为

$$F_{max} \leqslant 0.6 F_{de} \qquad (4-50)$$

式中，F_{de} 为抗弯破坏负荷，单位是 N；0.6 为安全系数。

c. 热稳定校验

套管绝缘子的热稳定校验，应使其额定热稳定电流满足下式：

$$I_{th} \geqslant I_{\infty} \sqrt{\frac{t_{ima}}{t_{th}}} \qquad (4-51)$$

式中，t_{th} 为热稳定电流时间，对铜导体取 10 s，对铝导体取 5 s。

例 4-3　已知变电站内高压开关柜为 XGN2-12 型，变电站最热月份室内最高气温月平均值为 32 ℃，电源由母线中间引入。试选择变电站 10 kV 侧的母线截面和支柱绝缘子。所用系统如图 4-19 所示，其他已知参数同例 4-2。（铝母线热稳定系数为 87 A·$\sqrt{s}$/mm²，铜母线热稳定系数为 171 A·$\sqrt{s}$/mm²）

解：a. 母线选择

① 母线截面选择。变压器 10 kV 侧回路选用矩形铝母线，其最大长时负荷电流 $I_{lo.m}$ 为变压器二次侧最大长时负荷电流 $I_{2.lo.m}$ 再乘以分配系数 $K = 0.8$（进线在母线中间）。其值为

$$I_{lo.m} = K \times I_{2.lo.m} = 0.8 \times 545.6 = 436.48 \text{(A)}$$

选截面为 50 mm×6 mm 的矩形平放铝母线，其额定电流为 703 A(25 ℃)。

实际环境温度为 32 ℃时，其长时允许电流为

$$I'_{al} = I_{al} \sqrt{\frac{\theta_{al} - \theta}{\theta_{al} - 25}} = 703 \times \sqrt{\frac{70-32}{70-25}} = 646.01 \text{(A)} > 436.48 \text{(A)}$$

符合要求。

ⓑ 母线动稳定性校验。XGN2 型配电柜宽 1 m,柜间空隙为 0.018 m,母线中心距为 0.25 m。由于采用中间进线,故并联运行,母线端部发生短路时,母线所受的电动力最大。其数值为

$$F_{max} = 0.173 \times i_{sh}^2 \frac{L}{a} = 0.173 \times 32.87^2 \times \frac{1.018}{0.25} = 761.12(N)$$

母线的最大弯矩为

$$M_{max} = \frac{F_{max} L}{10} = \frac{761.12 \times 1.018}{10} = 77.48(N \cdot m)$$

母线的短路电流产生最大电动应力为

$$\sigma_{max} = \frac{M_{max}}{W} = \frac{77.48}{50^2 \times 6 \times 10^{-9}/6} = 30.99 \times 10^6(N/m^2)$$

该值小于铝材料的允许弯曲应力 70×10^6 N/m²,故动稳定性符合要求。

ⓒ 截面热稳定校验。短路发热的假想时间为

$$t_{ima} = 2 + 0.1 = 2.1(s)$$

最小热稳定截面为

$$A_{min} = I_\infty \frac{\sqrt{t_{ima}}}{C} = 12\ 890 \times \frac{\sqrt{2.1}}{87} = 214.71(mm^2)$$

最小热稳定截面 214.71 mm² 小于所选铝母线截面 $50 \times 6 = 300$ mm²,故热稳定符合要求。

b. 支柱绝缘子的选择

根据题设条件选用 ZA-10Y 型户内式支柱绝缘子,其额定电压 10 kV,破坏力为 3 675 N,故最大允许抗弯力 F_{al} 为

$$F_{al} = 0.6F_{de} = 0.6 \times 3\ 675 = 2\ 205(N)$$

因母线为单一平放,故

$$F_c = F_{max} = 761.12(N) < 2\ 205(N)$$

符合要求。

4.4　低压一次设备

4.4.1　低压断路器

低压断路器(符号为 QF)又称为空气开关,它能接通、长期承载以及分断正常电路条件下的电流,并能接通规定时间内承载以及分断非正常电路条件(如短路等)下的电流。低压断路器可以实现过电流保护、欠电压保护及远程控制功能。如配置其他辅助单元,低压断路器还可以实现漏电保护、远程显示、故障报警等功能。

1. 低压断路器的型号

低压断路器全型号的表示和含义如图 4-34 所示。

2. 低压断路器的分类

低压断路器分类有多种,按灭弧介质可分为空气断路器和真空断路器等;按操作方式可分为人力操作式、动力操作式和储能操作式;按结构形式可分为塑壳式(又称装置式)、万能式(又

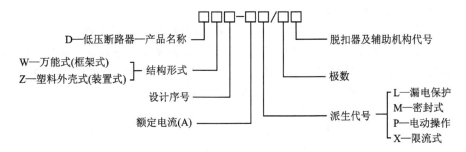

图 4-34 低压断路器全型号的表示和含义

称框架式)、限流式、直流快速式、灭磁式和漏电保护式;按极数可分为单极式、二极式、三极式和四极式;按断路器在电路中的用途可分为配电用断路器、电动机保护用断路器和其他负载(如照明)用断路器等。

(1)万能式低压断路器

万能式低压断路器,因其保护方案和操作方式较多、装设地点灵活,故有"万能式"之称。比较典型的一般型万能式低压断路器有 DW16 型。它由底座、触头系统(含灭弧罩)、操作机构(含自由脱扣机构)、短路保护的瞬时过电流脱扣器、过负荷保护的长延时(反时限)过电流脱扣器、单相接地保护脱扣器及辅助触头等组成,其结构如图 4-35 所示。

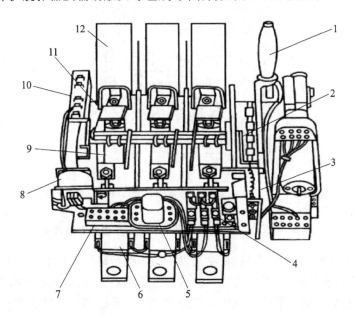

1—操作手柄(带电动操作机构);2—自由脱扣机构;3—失电压脱扣器;4—热继电器;
5—接地保护用小型电流继电器;6—过负荷保护用过电流脱扣器;7—接地端子;8—分励脱扣器;
9—短路保护用过电流脱扣器;10—辅助触头;11—底座;12—灭弧罩(内有主触头)

图 4-35 DW16 型万能式低压断路器

万能式断路器容量较大,可装设多种脱扣器,辅助接点的数量也多,不同的脱扣器组合可形成不同的保护特性,故可作为选择性或非选择性或具有反时限动作特性的电动机保护。它通过辅助接点可实现远方遥控和智能化控制。

（2）塑料外壳式低压断路器

塑料外壳式低压断路器，又称装置式自动开关，其所有机构及导电部分都装在塑料壳内，仅在塑壳正面中央有外露的操作手柄供手动操作用。目前常用的塑料外壳式低压断路器主要有 DZ20、DZ15、DZX10 系列及引进国外技术生产的 H 系列、S 系列、3VL 系列、TO 和 TG 系列等。图 4-36 是 DZ20 型塑料外壳式低压断路器的内部结构图。

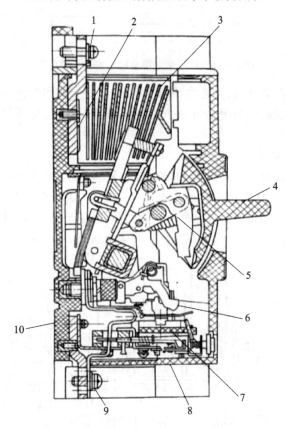

1—引入线接线端子；2—主触头；3—灭弧室（钢片灭弧栅）；4—操作手柄；5—跳钩；
6—锁扣；7—过电流脱扣器；8—塑料外壳；9—引出线接线端子；10—塑料底座

图 4-36　DZ20 型塑料外壳式低压断路器的内部结构

塑料外壳式断路器中，有一类是 63 A 及以下的小型断路器。由于它具有模数化结构和小型（微型）尺寸，因此通常称为"模数化小型（或微型）断路器"。模数化小型断路器由操作机构、热脱扣器、电磁脱扣器、触头系统和灭弧室等部件组成，所有部件都装在一个塑料外壳内，如图 4-37 所示。有的小型断路器还备有分励脱扣器、失压脱扣器、漏电脱扣器和报警触头等附件，供需要时选用，以拓展断路器的功能。

模数化小型断路器现在广泛应用在低压配电系统的终端，作为各种工业和民用建筑特别是住宅中照明线路及小型动力设备、家用电器等的通断控制和过负荷、短路及漏电保护等之用。

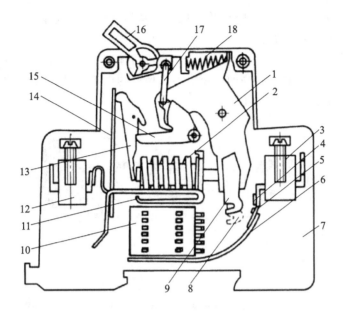

1—动触头杆;2—瞬动电磁铁(电磁脱扣器);3—接线端子;4—主静触头;5—中线静触头;
6—弧角;7—塑料外壳;8—中线动触头;9—主动触头;10—灭弧栅片(灭弧室);
11—弧角;12—接线端子;13—锁扣;14—双金属片(热脱扣器);15—脱扣钩;
16—操作手柄;17—连接杆;18—断路弹簧

图 4 - 37　模数化小型断路器的原理结构

4.4.2　低压熔断器

低压熔断器主要是用于低压系统中设备及线路的过载和短路保护。低压熔断器的种类很多,按结构形式不同可分为螺旋式、插入式、管式以及开敞式、半封闭式和封闭式等;按有无填料可分为有填充料式和无填充料式;按工作特性不同可分为有限流作用型和无限流作用型;按熔体的更换情况不同可分为易拆换式和不易拆换式等。

1. 低压熔断器的型号

国产低压熔断器全型号的表示和含义如图 4 - 38 所示。

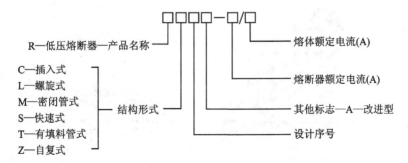

图 4 - 38　国产低压熔断器全型号的表示和含义

2. 低压熔断器的分类

(1) RC1A 系列瓷插入式

RC1A 系列熔断器由底座、瓷盖、触点和熔丝组成。主要用于额定电流 200 A 及以下、额定电压 380 V 及以下的交流线路末端,作为电气设备的短路及过载保护。

（2）RL1 型螺管式熔断器

RL1 型熔断器的结构如图 4-39 所示。其瓷质熔体装在瓷帽和瓷底座间,内装熔丝和熔断指示器,并充填石英砂,具有较高的分断能力和稳定的电流特性,广泛用于 500 V 以下的低压动力干线和支线上作短路保护用。

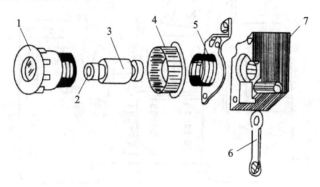

1—瓷帽；2—熔断指示红点；3—熔断管；4—瓷套；5—上接线端；6—下接线端；7—底座

图 4-39　RL1 型螺管式熔断器

（3）RT 系列有填料封闭管式熔断器

RT 系列熔断器的结构如图 4-40 所示,由瓷熔管、栅状铜熔体、触头、底座等部分组成。其熔体(见图 4-34(a))为多根并联的栅状铜片,具有变截面小孔,上面焊有锡桥,以利用"冶金效应"降低铜片的熔点。当熔体通过短路电流时长电弧分割成多个短弧,而且电弧都在石英砂内燃烧,可使电弧中的正负离子强烈复合,使得电弧很快熄灭。当熔体熔断后,红色的熔断

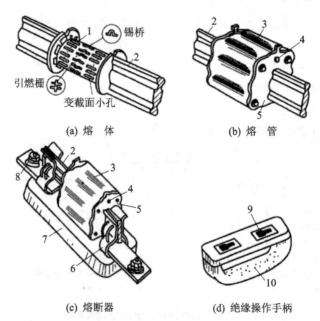

(a) 熔　体　　　　　　　　(b) 熔　管

(c) 熔断器　　　　　　　　(d) 绝缘操作手柄

1—栅状铜熔体；2—触刀；3—瓷熔管；4—熔断指示器；5—盖板；6—弹性触座；

7—瓷质底座；8—接线端子；9—扣眼；10—绝缘拉手手柄

图 4-40　RT 系列低压熔断器结构图

指示器弹出,便于运行人员观察并及时更换熔管。该类型熔断器断流能力较强,属于限流型熔断器,广泛应用于保护性能要求较高的低压配电系统中。

　　(4) RS 系列熔断器

　　RS 系列熔断器是引进德国 AEG 公司制造技术生产的一种新型快速熔断器。其结构如图 4-41 所示,由熔管、熔体和底座组成,熔管为高强度陶瓷管,内装优质石英砂,熔体采用优质材料制成。其主要特点为体积小、重量轻、动作快、功耗小、分断能力高,有较强限流作用和快速动作性,一般作为半导体整流元件保护用。

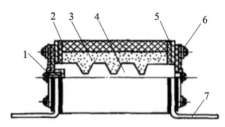

　　RS 系列熔断器有 RS0、RS3 系列。RS0 适用于 750 V、480 A 以下线路晶闸管元件及成套装置的短路保护;RS3 适用于 1 000 V、700 A 以下线路晶闸管元件及成套装置的短路保护。

1—熔断指示器;2—绝缘管;3—石英砂;4—熔体;
5—绝缘垫;6—盖板;7—导电板

图 4-41　RS 系列快速熔断器

　　(5) RZ1 型自复式熔断器

　　一般熔断器熔体熔断后,必须更换熔体才能恢复供电。自复式熔断器克服了这一缺点,无需更换熔体。

　　低压自复式熔断器采用金属钠(Na)作熔体。在常温下,钠的电阻率很小,可以顺畅地通过正常负荷电流;但在短路时,钠受热迅速汽化,其电阻率变得很大,从而可限制短路电流。在金属钠汽化限流的过程中,装在熔断器端的活塞将压缩氩气而迅速后退,降低由于钠汽化而产生的压力,以防熔管爆裂。在限流动作结束后,钠蒸气冷却,又恢复为固态钠;而活塞在被压缩的氩气作用下,迅速将金属钠推回原位,使之恢复正常工作状态。

3. 低压熔断器的选择

　　根据使用环境、负载性质和短路电流的大小选用适当类型的熔断器。例如,对于容量较小的照明电路,可选用 RT 系列圆筒帽形熔断器或 RC1A 系列瓷插式熔断器;对于短路电流相当大的电路或有易燃气体的环境,应选用 RT0 系列有填料封闭管式熔断器;在机床控制线路中,多选用 RL 系列螺旋式熔断器;用于半导体功率元件及晶闸管的保护时,应选用 RS 或 RLS 系列快速熔断器。

　　低压熔断器和高压熔断器一样,不需要校验热稳定和动稳定性,但是在选择熔体的额定电流和额定电压时需要满足所在线路的电气条件,并且需要校验断流能力和与线路的配合,最后上、下级线路之间的熔断器还要考虑选择性问题。低压熔断器的选择计算类同于高压熔断器。

4.4.3　低压刀开关和负荷开关

1. 低压刀开关

　　低压刀开关(符号为 QK)是一种最普通的低压开关电器,适用于交流 50 Hz,额定电压交流 380 V、直流 440 V,额定电流 1 500 A 及以下的配电系统中,作不频繁手动接通和分断电路或作隔离电源以保证安全检修之用。

　　低压刀开关的类型很多。按其操作方式分,有单投和双投;按其极数分,有单极、双极和三极;按其灭弧结构分,有不带灭弧罩和带灭弧罩。不带灭弧罩的刀开关,一般只能在无负荷或小负荷下操作,作隔离开关使用。带有灭弧罩的刀开关,则能通断一定的负荷电流。

　　低压刀开关全型号的表示和含义如图 4-42 所示。

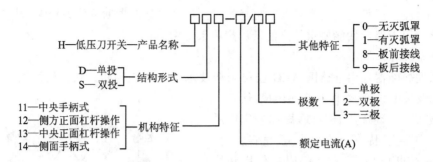

图 4-42　低压刀开关全型号的表示和含义

2. 低压熔断器式刀开关

低压熔断器式刀开关(符号为 QKF)又称刀熔开关,是一种由低压刀开关和低压熔断器组合而成的开关电器。如图 4-43 所示为最常见的 HR3 型刀熔开关,就是将 HD 型刀开关的闸刀换以 RT0 型熔断器的具有刀形触头的熔管。

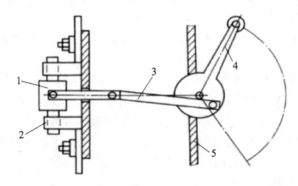

1—RT0 型熔断器的熔断体;2—弹性触座;3—传动连杆;
4—操作手柄;5—配电屏面板
图 4-43　刀熔开关结构示意图

刀熔开关具有刀开关和熔断器的双重功能。刀熔开关结构紧凑简化,经济实用,能实现对线路控制和保护的双重功能,广泛应用于低压配电网络中。

低压刀熔开关全型号的表示和含义如图 4-44 所示。

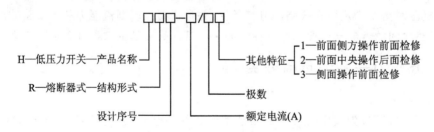

图 4-44　低压刀熔开关全型号的表示和含义

3. 低压负荷开关

低压负荷开关(符号为 QL)是由低压负荷开关和熔断器串联组合而成,外装封闭式铁壳或开启式胶盖的开关电器。低压负荷开关既可带负荷操作,又能进行短路保护,但短路熔断后需更换熔体后才能恢复供电。

低压负荷开关全型号的表示和含义如图 4-45 所示。

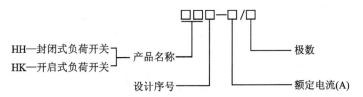

图 4-45　低压负荷开关全型号的表示和含义

4.4.4　低压成套设备

低压成套设备是指按一定的接线方案将多个低压一、二次设备组装在金属柜内的成套配电装置,用于低压供电系统从事电能的控制、保护、测量、转换和分配等任务。

1. 低压配电屏(低压开关柜)

我国新系列低压配电屏的型号及含义如图 4-46 所示。

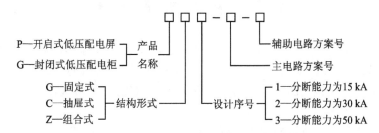

图 4-46　低压配电屏全型号的表示和含义

低压配电屏有固定式和抽出式两大类型。

(1) 固定式低压配电屏

固定式低压配电屏结构简单,价格低廉,应用广泛。目前使用较广的有 PGL 型、GGL 型、GGD 型等系列,适用于发电厂、变电所和工矿企业等电力用户作动力和照明配电用。

GGL 型系列固定式低压配电屏的技术先进,符合 IEC 标准,其内部采用 ME 型的低压断路器和 NT 型的高分断能力熔断器,它的封闭式结构保证其具有较好的安全性能,可安装在有人员出入的工作场所中。

GGD 型系列交流固定式低压配电屏结构和 GGL 型一样都属封闭式结构,其分断能力高,热稳定性好,接线方案灵活,组合方便,结构新颖,外壳防护等级高,系列性实用性强。

(2) 抽出式低压配电屏

抽出式低压配电装置包括抽屉式和手车式两种,国产产品有 BFC、BCL、GCL、GCK、GCS 等系列。抽出式低压开关柜多为封闭式结构,主要设备均放在抽屉内或手车上。其优点是密封性能好,可靠性、安全性高,产品标准化和系列化,回路故障时,可换上备用手车或抽屉,迅速恢复供电,便于检修,体积小、布置紧凑、占地少;其缺点是结构较复杂,工艺要求较高,钢材消耗较多,价格较高。

2. 配电箱

配电箱通常装设在各个车间建筑物内,以向各用电设备供电。从低压配电屏引出的低压配电线路一般经过动力或照明配电箱接至各用电设备,它们是车间和民用建筑的供配电系统中对用电设备的最后一级控制和保护设备。

配电箱的安装方式有靠墙式、悬挂式和嵌入式。靠墙式是靠墙落地安装,悬挂式是挂在墙壁上安装,嵌入式是嵌在墙壁里面安装。

标准的动力和照明配电箱的全型号的表示和含义如图 4-47 所示。

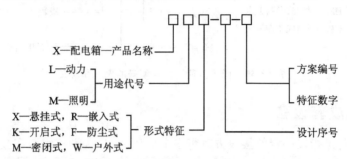

图 4-47　配电箱全型号的表示和含义

4.5　供配电主接线

供配电主接线又称一次接线,是由各种电气设备(变压器、断路器、隔离开关等)及其连接线所组成的,用以接收和分配电能。主接线表示了一次设备之间的连接关系以及变电所与电力系统之间的关系。主接线图中通常用单线图表示三相线路,在接线图中还应将电力设备及其规格和型号标注出来。

供配电主接线的方式直接影响供配电系统运行的可靠性、灵活性,同时对电气设备选择、配电装置布置、继电保护、自动装置和控制方式等诸多方面都有决定性的关系。因此,供配电主接线选择必须综合考虑各个方面的影响因素,需经过技术与经济的充分论证比较,最终得到实际工程确认的最佳方案。

4.5.1　供配电主接线的基本要求

1. 供电可靠性

主接线的可靠性是指当主电路发生故障或电气设备检修时,主接线在结构上能够将故障或检修所带来的不利影响限制在一定范围内,以提高供电的能力和电能的质量。

2. 操作方便、运行安全灵活

供电系统的接线应保证在正常运行和发生事故时操作和检修方便、运行维护安全可靠。为此,应简化接线,减少供电层次和操作程序。

3. 经济合理

设计应在满足可靠性和灵活性的前提下做到经济合理。经济性主要从节省设备投资、减少占地面积、降低电能损耗三方面进行考虑。

4. 具有发展的可能性

设计主接线时要考虑经济的发展和电网的远景规划,设计方案应为供配电系统在未来5~10 年内的发展留下扩建的余地。

4.5.2　供配电主接线的基本形式

供配电主接线方式分为有母线和无母线两大类。有母线方式包括单母线接线和双母线接线。单母线接线又分为单母线不分段接线、单母线分段接线、单母线带旁路母线接线和单母线分段带旁路母线接线等方式;双母线接线又分为双母线不分段接线和双母线带旁路母线分段接线。无母线方式分为线路—变压器组、桥式接线、多角形接线等,桥式接线又分为内桥式接线、外桥式接线和全桥接线。

1. 单母线接线

（1）单母线不分段接线

单母线不分段接线如图 4 - 48 所示,各电源和出线都接在同一条公共母线上,其供电电源是变压器或高压进线回路。母线起汇集和分配电能作用,既可以保证电源并列工作,又能使任一条出线都可以从任一电源获得电能。每条回路中都装有断路器和隔离开关,紧靠母线侧的隔离开关（如 QS3 和 QS4）称作母线隔离开关,靠近线路侧的隔离开关（如 QS6）称为线路隔离开关。通过使用断路器和隔离开关可以方便地将电源或出线接入母线或从母线上断开。如当进线 1 发生故障时,可先断开 QF1,再依次拉开 QS3 和 QS1,系统从进线 2 获取电能。当出线 1 检修时,先断开 QF3,再依次拉开其两侧的隔离开关 QS5、QS6。当恢复出线 1 供电时,应先合上 QS5、QS6,后合上 QF3。

单母线接线的优点是:接线简单,设备少,操作方便,占地少,便于扩建和采用成套配电装置。其缺点是:不够灵活可靠,当母线或母线隔离开关检修或故障时,所有回路都要停止运行,造成全站长期停电;当线路侧发生短路时,有较大的短路电流。

单母线接线只适用于容量小、线路少和对二三级负荷供电的变电站。

（2）单母线分段接线

图 4 - 49 为单母线分段的主接线。将双电源单母线接线中的母线用断路器 QF3 分成两段,便成了单母线分段接线,QF3 称为分段断路器。单母线分段接线也可以看成是两个独立的单电源单母线接线通过 QF3 联结而成的,因此 QF3 又可称为联络断路器。

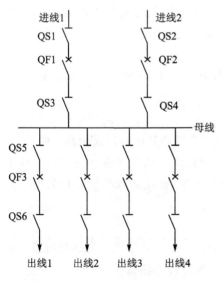

图 4 - 48　单母线不分段接线

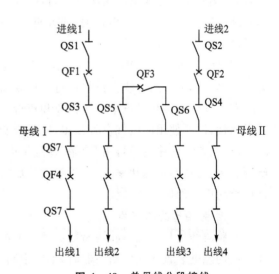

图 4 - 49　单母线分段接线

当某回受电线路或变压器因故障或检修停止运行时,可通过联络断路器 QF3 的联络,保证继续对两段母线上的重要负荷供电。所以单母线分段接线多用于具有一、二级负荷,且进、出线较多的变电所。母线分段使用断路器比用隔离开关操作方便、运行灵活,可实现自动切换,提高供电的可靠性和连续性。在出线较少且供电连续性要求不高时,为了经济,可采用隔离开关作母线联络。

单母线分段接线的缺点是:当其中任一段母线需要检修或发生故障时,接于该段母线的全部进、出线均停止运行。为此,一、二级负荷必须由接在两段母线上的环形系统或双回路供电,以便互为备用。单母线分段接线比双母线接线所用设备少,系统简单、经济,操作安全。

2. 双母线接线

双母线的接线方式有两条母线,分别为正常运行时使用的主母线和备用的副母线,主、副母线之间通过倒闸操作,可以在主母线检修或故障时,由副母线承担所有的供电任务。

(1)双母线不分段接线

双母线不分段接线如图 4-50 所示。变电所每回进、出线通过隔离开关可以接在任何一段母线上。两母线之间用断路器联络,因此不论哪一段电源与母线同时发生故障,都不影响对用户的供电,故可靠性高、运行灵活。其缺点主要是:接线复杂、设备多、投资大,且操作安全性差,断路器检修时该回路仍需停电。

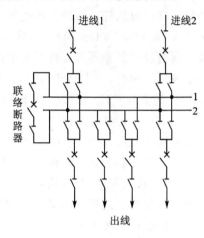

图 4-50　双母线不分段接线

主、副母线间通过母线联络断路器相连,正常工作时,联络断路器及其两端的隔离开关处于分闸状态时,所有负荷回路都接在主母线上,检修主母线时,可把全部电源和线路倒换到备用母线上。其步骤是:先合上母联断路器两侧的隔离开关,再合母联断路器,向备用母线充电,这时两组母线等电位;为保证不中断供电,按"先通后断"原则进行操作,即先接通备用母线上的隔离开关,再断开工作母线上的隔离开关;完成母线转换后,再断开母联断路器及其两侧的隔离开关,即可使原工作母线退出运行进行检修。

(2)双母线分段接线

双母线分段接线如图 4-51 所示,将一组母线用分段断路器 QF5 分为两段作为主母线,另一组母线作为备用母线。正常运行时母联断路器 QF3、QF4 都断开。

双母线分段接线具有单母线分段和双母线不分段接线的特点,有较高的供电可靠性与运行灵活性,但所使用的电气设备较多,使得投资增大。另外,当检修某回路出线断路器时,该回路停电,或者短时停电后再用"跨条"恢复供电。双母线分段接线适用于出线回路数或母线上电源较多、输送和穿越功率较大、母线故障后需要迅速恢复供电、母线或母线设备检修时不允许影响对用户的供电的系统。

3. 带旁路母线的接线

断路器经过长期运行和切断数次短路电流后都需要检修。为了使采用单母线分段或双母线接线的配电装置在检修断路器时,不致中断该回路供电,可增设旁路母线。

(1)单母线不分段带旁路母线接线

单母线不分段带旁路母线接线如图 4-52 所示,在工作母线外侧增设一组旁路母线和一个旁路断路器 QF2(两侧带隔离开关),正常运行时将线路与旁路母线断开。当某一出线的断路器检修时,该出线可以通过倒闸操作从旁路母线上取得电能而能够继续运行。

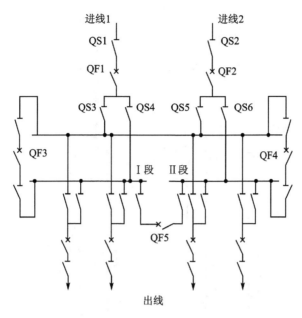

图 4 - 51　双母线分段接线

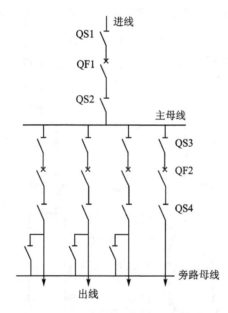

图 4 - 52　单母线不分段带旁路母线接线

（2）单母线分段带旁路母线接线

a. 单母线分段带专用旁路断路器的旁路母线接线

图 4 - 53 所示为单母线分段带专用旁路断路器的旁路母线接线。接线中设有旁路母线、旁路断路器 QF3 及母线旁路隔离开关 QS9；此外在各出线回路的线路隔离开关的外侧都装有旁路隔离开关。正常运行时，旁路母线不带电，即旁路断路器以及各出线回路上的旁路隔离开关都是断开的。

b. 分段断路器兼做旁路断路器接线

分段断路器兼作旁路断路器接线如图 4 - 54 所示，可以减少设备、节省投资。在此种接线

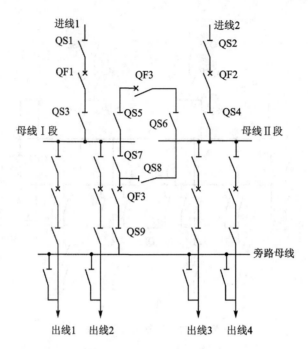

图 4-53 单母线分段带专用旁路断路器的旁路母线接线

方式中，分段断路器 QF3 兼做旁路断路器。正常运行时 QS6、QS7 和 QF3 合闸，系统处于单母线分段并列运行方式，而 QS8、QS9 和 QS5 分闸，使得旁路母线不带电。

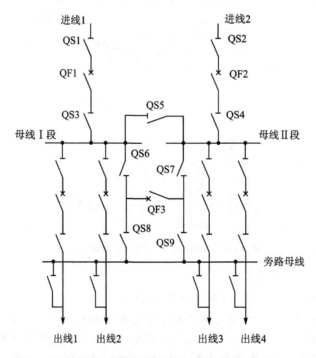

图 4-54 分段断路器兼做旁路断路器接线

（3）双母线带旁路母线接线

图 4-55 所示为双母线带旁路母线接线。在双母线带旁路母线接线中，可以设专用旁路

断路器,也可以用旁路断路器兼作母联断路器,或用母联断路器兼作旁路断路器,分别如图 4 - 56(a)～(d)所示。双母线分段接线也可以带旁路母线,但需设两台旁路断路器,分别接在工作母线的两个分段上,接线更为复杂。

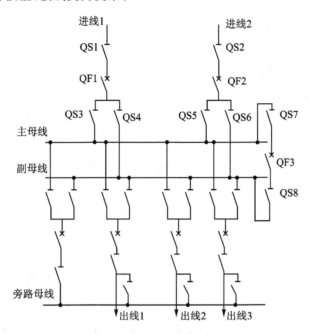

图 4 - 55　双母线带旁路母线接线

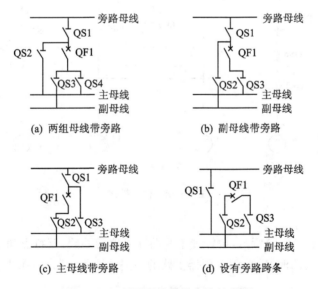

图 4 - 56　母联断路器兼旁路断路器

4. 线路—变压器组接线

线路—变压器组接线如图 4 - 57 所示,供电电源只有一回线路,且变电站只装设一台变压器。变电站变压器的高压侧可以装设隔离开关 QS、高压熔断器 FU 或高压断路器 QF,选择装设哪种设备应视具体情况而定。

线路—变压器组接线方式的优点是:接线简单,使用的设备少,基建投资省。其缺点是:

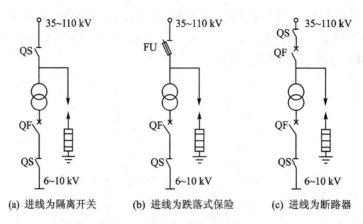

图 4 - 57　线路—变压器组接线

供电的可靠性低,当供电线路、变压器及低压母线发生故障或高压设备检修时全部负荷都将停止供电。所以这种接线方式多应用于三级或不太重要的二级负荷的变电所。

5. 桥式接线

为了保证对一、二级负荷进行可靠的供电,在企业变电所中广泛采用由两回电源线路供电和装设两台变压器的桥式主接线。桥式接线又分为外桥、内桥和全桥三种,其接线如图 4 - 58 所示。

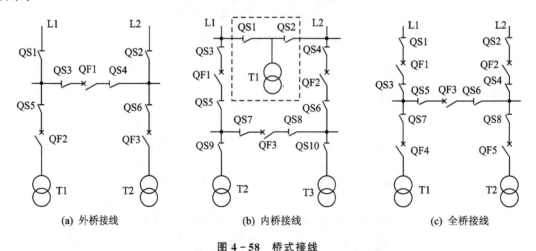

图 4 - 58　桥式接线

(1) 外桥接线

外桥接线如图 4 - 58(a)所示,桥臂置于线路断路器的外侧,其特点如下:

① 变压器发生故障时,仅故障变压器支路的断路器跳闸,其余三条支路可继续工作,并保持相互间的联系。

② 线路发生故障时,联络断路器及与故障线路同侧的变压器支路的断路器均自动跳闸,需经倒闸操作后,方可恢复被切除变压器的工作。

③ 线路投入与切除时,操作复杂,并影响变压器的运行。

外桥接线的优点是:对变压器的切换方便,继电保护简单,易于过渡到全桥或单母线分段接线,且投资少,占地面积少。其缺点是:倒换线路时不方便,变电所一侧无线路保护。所以这种接线方式适用于进线短、倒闸次数少的变电所,或变压器采取经济运行需要经常切换的终端变电所。

（2）内桥接线

内桥接线如图 4 - 58(b)所示,桥臂置于线路断路器的内侧。为了在检修线路断路器 QF1 或 QF2 时不使供电中断,可在线路断路器的外侧增设由两组隔离开关构成的跨条,并在跨条上连接所用变压器,如图 4 - 58(b)中虚线所示。内桥接线的特点如下:

① 线路发生故障时,仅故障线路的断路器跳闸,其余三条支路可继续工作,并保持相互间的联系。

② 变压器发生故障时,联络断路器及与故障变压器同侧的线路断路器均自动跳闸,使未发生故障的线路供电受到影响,需经倒闸操作后,方可恢复对该线路的供电。

③ 正常运行时,变压器操作复杂。如需切除变压器 T2,应首先断开断路器 QF1 和联络断路器 QF3,再拉开变压器侧的隔离开关,使变压器停电。然后,重新合上断路器 QF1 和联络断路器 QF3,恢复线路 L1 的供电。

内桥接线的优点是:一次侧可设线路保护,倒换线路时操作方便,设备投资与占地面积均较全桥少。其缺点是:与外桥接线相比,操作变压器和扩建成全桥或单母线分段接线不方便。所以适用于进线距离长、变压器切换少的终端变电所。

（3）全桥接线

全桥接线如图 4 - 58(c)所示,其优点是:对线路、变压器的操作均方便,运行灵活,适应性强,且易于扩展成单母线分段接线。其缺点是:所需设备多,占地面积大,投资大。

4.5.3　供配电所主接线方案选择

1. 总降压变电所主接线方案

大中型企业的总降压变电所通常采用 35~110 kV 电源进线,将电压降至 6~10 kV 后分配给车间变电所。主降压变电所的接线方案通常有如下几种。

（1）单电源进线的总降压变电所主接线

① 总降压变电所为单电源进线一台变压器时,主接线采用一次侧线路—变压器组、二次侧单母线不分段接线,如图 4 - 59 所示,进线开关也可采用隔离开关和跌开式熔断器。这种主接线经济简单,可靠性不高,适用于负荷不大的三级负荷情况。

② 总降压变电所为单电源进线两台变压器时,主接线采用一次侧单母线不分段、二次侧单母线分段接线,如图 4 - 60 所示。如果有一台变压器发生故障,可以通过闭合分段断路器和隔离开关的方法为故障变压器所连的负荷供电,在一定程度上提高了供电可靠性。但单电源供电的可靠性不高,因此,这种接线只适用于三级负荷及部分二级负荷。

（2）双回电源进线总降压变电所主接线

由于采用双电源进线,所以主降压变电所有两台或两台以上的主变压器,此时一般采用单母线分段接线或桥式接线。

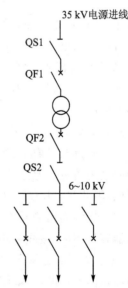

图 4 - 59　总降压变电所线路—变压器组(无母线)主接线图

① 单母线分段接线。图 4-61 为一、二次侧均采用单母线分段接线的主降压变电所的主接线图,在这种接线方式中,由于进线开关和母线分段开关均采用了断路器控制,操作十分灵活,供电可靠性高,适用于大中型企业的一、二级负荷供电。

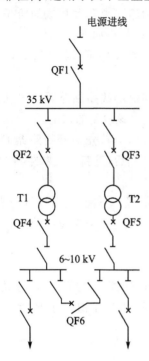
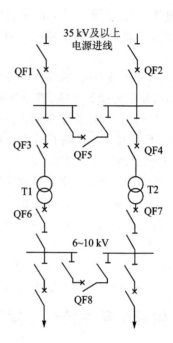

图 4-60　总降压变电所一次侧单母线
不分段、二次侧单母线分段主接线图

图 4-61　总降压变电所一、二次侧均采用
单母线分段接线的双电源进线主接线图

② 桥式主接线。桥式接线供电可靠性较高,操作灵活,适用于大中型企业的一、二级负荷供电。可用于双电源进线的主降压变电所内。

2. 车间变电所主接线方案

车间变电所是将 6~10 kV 的配电电压降为 380/220 V 的低压用电,再提供给用电设备的终端变电所。

(1) 高压侧无母线的接线方式

这种接线方式最简单、运行便利、投资费用少,当中小型工业企业的车间变电所只有一台变压器时最为适宜。但这种接线方式供电可靠性不高,当高压侧电气设备发生故障时,将造成全部停电,因此只适用于三级负荷。当低压侧与其他电源有联络线时也可用来向一、二级负荷供电。这种接线高压侧开关类型的选择,主要取决于变压器的容量及变电所的结构型式。根据变压器容量不同,接线方式有所不同,现分别叙述如下。

① 对于变压器容量在 630 kV·A 及以下的户外变电所或柱上变电所,高压侧可选用户外型高压跌落式熔断器,如图 4-62 所示。高压跌落式熔断器可以接通或断开 630 kV·A 及以下的变压器的空载电流(变电所停电时,须先切除低压侧负荷);在检修变压器时可起隔离开关的作用;在变压器发生故障时,可作为保护元件自动断开变压器。

② 对于变压器容量在 320 kV·A 及以下的户内变电所,高压侧可选用隔离开关和户内高压熔断器,如图 4-63 所示。由于隔离开关仅能切断 320 kV·A 及以下的变压器的空载电

流,所以在开合隔离开关时,必须先切除低压侧的负荷。变压器的短路保护由高压熔断器实现。

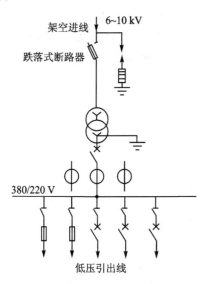

图 4-62　630 kV·A 及以下
车间变电所的接线

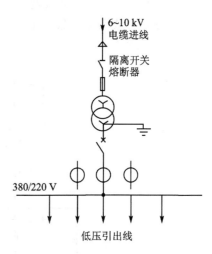

图 4-63　320 kV·A 及以下
车间变电所的接线方式

③ 对于变压器容量在 560~1 000 kV·A 的车间变电所,变压器高压侧可选用负荷开关和高压熔断器,如图 4-64 所示。负荷开关作为正常运行时操作变压器之用,熔断器作为变压器的短路保护之用。当熔断器不能满足继电保护配合要求时,高压侧需选用高压断路器,如图 4-65 所示。

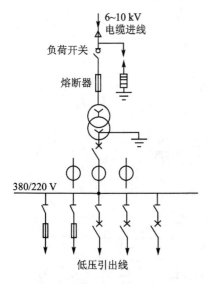

图 4-64　560~1 000 kV·A
车间变电所的接线

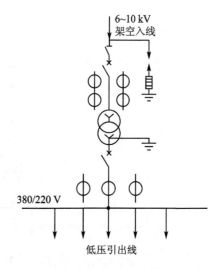

图 4-65　1 000 kV·A 及以上
工矿企业变电所的接线

④ 对于变压器容量在 1 000 kV·A 及以上的车间变电所,变压器高压侧选用隔离开关和高压断路器,如图 4-65 所示。高压断路器作为正常运行时接通或断开变压器之用。高压断

路器与继电保护配合作为故障时自动切除变压器之用。隔离开关作为断路器、变压器检修时隔离电源之用,故要装设在断路器之前。

为了防止电气设备遭受大气过电压的袭击而损坏,上述几种接线中的 6～10 kV 电源为架空线路引进时,在入口处需装设避雷器,并尽可能地采用不少于 30 m 的电缆引入段。

对一、二级负荷或用电量较大的车间变电所,应采用两回路进线两台变压器的接线,如图 4-66 所示。

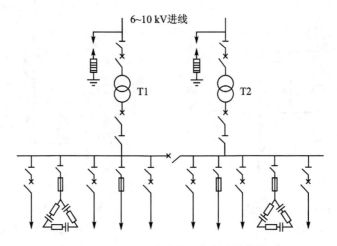

图 4-66 两回路进线两台变压器接线

(2) 高压侧单母线的接线

对供电可靠性要求较高、季节性负荷或昼夜负荷变化较大,以及负荷比较集中的车间(或中、小企业),其变电所设有两台以上变压器,并考虑今后发展需要(如增加高压电动机回路),则应采用高压单母线、低压单母线分段接线方式,如图 4-67 所示。

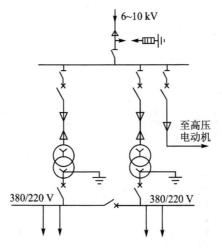

图 4-67 高压侧单母线接线方式

习题与思考题

1. 供配电一次设备有哪些? 供配电一次设备的选择有哪些原则?

2. 满足电弧熄灭的条件是什么? 开关电器常用的灭弧方法是哪些? 各有什么特点?

3. 三相变压器联结组别的含义是什么?

4. 高压断路器有什么功能? 常用灭弧介质有哪些?

5. 真空断路器有哪些优点? 简述真空断路器的灭弧原理。

6. 高压隔离开关有哪些功能? 它为什么不能带负荷操作? 它为什么能隔离电源,保证安全检修?

7. 高压负荷开关有哪些功能? 能否实施短路保护?

8. 负荷开关有哪几种结构类型? 各有什么特点?

9. 熔断器的主要功能是什么?

10. 在熔断器的选择中,为什么熔体的额定电流要与被保护的线路相配合?

11. 互感器的作用是什么? 电流互感器和电压互感器在结构上各有什么特点?

12. 电流互感器和电压互感器有哪些常用接线方式? 各用在什么场合?

13. 电压互感器为什么不校验动稳定和热稳定,而电流互感器却要校验?

14. 选择母线的截面时,一般应满足什么条件?

15. 支柱绝缘子的作用是什么? 按什么条件选择? 为什么需要校验动稳定而不需要校验热稳定?

16. 高压开关柜的分类有哪些? 高压开关柜的"五防"原则指的是什么?

17. 电气主接线设计的基本要求是什么?

18. 供配电系统常用的主接线有哪几种类型? 各有什么特点?

19. 什么叫内桥式接线和外桥式接线? 各有什么特点? 各适用于什么场合?

20. 某企业总计算负荷为 6 000 kV·A,约 45% 为二级负荷,其余的为三级负荷,拟采用两台变压器供电。假定变压器采用并联运行方式,试确定变压器的容量。

21. 已知某变电器的主变压器额定容量为 6 300 kV·A,额定电压为 35/10.5 kV。10 kV 母线的短路电流为 14.1 kA,继电保护的动作时间为 1.2 s,开关固有分闸时间为 0.2 s,试选低压侧断路器。

22. 某城镇需新建一座 35 kV/10 kV 总降压变电所向工厂企业供电,总计算负荷为 9 000 kV·A,约 65% 为二级负荷,其余的为三级负荷,可从附近取得两回 35 kV 电源,拟采用两台变压器,变电所主接线采用高压侧单母线不分段、低压侧单母线分段接线。假定变压器采用并联运行方式,试确定两台变压器的型号和容量,并选择变电所主要电气设备,画出主接线图。

第5章 电力线路

本章主要学习架空线、电缆线的结构及其导线截面的选择方法,电力线路的运行与维护。本章也是供配电一次系统的重要内容。

5.1 概　述

电力线路与发电厂、变电站互相连接,构成电力系统,用以输送和分配电能。电力线路按其担负的输送电能的能力可分为输电线路、高压配电线路和低压配电线路。从发电厂或变电站升压,把电力输送到降压变电站的高压电力线路,叫输电线路,电压一般在 35 kV 以上。降压变电站把电力送到配电变压器的电力线路,叫高压配电线路,电压一般为 3 kV、6 kV 或 10 kV。从配电变压器把电力送到一般用户的线路,叫低压配电线路,电压一般为 380 V 或 220 V。

电力线路主要分为架空线路和电缆线路两大类。架空线路的导线通过杆塔露天架设,其架设方便,便于巡检、维护修理。但架空线路长期露置于大自然环境中,易遭受大气中各种有害物质侵蚀、化学气体腐蚀和外力破坏,出现故障的概率较高。电缆线路一般是埋在地下的电缆沟或管道中,其基建费用明显高于架空线路,但具有占地少、受气象条件影响小、传输性能稳定等优点。在电力网络中大多数的线路是采用架空线路,近年来随着城市开发建设的需要,城市电网中大量采用电缆线路。

5.2 架空电力线路的构造

架空电力线路由导线、杆塔、绝缘子、防震锤、避雷线及金具等主要器件构成,如图 5-1 所示。各器件作用如下:导线——传导电流,输送电能;杆塔——支持导线和避雷线;绝缘子——用于支持导线的绝缘体,使导线和杆塔之间保持绝缘;避雷线——将雷电流引入大地,以保护电力线路免受雷击;防震锤——用来减弱导线的振动;金具——支持、接续、保护导线和

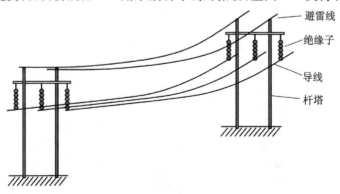

图 5-1　架空线路的结构

避雷线,连接和保护绝缘子。

5.2.1　导　线

架空线路的导线架设在电杆上面,要经受自身重量和各种外力的作用,并承受大气中各种有害物质的侵蚀。因此,导线必须具有良好的导电性能,同时还应具备机械强度高、抗耐腐蚀性强、质轻价廉等特点。

架空线路一般采用裸导线,按导线的结构可分为单股导线、多股导线和空心导线,一般采用多股导线。图 5-2 所示为各种裸导线的构造。

(a) 单股导线　　(b) 同一种金属的多股导线　　(c) 两种金属的多股导线

图 5-2　裸导线的构造

按导线使用的材料可分为铜绞线、铝绞线、钢绞线和钢芯铝绞线等。铜绞线导电性能好,机械强度高,耐腐蚀,易焊接,但较贵重,多用于腐蚀性较严重的区域。铝绞线导电性能较好,质轻,价格低,但机械强度较差,不耐腐蚀,一般用在 10 kV 及以下线路中。钢绞线导电性能差,易生锈,但其机械强度高,只用于小功率的架空线路,或作为避雷线与接地装置的地线,为避免生锈常用镀锌钢绞线,钢芯铝绞线用钢线和铝线绞合而成,集成了钢绞线和铝绞线的优点,其芯部是钢绞线,用以增强导线的机械强度,其外围是铝线,可以增强导线的导电性能。

架空线路导线的型号由导线材料、结构、载流截面积三部分表示。其中,导线材料和结构用汉语拼音字母表示;载流截面积用数字表示,单位是 mm^2。例如,LGJJ-300 表示加强型钢芯铝绞线,截面积为 300 mm^2,其具体含义如图 5-3 所示。

此外,输电线路相关参数(如图 5-4 所示)含义如下:

① 档距。架空线路相邻杆塔之间水平距离称为线路的档距,用字母 L 表示。线路档距的大小取决于线路的电压等级、路径条件、安全距离、综合造价等诸多因素,主要通过技术经济比较来确定。按照 GB 50061—2010《66 kV 及以下架空电力线路设计规范》规定,3~10 kV 架空线路档距,在市区为 45~50 m,在郊区为 50~100 m;3 kV 以下架空线路档距,在市区为 40~550 m,在郊区为 40~60 m。

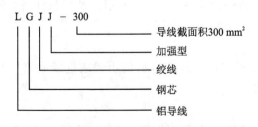

图 5-3　架空线路导线的型号表示及含义

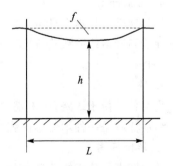

图 5-4　档距、弧垂、限距

② 弧垂。在档距中导线离地最低点和悬挂点之间垂直距离称为导线的弧垂,用字母 f 表示。导线弧垂的大小取决于档距的大小、导线的型号、导线的张力和气象条件(温度、风向、风速、覆冰情况等)诸多因素。若弧垂过小,说明导线承受了过大的张力,降低了安全系数,如遇气温降低时,可能因导线过紧而发生断线或倒杆事故;若弧垂过大,造成导线对地安全距离不够,在风振条件下,导线之间摆动极易引起碰线故障。

③ 限距。导线到地面的最小距离称为导线的限距,用字母 h 表示。

④ 耐张段。两个耐张杆塔之间的距离称为耐张段或耐张档距。

5.2.2 杆 塔

杆塔是架空线路中架设导线的支撑物,其上装设横担及绝缘子,导线固定在绝缘子上。杆塔的型式与线路电压等级、线路回路数、线路的重要性、导线结构、气象条件、地形地质条件等因素有关。

按杆塔的材料不同可分为木杆、水泥杆(钢筋混凝土杆)、铁塔等。目前木杆已基本不用;水泥杆不仅可节省大量钢材,而且机械强度较高,使用最为广泛;铁塔主要用在超高压、大跨越的线路及某些受力较大的杆塔上。按杆塔的用途可分为直线杆塔、耐张杆塔、终端杆塔、转角杆塔、跨越杆塔、换位杆塔等,如图 5-5 所示。

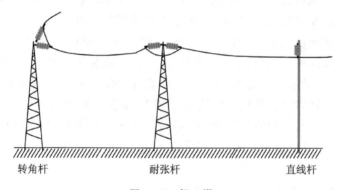

转角杆 　　　　耐张杆 　　　　直线杆

图 5-5 杆 塔

1. 直线杆塔

直线杆塔又称中间杆塔,位于线路的直线段上,其主要作用是悬挂固定导线。直线杆塔的数量约占杆塔总数的 80% 左右。直线杆塔一般不承受角度力,因此对机械强度要求较低,造价也较低廉。

2. 耐张杆塔

耐张杆塔又称承力杆塔,位于线路的首、末端以及线路的分段处,用来承受正常及故障情况下导线和避雷线顺线路方向的水平张力,将线路故障限制在一个耐张段(两耐张杆塔之间的距离)内。

3. 终端杆塔

终端杆塔位于线路首、末端,即线路上最靠近发电厂或变电所的出线或进线的第一基杆塔。终端杆塔是一种承受单侧张力的耐张杆塔。

4. 转角杆塔

转角杆塔是位于线路转角处的杆塔。线路的转角是指线路转向内角的补角。转角杆分为直线型和耐张型两种。6~10 kV 线路,转角为 30°以下的转角杆采用直线型,30°以上采用耐张型。35 kV 及以上线路,转角为 5°以下时用直线型,5°以上时用耐张型。

5. 跨越杆塔

跨越杆塔是用于线路跨越河流、山谷、铁路及其他交叉跨越地方的杆塔。跨越杆塔也分为直线型和耐张型两种。当跨越档距很大时,就得采用特殊设计的耐张跨越杆塔,其高度比一般杆塔高得多。

6. 换位杆塔

换位杆塔是为避免由三相架空线路参数不等而引起的三相电流不对称,将三相导线在空间进行换位所使用的特种杆塔。

5.2.3　绝缘子

绝缘子用来支承和悬挂导线,并使导线与杆塔绝缘。绝缘子表面做成波纹状,凹凸的波纹形状延长了爬弧长度,而且每个波纹又能起到阻断电弧的作用。它具有足够的绝缘强度和机械强度,同时对化学杂质的侵蚀具有足够的抗御能力,并能适应周围大气条件的变化,如温度和湿度变化对它本身的影响等。由于以往绝缘子多用瓷材料,故又称瓷瓶。现在玻璃和复合材料的绝缘子应用已很普遍。

1. 绝缘子的类型

架空线常用的绝缘子有针式绝缘子、蝶式绝缘子、悬式绝缘子等形式,又有高压绝缘子和低压绝缘子之分。

（1）针式绝缘子

针式绝缘子的结构如图 5-6 所示。针式绝缘子主要用于线路电压不超过 35 kV、导线张力不大的直线杆或小转角杆塔。其优点是制造简易、价廉,缺点是耐雷水平不高,容易闪络。

针式绝缘子的型号表示及含义如图 5-7 所示。

（2）悬式绝缘子

悬式绝缘子主要应用在 35 kV 及以上屋外配电装置和架空线路上。其结构如图 5-8 所示,由绝缘件(瓷件或钢化玻璃)、铁帽、铁脚组成。钟罩形防污绝缘子的污闪电压比普通型绝缘子高 20%～50%;双层伞形防污绝缘子具有泄漏距离大、伞形开放、裙内光滑、积灰率低、自洁性能好等优点;草帽形防污绝缘子也具有积污率低、自洁性能好等优点。

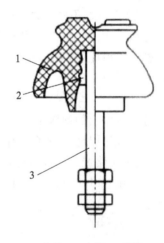

1—瓷体;2—水泥;3—铁脚

图 5-6　针式绝缘子

悬式绝缘子的型号表示及含义如图 5-9 所示。

（3）蝶式绝缘子

蝶式绝缘子多用于电压等级 10 kV 及以下的小截面导线耐张杆、转角杆、终端杆或分支杆上支撑导线,或在低压线路上作为直线耐张杆绝缘子。蝶式绝缘子按使用电压等级分为高压蝶式绝缘子和低压蝶式绝缘子两种。

蝶式绝缘子的型号表示及含义如图 5-10 所示。

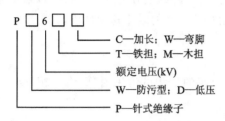

图 5-7　针式绝缘子的型号表示及含义

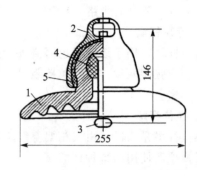

1—绝缘件；2—镀锌铁帽；3—铁脚；4、5—水泥胶合剂

图 5-8　悬式绝缘子

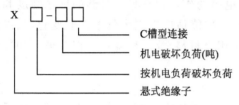

图 5-9　悬式绝缘子的型号表示及含义

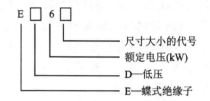

图 5-10　蝶式绝缘子的型号表示及含义

2. 悬式绝缘子串片数的确定

绝缘子在工作中要受到工作电压、内部过电压、大气过电压的作用,还要受到各种大气环境的影响。因此,需要选择合适的绝缘子串片数,以保证绝缘子在上述环境中都能够正常工作。

(1) 按正常工作电压计算绝缘子串的片数

每一悬垂上的绝缘子个数是根据线路的额定电压等级按绝缘配合条件选定的。目前采用的主要方法是保证绝缘子串有一定的泄漏电流距离。单位泄漏距离用 S 表示,也叫泄漏比距,它表示线路绝缘或设备外绝缘泄漏距离与线路额定电压的比值,我国的泄漏比距规定值见表 5-1。由表 5-1 可知,对于一般地区的线路,为保证正常工作电压下不致闪络,泄漏比距不应小于 1.6 cm/kV,且

$$S = \frac{n\lambda}{U_N} \tag{5-1}$$

式中,S 为绝缘子串的泄漏比距,单位是 cm/kV;n 为每串绝缘子的片数;λ 为每片绝缘子的泄漏距离,单位是 cm;U_N 为线路额定电压,单位是 kV。因此,绝缘子的个数应为

$$n \geqslant S\frac{U_N}{\lambda} \tag{5-2}$$

表 5-1　泄漏比距规定值

污秽等级	污秽情况	泄漏比距 $S/(\text{cm} \cdot \text{kV}^{-1})$
0 级	大气清洁地区及离海岸盐场 50 km 以上无明显污秽地区	1.60
1 级	大气轻度污染地区、工业区和人口低密度集区,离海岸盐场 10~50 km,在污闪季节中干燥少雾(含毛毛雨)或雨量较多时	1.60~2.0

污秽等级	污秽情况	泄漏比距 $S/(\text{cm} \cdot \text{kV}^{-1})$
2 级	大气中度污染地区、轻盐碱和炉烟污秽地区,离海岸盐场 3～10 km,在污闪季节中潮湿多雾(含毛毛雨)但雨量较少时	2.0～2.5
3 级	大气污染较严重地区、重雾和重盐碱地区,近海岸盐场 1～3 km,工业区和人口密度较大集区,离化学污染源和炉烟污秽 0.3～1.5 km 的较严重污秽地区	2.50～3.20
4 级	大气污染特别严重地区,离海岸盐场 1 km 以内,离化学污染源和炉烟污秽 0.3 km 以内地区	3.20～3.80

(2) 实际线路直杆塔采用绝缘子串的片数

综合考虑工作电压下泄漏比距的要求、内部过电压下湿闪的要求、大气过电压下耐雷水平的要求,绝缘子串片数取值见表 5 - 2。

对于高杆塔还要考虑防雷的要求,应适当增加绝缘子片数。全高超过 40 m 有避雷线的杆塔,高度每增加 10 m 应增加 1 片绝缘子。全高超过 100 m 的杆塔,绝缘子数量可根据计算结合运行经验来确定。

表 5 - 2　绝缘子串片数取值

线路额定电压/kV	35	66	110	154	220	330	500
中性点接地方式	不直接接地		直接接地				
每串片数	3	5	7	9	13	19	28

(3) 耐张杆塔的绝缘子串片数

耐张杆塔绝缘子串的片数应比直杆的同型绝缘子多 1 片。

5.2.4　避雷线

避雷线架设在架空线路的上方,在雷雨天气中,将雷电吸引到自身上来,并将雷电流安全引入大地,从而达到保护架空线路免受雷击的目的。由于避雷线既是架空,又要接地,因此又称为架空地线。避雷线的主要功能有:

① 减少了雷电直击导线的机会,降低了线路绝缘承受的雷电过电压幅值。

② 对导线有耦合作用。当雷击塔顶或地线时,由于耦合,导线电位将抬高,并且可使绝缘子串上的电压降低。

③ 对导线有屏蔽作用,降低导线上的感应过电压。

④ 架空地线经过适当改装还可兼用作通信通道,如已研制出的光纤复合架空地线具有避雷、通信等多种功能。

5.2.5　横担、拉线和金具

1. 横　担

横担安装在电杆的上部,用于固定绝缘子,使固定在绝缘子上的导线保持足够的电气间距,能够防止风吹摆动造成导线之间的短路。横担有木横担、铁横担和瓷横担,使用较普遍的为铁横担和瓷横担。铁横担由角钢制成,机械强度高,应用广泛。瓷横担兼有横担和绝缘子的双重作用,能节约钢材并提高线路绝缘水平,但机械强度较低,一般仅用于较小截面导线的架空线路。

横担的长度取决于线路电压的高低、档距的大小、安装方式和使用地点,主要是保证在最不利条件下(如最大弧垂时受风吹动)导线之间的绝缘要求。横担在电杆上的安装位置应为:直线杆安装在负荷一侧;转角杆、终端杆应安装在所受张力的反方向;耐张杆安装在电杆的两侧。

2. 拉 线

拉线是架空线路不可缺少的一个组成部分,用于平衡导线的不平衡张力。它主要设置在终端杆、转角杆、分支杆及耐张杆等处,用于减少杆塔的受力强度,平衡不平衡张力,使杆塔受力均匀,防止电杆倾斜、倒杆或导线拉断事故。在土质松软或地形陡峭的线路需加固杆塔的基础,设置拉线,以提高杆塔的稳定性,防止电杆受侧向风力影响而发生倾斜。拉线一般采用镀锌钢绞线,截面积不应小于 $25~mm^2$,依靠花篮螺钉来调节拉力,如图 5 – 11 所示。

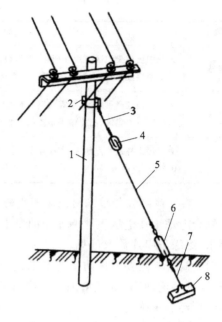

1—电杆;2—拉线抱箍;3—上把;4—拉线绝缘子;
5—腰把;6—花篮螺钉;7—底把;8—拉线底盘
图 5 – 11 拉线的结构

3. 金 具

金具是指用来连接导线、拉线、安装横担和绝缘子的金属部件。常用的线路金具如图 5 – 12 所示,有安装针式绝缘子的直、弯脚,安装蝶式绝缘子的穿心螺栓,固定横担的 U 形抱箍,调节拉线松紧的索具螺旋扣等。

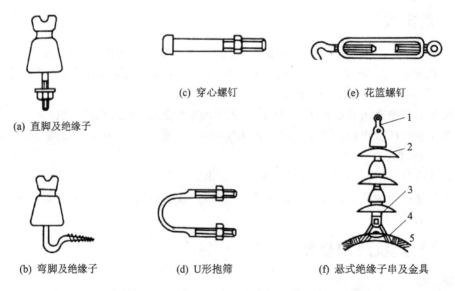

(a) 直脚及绝缘子 (c) 穿心螺钉 (e) 花篮螺钉
(b) 弯脚及绝缘子 (d) U形抱箍 (f) 悬式绝缘子串及金具

1—球形挂环;2—绝缘子;3—碗头挂板;4—悬垂线夹;5—导线
图 5 – 12 线路常用金具

5.2.6　架空线路的敷设

1. 架空线路敷设要求及路径选择

敷设架空线路,要严格遵守有关技术规程的规定。整个施工过程中,需采取有效的安全措施,要注意人身安全,防止发生事故。竣工以后,要按照规定的手续和要求进行检查和验收,确保工程质量。

线路敷设路径的选择,应在充分调查研究的基础上,尽量少占耕地,综合考虑运行、施工、交通条件和路径长度等因素,认真与有关单位协商,根据统筹兼顾、合理安排的原则,进行方案技术经济比较,确定出最佳的方案。

线路路径选择的基本原则是:

① 路径尽量选短,转角少,特殊跨越少。

② 应避开洼地、冲刷地带、不良地质地区以及影响线路安全运行的其他地区。

③ 便于施工、便于运行、便于检修。

④ 尽量减少线路沿线对各种通信线路、弱电设备、各种用途调频台以及机场等的影响。

⑤ 市区及用户内部的架空线路的路径,应与城市总体规划及工程项目的总体设计相结合,路径走廊位置应与各种管线和设施统一安排。

2. 导线在电杆上的排列方式

三相四线制低压架空线路的导线,一般都采用水平排列,如图 5 - 13(a)所示。电杆上的零线应靠近电杆,如线路附近有建筑物,应尽量设在靠近建筑物侧。零线不应高于相线,路灯线不应高于其他相线和零线。

三相三线制架空线路的导线,可采用三角形排列,如图 5 - 13(b)、(c)所示;也可采用水平排列,如图 5 - 13(f)所示。

多回路导线同杆架设时,可采用三角形与水平混合排列,如图 5 - 13(d)所示,也可全部采用垂直排列,如图 5 - 13(e)所示。

高压配电线路与低压配电线路同杆架设时,低压配电线路应架设在下方。仅有低压线路时,广播通信线在最下方。

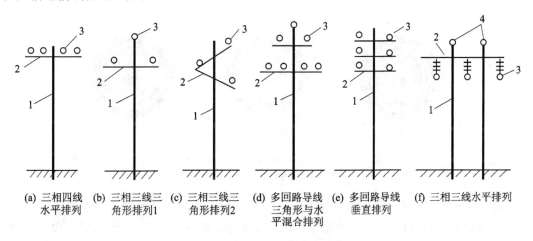

(a) 三相四线水平排列　(b) 三相三线三角形排列1　(c) 三相三线三角形排列2　(d) 多回路导线三角形与水平混合排列　(e) 多回路导线垂直排列　(f) 三相三线水平排列

1—电杆;2—横担;3—导线;4—接闪线

图 5 - 13　导线在电杆上的排列方式

5.3　电缆线路的结构

电力电缆主要用于城区、国防工程和变电站等必须采用地下输电的场合,一般敷设在地下的廊道内,其作用是传输和分配电能。电缆线路的结构主要由电缆、电缆接头与封端头、电缆支架与电缆夹等组成。与架空线路相比,它可以直接埋在地下及敷设在电缆沟、电缆隧道中,也可以敷设在水中或海底,具有防潮、防腐、防损伤、不占地面、不占用空中走廊、不妨碍观瞻等优点,基本不受外力和气象条件影响,运行安全可靠,所以得到广泛应用。但是,电缆线路具有造价高、敷设麻烦、维护检修不便、难以发现和排除故障等缺点,故使用上应加以重视。

5.3.1　电缆的结构

电力电缆的结构主要包括导体、绝缘层和保护包皮 3 部分。常用电缆的构造示意如图 5-14 所示。

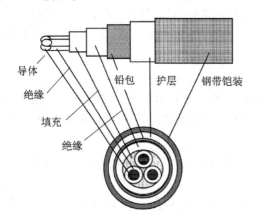

图 5-14　常用电缆的构造

电力电缆导体一般由铝芯或铜芯的多股导线绞合而成,以增加电缆的可挠性。根据电缆中导体数目的不同,分为单芯、双芯、三芯、四芯 4 种。线芯的截面形状有圆形、半圆形、扇形和中空圆形等几种。圆形截面具有稳定性好、表面电场均匀、制造工艺简单的优点,一般用于电压为 1~6 kV 的小截面电缆。扇形截面具有紧凑性好、电缆外径较小的特点,节约了绝缘层与保护层的材料,同时散热也比较好。扇形截面电缆与同截面圆芯电缆比较,电缆总外径可减小 8%~15%,重量减轻 10%~18%,成本降低 10%~15%。因此在三芯或四芯电缆中广泛采用扇形,如图 5-15 所示。

(a) 双 芯　　　　(b) 三 芯　　　　(c) 四 芯

1—芯线;2—芯绝缘;3—带绝缘;4—铅层
图 5-15　扇形电缆

电缆的绝缘层用来使导体与导体间以及导体与包皮之间保持绝缘。通常电缆的绝缘层包括芯绝缘与带绝缘两部分。芯绝缘层指包裹导体芯体的绝缘部分,带绝缘层指包裹全部导体的绝缘部分。绝缘层所用的材料有油浸纸、橡胶、聚乙烯、交联聚乙烯等。

电缆的保护层的作用是避免电缆受到机械损伤,防止绝缘受潮和绝缘油流出。聚氯乙烯绝缘电缆和交联聚乙烯电缆的保护层是采用聚乙烯护套做成的。油浸纸绝缘电力电缆的保护层分为内保护层和外保护层。内保护层主要用于防止绝缘受潮和漏油,内保护层必须严格密封。外保护层主要用于保护内保护层不受外界的机械损伤和化学腐蚀。

5.3.2　电缆的型号及分类

1. 电缆的型号

电力电缆全型号表示如图 5-16 所示,其字母含义如表 5-3 所列。

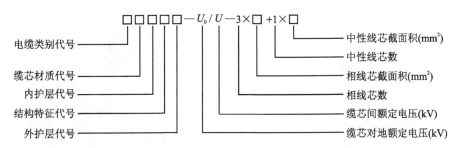

图 5-16　电缆全型号表示

表 5-3　电缆的型号及字母含义

分类及用途代号	K—控制电缆(无 K 为电力电缆),P—信号电缆,YH—电焊机用,YD—探照灯用,Y—移动电器,N—农用
绝缘代号	Z—纸绝缘,X—橡皮绝缘,V—聚氯乙烯
导体代号	T—铜,L—铝
内护层代号	Q—铅包,L—铝包,H—橡套,HF—非燃性橡套,V—聚氯乙烯护套
派生代号	P—干绝缘,F—分相铅包,C—滤尘器用,D—不滴流
外护层代号	1—麻被护层,2—钢带铠装麻被护层,20—裸钢带铠装,3—细钢丝铠装麻被护层,30—裸细钢丝铠装,5—粗细钢丝铠装麻被护层

注:导线材料为铜(T)时一般不写。

例如,铝芯纸绝缘铅包裸钢带铠装干绝缘电力电缆的型号表示为 ZLQP20,其中 Z 代表纸绝缘,L 代表铝芯,Q 代表铅包,P 代表干绝缘,20 代表裸钢带铠装。

2. 电缆的分类

电力电缆的种类繁多,一般按照其绝缘物质构成的不同可分为如下几类。

(1) 油浸纸绝缘电缆

油浸纸绝缘电缆具有电气绝缘性能好、耐热能力强、稳定性高和使用年限长等优点,已在 35 kV 及以下电压等级中被广为应用。油浸纸绝缘电缆又可分为黏性浸渍纸绝缘电缆和不滴流浸渍纸绝缘电缆两种。黏性浸渍纸绝缘电缆内部的浸渍剂易流淌,不宜做高落差敷设;不滴流浸渍纸绝缘电缆内部的浸渍剂在工作温度下不滴流,故可做较高落差敷设。油浸纸绝缘铅(铝)包钢带铠装电缆结构如图 5-17 所示。

(2) 聚氯乙烯绝缘电缆

聚氯乙烯绝缘电缆的电气与耐水、耐腐蚀等性能好,且无油,电缆头制作简便,敷设不受高差限制。但其耐热性能较差,载流量较小,且介损系数较大,在交变强电场作用下易老化,故使用电压不超过 6 kV,在较低电压且小截面范围内具有技术经济优势。

（3）交联聚氯乙烯绝缘电缆

交联聚乙烯是利用化学或物理方法,使聚乙烯分子由原来直接链状结构变为三度空间网状结构。交联聚乙烯除保持了聚乙烯的优良性能外,还克服了聚乙烯耐热性差、热变形大、耐药物腐蚀性差、内应力开裂等方面的缺陷。但交联聚乙烯对紫外线照射较敏感,通常采用聚氯乙烯绝缘护套。在一般工程中,在室内正常条件下,可优先选用交联聚氯乙烯绝缘电力电缆。交联聚氯乙烯绝缘电缆结构如图 5 - 18 所示。

1—主芯线;2—纸带;3—充填物;
4—统包绝缘;5—内护层;
6—沥青纸;7—黄麻层;
8—钢带铠装层

图 5 - 17　油浸纸绝缘铅(铝)
包钢带铠装电缆结构

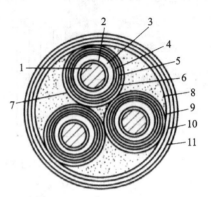

1—导电芯线;2—半导体层;
3—交联聚乙烯绝缘;4—半导体层;
5—钢带;6—标志带;7、9—塑料带;
8—纤维充填材料;10—钢带铠装;
11—聚氯乙烯绝缘护套

图 5 - 18　交联聚氯乙烯绝缘电缆结构

5.3.3　电缆接头与电缆终端头

电缆敷设完毕以后,必须将各段连接起来,使之成为一个连续的线路。这些起到连接作用的接点叫做电缆接头。一条电缆线路首端或末端用一个盒子来保护电缆芯的绝缘,并把内导线与外面的电气设备相连接,这个盒子叫电缆终端头。

电缆出厂时,两端都是密封的,安装使用时电缆与电缆的连接、电缆与设备的连接都要把电缆芯剥开,这就完全破坏了电缆的密封性能。电缆接头和电缆终端头不但起到电气连接作用,其另一个主要作用就是把电缆连接处密封起来,以保持原有的绝缘水平,使其能安全可靠地运行。

运行经验表明,电缆头是电缆线路中的最薄弱环节,电缆线路的大部分故障都发生在电缆接头处。因此电缆头的安装质量十分重要,密封要好,其耐压强度不应低于电缆本身的耐压强度,要有足够的机械强度,且体积尺寸尽可能小,结构简单,安装方便。

5.3.4　电缆的敷设

1. 电缆敷设路径的选择

在选择电缆的敷设路径时,应选择最安全的路径,尽可能保证电缆不受机械损伤、化学腐蚀、地中电流等的伤害;尽量避免和减少穿越地下管道、公路、铁路及通信电缆等;应避开场地规划中的施工用地或建设用地;在满足安全条件下,应使电缆路径最短。

2. 电缆的敷设方式

常见的电缆敷设方式有以下几种。

（1）电缆直埋敷设

电缆直埋敷设如图 5 - 19 所示，沿选定的线路
开挖壕沟，把电缆埋敷在里面，电缆周围填入砂土，
加盖保护板。电缆直埋敷设具有施工简便、投资
省、散热良好等优点；但是检修、更换不便、安全性
较差，电缆易受机械损伤、化学腐蚀。直埋敷设现
在一般不作为电缆永久性敷设方式，只作临时过渡
线路。电缆数量少且敷设线路较长的供配电环网，
也可以采用直埋的形式。

（2）电缆沟敷设

如图 5 - 20 所示，电缆沟由砖砌成或混凝土浇
注而成，上加盖板，内侧有电缆支架，电缆敷设在电
缆沟的电缆支架上。此敷设方式投资稍高，但检修
方便，占地面积少，所以在配电系统中应用很广泛。

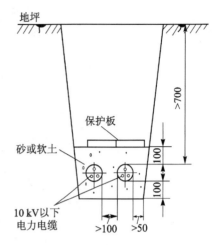

图 5 - 19　电缆直埋敷设

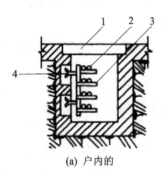

(a) 户内的

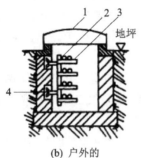

(b) 户外的

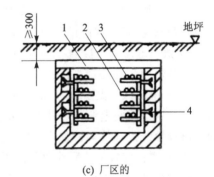

(c) 厂区的

1—盖板；2—电缆；3—电缆支架；4—预埋铁件

图 5 - 20　电缆沟

（3）电缆架空敷设

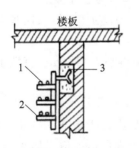

1—电缆；2—支架；3—预埋铁件

图 5 - 21　电缆沿墙敷设

电缆架空敷设是采用专用卡子、帆布带或铁钩等，将电缆吊
挂在镀锌钢绞线上。电缆沿墙敷设是采用扁铁或钢筋制作的电
缆钩将电缆吊挂于建筑物的墙壁上或梁、柱上，如图 5 - 21 所示。
这种敷设方式结构简单，宜于解决电缆与其他管线的交叉问题，
维护检修方便，但容易积灰和受热力管道的影响。

（4）电缆桥架布线

电缆桥架布线适用于电缆数量较多或较集中的场所。电缆
桥架型式有金属托盘（无孔、有孔）和金属梯架。需屏蔽外部的电
气干扰时，应选用无孔金属托盘加实体盖板；在有易燃粉尘的场
所，宜选用梯架，最上一层桥架应设置实体盖板；高温、腐蚀性液
体或油的溅落等需防护的场所，宜选用托盘，最上一层桥架应设置实体盖板；需因地制宜组装

时,可选用组装式托盘;除上述情况外,宜选用梯架。电缆梯架结构如图 5-22 所示。

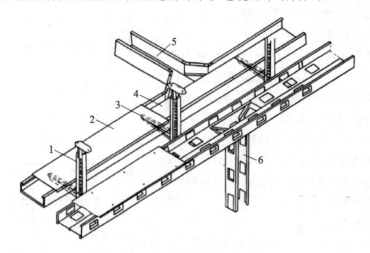

1—支架;2—盖板;3—支臂;4—线槽;5—水平分支线槽;6—垂直分支线槽

图 5-22　电缆梯架

3. 电缆敷设的一般要求

敷设电缆时应严格遵守有关技术规程的规定和设计要求。竣工之后,要按规定的要求进行检查和试验,确保线路的质量。部分重要的技术要求如下:

① 敷设电缆前,电缆线路通过的建筑结构应施工完毕。应检查电缆沟及隧道等土建部分转弯处的弯曲半径是否符合要求。

② 冬季及低气温敷设时,电缆的纸绝缘或塑料绝缘在低温下将变硬,不易弯曲,易损坏,因此应采取措施将电缆预热升温后才能敷设。预热升温通常采用提高周围空气温度和用电流通过电缆导线来加热两种方法。

③ 电缆长度宜按实际线路长度增加 1.5%～2% 的裕量,以作为安装、检修时的备用。直埋电缆应作波浪形埋设。

④ 下列场合的非铠装电缆应穿管保护:电缆引入或引出建筑物或构筑物;电缆穿过楼板及主要墙壁处;从电缆沟道引出至电杆、或沿墙敷设的电缆距地面 2 m 以下及地下 0.3 m 深度的一段;电缆与道路、铁路交叉的一段。

⑤ 电缆不允许在煤气管、天然气管及液体燃料管的沟道中敷设,一般也不要在热力管道的明沟或隧道中敷设。少数电缆允许敷设在水管或通风管道的明沟或隧道中,但与这些沟道交叉、间距应符合相应的规程标准。

⑥ 直埋电缆埋地深度不得小于 0.7 m,其壕沟离建筑物基础不得小于 0.6 m。直埋于冻土地区时,宜埋在冻土层以下。

⑦ 电缆的金属外皮和金属电缆头及保护钢管和金属支架等,均应可靠接地。

⑧ 户外电缆沟的盖板应高出地面(但注意厂区户外电缆沟盖板应低于地面 0.3 m,上面铺以沙子或碎土),户内电缆沟的盖板应与地板平。电缆沟从厂区进入厂房处应设防火隔板,沟底应有不小于 0.5% 的排水坡度。

5.4　导线截面的选择

导线截面的选择对配电网技术、经济性能影响很大,在选择导线截面时,既要保证供电的安全可靠,又要充分利用导线的负荷能力。因此,要综合考虑技术、经济效益来选择合理的导线截面积。

5.4.1　导线截面选择的原则

1. 按经济电流密度选择

从节约能耗的角度考虑,希望导线的截面越大越好,导线截面越大,阻抗越小,导线上的能量损耗也就越低。但从经济性的角度考虑,希望导线截面小一些好,导线截面越小,有色金属消耗越少,投资和维护费用越低。解决这一矛盾的办法就是采用经济截面。按经济电流密度选择导线截面,能使线路的年运行费用接近最低。

2. 按长时允许电流选择

电流通过导线时会发热而使其温度升高。当通过的电流超过导线的长时允许电流时,过高的温度会使绝缘导线和电缆的绝缘老化加速,甚至烧毁,也会使导线接头处氧化加剧,甚至烧断。另一方面,为了充分利用导线的负荷能力,避免有色金属的浪费,通过导线的电流又不能太小。因此,应按导线的长时允许电流选择其截面。

3. 按正常运行允许电压损失选择

由于线路存在电阻和电抗,电流通过时会产生电压损失。当电压损失过大时,将严重影响用电设备的正常运行。因此,应按电网允许的电压损失选择导线的截面。

4. 按机械强度条件选择

对架空线路而言,其最小允许截面应满足表 5-4 的规定,以防止架空线受机械损伤、自然灾害条件等影响发生断线。对电缆不必校验其机械强度。

表 5-4　架空导线按机械强度要求的最小允许截面　　　　　　　　　　mm²

导线材料种类	6~35 kV 架空线		1 kV 以下线路
	居民区	非居民区	
铝及铝合金绞线	35	25	16
钢芯铝绞线	25	16	16
铜　线	16	16	10

注:与各种工程交叉施工时,铝及铝合金最小截面为 35 mm²,其他不小于 16 mm²。

根据导线截面选择的基本原则,在导线截面选择时要针对不同的电力网特点,灵活运用技术经济条件,合理选择。

① 区域电力网。这种电力网的特点是电压等级高,线路较长,输送容量与最大负荷利用小时数都较大,首先应按经济电流密度初选,然后按电晕电压校验和热稳定校验来确定。

② 地方电力网。由于电压较低且调压困难,因此这种电力网中的导线截面按电压损失为首要条件来选择,再校验其他条件。

③ 低压配电网。由于线路较短,低压损失较易满足,这种电力网中的导线截面主要按热稳定和机械强度来决定。

5.4.2　架空电力线路截面选择计算

1. 按经济电流密度选择

导线截面大时线路损耗小，但初期投资增加。为了降低投资、折旧及利息费用，则希望截面积越小越好，但必须保证供电质量和安全。导线截面大小与电网的运行费用有密切关系，按经济电流密度选择导线截面可使年综合费用最低，年综合费用包括电流通过导体所产生的年电能损耗费、导线投资、折旧费和利息等。综合这些因素，使年综合费用最小时所对应的导线截面称为经济截面 A_{ec}，对应于该截面所通过的线路电流密度叫经济电流密度 J_{ec}。我国现行的经济电流密度如表 5-5 所列。

表 5-5　我国现行的经济电流密度　　　　　　　　　　　　　A/mm²

导体材料	T_{max}/h	1 000~3 000	3 000~5 000	5 000 以上
裸导体	铜	3	2.25	1.75
	铝（钢芯铝线）	1.65	1.15	0.90
	钢	0.45	0.40	0.35
铜芯纸绝缘电缆、橡皮绝缘电缆		2.5	2.25	2
铝芯电缆		1.92	1.73	1.54

经济电流密度与最大负荷小时数 T_{max} 有关。按经济电流密度选择导线截面应先确定 T_{max}，然后根据导线材料查出对应的经济电流密度 J_{ec}，再按线路最大长时负荷电流 $I_{lo.m}$（设计阶段用计算电流 I_{30}）由下式求出经济截面 A_{ec}（单位是 mm²）：

$$A_{ec} = \frac{I_{30}}{J_{ec}} \tag{5-3}$$

选取等于或稍小于 A_{ec} 的标准截面 A_l，即

$$A_l \leqslant A_{ec} \tag{5-4}$$

2. 按长时允许电流选择导线截面

当导线通过的电流超过其允许通过的电流时，将使导线过热，严重时会引起火灾和其他事故。因此，选择导线截面应使导线的长时允许电流 I_{al} 大于线路长时最大长时工作电流 $I_{lo.m}$，即

$$I_{al} \geqslant I_{lo.m} \tag{5-5}$$

表 5-6 为环境温度 25 ℃（标准温度）下的导线长时允许载流量，当环境温度为 θ_0' 时，导线的长时允许载流量应按下式进行修正：

$$I_{al}' \geqslant \sqrt{\frac{\theta_m - \theta_0'}{\theta_m - \theta_0}}\, I_{al} = K_\theta I_{al} \tag{5-6}$$

式中，I_{al}' 指环境温度为 θ_0' 时的长时允许电流，单位是 A；I_{al} 环境温度为 θ_0 时的长时允许电流，单位是 A；θ_0' 为实际环境温度，单位是℃；θ_0 为标准环境温度，一般为 25 ℃；θ_m 为导线最高允许温度，单位是℃；K_θ 为电流修正系数。

表5-6　裸导线的长时允许电流

铜　线			铝　线			钢芯铝线	
导线型号	长时允许电流/A		导线型号	长时允许电流/A		导线型号	室外长时允许电流/A
	室内	室外		室内	室外		
TJ-4	50	25	LJ-16	105	80	LGJ-16	105
TJ-6	70	35	LJ-25	135	110	LGJ-25	135
TJ-10	95	60	LJ-35	170	135	LGJ-35	170
TJ-16	130	100	LJ-50	215	170	LGJ-50	220
TJ-25	180	140	LJ-70	265	215	LGJ-70	275
TJ-35	220	175	LJ-95	325	260	LGJ-95	335
TJ-50	270	220	LJ-120	375	310	LGJ-120	380
TJ-70	340	280	LJ-150	440	370	LGJ-150	445
TJ-95	415	340	LJ-185	500	425	LGJ-185	515
TJ-120	485	405	LJ-240	610	—	LGJ-240	610
TJ-150	570	480	—	—	—	LGJ-300	700

注：环境温度为25 ℃，导线最高允许温度70 ℃。

3. 按允许电压损失选择导线截面

要保证设备的正常运行，必须根据线路的允许电压损失来选择导线截面。线路的电压损失是指线路始、末两端电压的有效值之差，以 ΔU 表示，则

$$\Delta U = U_1 - U_2 \tag{5-7}$$

如果以百分数表示，则

$$\Delta U_\% = \frac{U_1 - U_2}{U_N} \times 100\% \tag{5-8}$$

在选择导线截面时，实际电压损失 $\Delta U_\%$ 不超过允许电压损失 $\Delta U_{al,\%}$，即

$$\Delta U_\% \leqslant \Delta U_{al,\%} \tag{5-9}$$

为了保证供电质量，对各类电力网规定了最大允许电压损失，见表5-7。

表5-7　电力网最大允许电压损失百分数

电网种类及运行状态	$\Delta U_{al,\%}$	备　注
① 室内低压配电线路	1～25	
② 室外低压配电线路	3.5～5	
③ 厂内部供给照明与动力的低压线路	3～5	①、②两项之和不大于6%；
④ 正常运行的高压配电线路	3～6	④、⑥两项之和不大于10%
⑤ 故障运行的高压配电线路	6～12	
⑥ 正常运行的高压输电线路	5～8	
⑦ 故障运行的高压输电线路	10～12	

线路的电压损失计算如下：

（1）终端负荷电压损失计算

如图5-23(a)所示，三相交流线路终端有一集中负荷，且各相负荷平衡，$\dot{U}_1$ 为始端电压，

$\dot{U}_2$ 为终端电压。以 $\dot{U}_2$ 为基准,作出某一相的电压相量图,如图 5－23(b)所示。

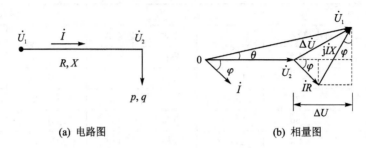

(a) 电路图　　　　　　　　　　　　　　(b) 相量图

图 5－23　终端负荷线路及相量图

其中,

$$\Delta\dot{U}=\dot{U}_1-\dot{U}_2 \tag{5-10}$$

一相线路的电压损失为

$$\Delta U = IR\cos\varphi + IX\sin\varphi \tag{5-11}$$

则三相对称系统的线电压损失为

$$\Delta U = \sqrt{3}\,I(R\cos\varphi + X\sin\varphi) \tag{5-12}$$

式中,I 为负荷电流,单位是 A;R 为线路相电阻,单位是 Ω;X 为线路相电抗,单位是 Ω;φ 为负荷的功率因数角。用功率表示电压损失为

$$\Delta U = \frac{PR+QX}{U_N} = \frac{l}{U_N}(Pr_0 + Qx_0) \tag{5-13}$$

式中,P 为负荷的有功功率,单位是 kW;Q 为负荷的无功功率,单位是 kvar;U_N 为线路额定电压,单位是 kV;l 为线路长度,单位是 km;r_0、x_0 分别为线路单位长度的电阻和电抗,单位是 Ω/km。LJ 型导线的电阻和电抗值见表 5－8。

表 5－8　LJ 型导线的电阻和电抗

导线型号	LJ－16	LJ－25	LJ－35	LJ－50	LJ－70	LJ－95	LJ－120	LJ－150	LJ－185	LJ－240
电阻 /(Ω·km⁻¹)	1.98	1.28	0.92	0.64	0.46	0.34	0.27	0.21	0.17	0.132
几何均距/m	导线电抗/(Ω·km⁻¹)									
0.6	—	0.345	0.336	0.325	0.312	0.302	0.295	0.288	0.281	0.273
0.8	0.377	0.363	0.352	0.341	0.330	0.320	0.313	0.305	0.299	0.291
1.0	0.391	0.370	0.366	0.355	0.344	0.334	0.327	0.319	0.313	0.305
1.25	0.405	0.391	0.380	0.369	0.358	0.348	0.341	0.333	0.327	0.319
1.50	0.416	0.402	0.391	0.380	0.370	0.360	0.352	0.345	0.339	0.330
2.00	0.434	0.421	0.410	0.398	0.388	0.378	0.371	0.363	0.356	0.348
2.50	0.448	0.435	0.424	0.413	0.399	0.390	0.382	0.377	0.371	0.362
3.00	0.459	0.488	0.435	0.423	0.410	0.401	0.393	0.388	0.382	0.374
3.50	—	—	−0.445	−0.433	−0.420	−0.411	−0.403	0.398	0.392	0.383
4.00	—	—	0.453	0.441	0.428	0.419	0.411	0.406	0.400	0.392

（2）分布负荷电压损失计算

分布负荷是指一条线路沿途接有许多负荷，如图 5-24 所示。

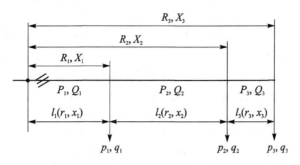

图 5-24　分布负荷的线路参数与负荷分布

其电压损失可根据叠加原理进行计算，电压损失计算式为

$$\Delta U = \frac{1}{U_N} \sum_{i=1}^{n} (p_i R + q_i X) = \frac{1}{U_N} \sum_{i=1}^{n} (P_i r_i + Q_i x_i) \tag{5-14}$$

式中，p_i、q_i 分别为各分布负荷的有功及无功功率；P_i、Q_i 分别为各线段上负荷的有功及无功功率；R_i、X_i 分别为电源至各负荷的线路电阻及电抗；r_i、x_i 分别为各线段上的线路电阻及电抗。

（3）按允许电压损失选择导线截面

通过上述分析可知，允许电压损失是有功功率在电阻上的损失与无功功率在电抗上的损失之和，即

$$\Delta U_{al} = \Delta U_R + \Delta U_X \tag{5-15}$$

$$\left. \begin{array}{l} \Delta U_R = \dfrac{Pl}{U_N A_{al} \gamma} \\[4mm] \Delta U_X = \dfrac{Qlx_0}{U_N} \end{array} \right\} \tag{5-16}$$

式中，P、Q 分别为线路的有功功率和无功功率；l 为线路长度；A_{al} 为导线截面，单位是 mm^2；γ 为导线的导电率；x_0 为线路单位电抗，其随导线截面变化很小，可取其平均值：$0.35 \sim 0.4\ \Omega/km$；ΔU_R 为线路总的有功功率引起的电压损失，单位是 kV；ΔU_X 为线路总的无功功率引起的电压损失，单位是 kvar。

由式（5-16）可得导线截面积主要对 ΔU_R 有影响，故可求得导线截面为

$$A_{al} = \frac{Pl}{\Delta U_R U_N \gamma} \tag{5-17}$$

根据计算的 A_{al}，选取的标准截面 A 必须满足

$$A \geqslant A_{al} \tag{5-18}$$

4. 机械强度校验

架空导线按机械强度选择的最小允许截面见表 5-4。

5. 热稳定校验

按热稳定要求的导体最小截面为

$$A_{min} = I_\infty \frac{\sqrt{t_{ima}}}{C} \tag{5-19}$$

式中，I_∞ 为三相短路稳态电流；C 为导体的热稳定系数；t_{ima} 为假想时间。

计算可得到满足热稳定的导线最小截面积 $A_{\min}$。当所选导线截面积 $A \geqslant A_{\min}$ 时，导线短路时的温升就不会超过导线短时最高允许温度。

在校验过程中，若不满足上述技术条件中的某一条，则应按该技术条件决定导线截面积。

例 5 - 1　从变电站架一条 10 kV 的架空线路向 3 个负荷供电，最大负荷年利用小时数为 3 000～5 000 h，导线采用 LJ 线，线间几何间距为 1 m，线路长度及各负荷如图 5 - 25 所示。该地区最高环境温度为 40 ℃，试选择线路的导线截面（允许电压损失为 5%）。

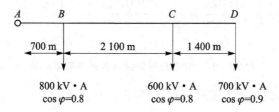

图 5 - 25　例 5 - 1 线路长度及各负荷示意图

解：a. 求线段中的有功及无功功率

$$p_1 = 800 \times 0.8 = 640 (\text{kW})$$
$$q_1 = 800 \times 0.6 = 480 (\text{kvar})$$
$$p_2 = 600 \times 0.8 = 480 (\text{kW})$$
$$q_2 = 600 \times 0.6 = 360 (\text{kvar})$$
$$p_3 = 700 \times 0.9 = 630 (\text{kW})$$
$$q_3 = 700 \times 0.436 = 305.2 (\text{kvar})$$

b. 计算各线段的平均功率因数及电流

根据平均功率的计算式 $\cos\varphi = \dfrac{\sum p}{\sqrt{\sum p^2 + \sum q^2}}$，则有：

AB 段的平均功率因数

$$\cos\varphi_{AB} = \frac{P_1 + P_2 + P_3}{\sqrt{(P_1 + P_2 + P_3)^2 + (Q_1 + Q_2 + Q_3)^2}} = 0.84$$

BC 段的平均功率因数

$$\cos\varphi_{BC} = \frac{P_2 + P_3}{\sqrt{(P_2 + P_3)^2 + (Q_2 + Q_3)^2}} \approx 0.86$$

根据负荷电流的计算式

$$I = \frac{\sum P}{\sqrt{3} U_N \cos\varphi}$$

分别求得各线段负荷电流为：

AB 段　　　　$$I_{AB} = \frac{1\,750}{\sqrt{3} \times 10 \times 0.84} = 120.28 (\text{A})$$

BC 段　　　　$$I_{BC} = \frac{1\,110}{\sqrt{3} \times 10 \times 0.86} = 74.52 (\text{A})$$

CD 段　　　　　　　　　　$I_{CD} = \dfrac{700}{\sqrt{3} \times 10 \times 0.9} = 44.91(\mathrm{A})$

c. 按经济电流密度选择导线截面

根据 $T_{max} = 3\,000 \sim 5\,000$ h,查表 5-5 得 LJ 的经济电流密度为 1.15 A/mm²。故各段按经济电流密度选择的导线截面如下:

AB 段　　　　　　$A_{AB} = \dfrac{I_{AB}}{J_{ec}} = \dfrac{120.28}{1.15} = 104.59(\mathrm{mm^2})$

选择标准截面为 95 mm² 的铝绞线 LJ-95。

BC 段　　　　　　$A_{BC} = \dfrac{I_{BC}}{J_{ec}} = \dfrac{74.52}{1.15} = 64.8(\mathrm{mm^2})$

选择标准截面为 50 mm² 的铝绞线 LJ-50。

CD 段　　　　　　$A_{CD} = \dfrac{I_{CD}}{J_{ec}} = \dfrac{44.91}{1.15} = 39.05(\mathrm{mm^2})$

选择标准截面为 35 mm² 的铝绞线 LJ-35。

d. 按长时允许电流选择导线截面

查表 5-6 得 LJ-95 为 260 A,LJ-50 为 170 A,LJ-35 为 135 A。因为该地区最高环境温度为 40 ℃,故应该进行修正:

$$K = \sqrt{\dfrac{\theta_m - \theta_0'}{\theta_m - \theta_0}} = \sqrt{\dfrac{70 - 40}{70 - 25}} = 0.82$$

修正后得各段导线允许电流值:LJ-95 为 213.2 A,LJ-50 为 139.4 A,LJ-35 为 110.7 A,均大于各段的负荷电流。

e. 按允许电压损失选择导线截面

查表 5-8 得各段导线单位长度的电阻与电抗,故

$$r_{AB} = 0.34 \times 0.7 = 0.238(\Omega), \quad x_{AB} = 0.334 \times 0.7 \approx 0.234(\Omega)$$
$$r_{BC} = 0.64 \times 2.1 = 1.344(\Omega), \quad x_{BC} = 0.355 \times 2.1 \approx 0.746(\Omega)$$
$$r_{CD} = 0.92 \times 1.4 = 1.288(\Omega), \quad x_{CD} = 0.366 \times 1.4 \approx 0.512(\Omega)$$

线路总的电压损失为

$$\Delta U = \Delta U_{AB} + \Delta U_{CB} + \Delta U_{CD} = \dfrac{\sum\limits_{i=1}^{n} P_i r_i + \sum\limits_{i=1}^{n} Q_i x_i}{U_N}$$

$$= \dfrac{152.32 + 645.12 + 811.44 + 112.32 + 268.56 + 156.26}{10}$$

$$\approx 214.6(\mathrm{V})$$

电压损失百分数为

$$\Delta U_{\%} = \dfrac{\Delta U}{U_N} \times 100\% = \dfrac{214.6}{10\,000} \times 100\% = 2.146\% < 5\%$$

f. 按机械强度校验

查表 5-4 得 10 kV 非居民区最小允许截面为 25 mm²,所选各段导线均符合规定。

5.4.3　电力电缆线芯截面选择计算

电力电缆是根据其结构类型、电压等级和经济电流密度来选择,并以其最大、正常运行情况下电压损失以及短路时的热稳定性进行校验。

1. 按经济电流密度选择电缆截面

根据高压电缆线路所带负荷的最大负荷年利用小时及电缆线芯材质,查出经济电流密度 J_{ec},然后计算正常运行时的最大负荷电流 I_{30},电缆的经济截面 A_{ec} 可按式(5-3)计算,但在按经济电流密度选出电缆截面后,还必须按最大长期允许工作电流校验。

2. 长期允许工作电流校验所选电缆截面

根据经济电流密度选择出标准电缆截面,查出其长时允许电流 I_{al},应不小于长时负荷电流 $I_{lo.m}$(设计阶段用计算电流 I_{30}),即

$$KI_{al} \geqslant I_{30} \qquad (5-20)$$

式中,I_{al} 为环境温度为 25 ℃时电缆长时允许电流,表5-9和表5-10给出两种电缆长时允许电流的数据;$K=K_1K_2K_3$ 为与环境温度、敷设方式及土壤热阻有关的综合修正系数,其中 K_1 为电缆温度的修正系数,K_2 为直埋时的土壤热阻率修正系数(见表5-11),K_3 为空气中多根并列敷设时载流量的修正系数(见表5-12)。

表5-9　油浸纸绝缘铅(铝)包铠装电力电缆的长时允许电流　　　　A

芯线截面 /mm²	6 kV,最高允许工作温度 65 ℃		10 kV,最高允许工作温度 60 ℃	
	铜芯	铝芯	铜芯	铝芯
3×10	60	48	—	—
3×16	80	60	75	60
3×25	110	85	100	80
3×35	135	100	125	95
3×50	165	125	155	120
3×70	200	155	190	145
3×95	245	190	230	180
3×120	285	220	265	205
3×150	330	255	305	235
3×185	380	295	355	270
3×240	450	345	420	320

注:环境温度为25 ℃。

表5-10　矿用软电缆的长时允许电流　　　　A

电缆型号	电缆芯线截面/mm²							
	4	6	10	16	25	35	50	70
1KU、UZ、U、UP、UC	36	46	64	85	113	138	173	215
UCP 型 6 kV,橡套软电缆	—	53	72	94	121	148	—	—

表 5 - 11　直埋时的土壤热阻率修正系数

芯线截面 /mm²	土壤热阻率/(℃ · cm · W⁻¹)				
	60	80	120	160	200
	载流量修正系数				
2.5~16	1.06	1.0	0.9	0.83	0.77
25~95	1.08	1.0	0.88	0.8	0.73
120~240	1.09	1.0	0.86	0.78	0.71

表 5 - 12　空气中多根并列敷设时载流量的修正系数

电缆之间的距离 （以电缆外径 d 为衡量单位）	并列电缆的数目/根				
	1	2	3	4	5
1d	1.0	0.9	0.85	0.82	0.8
2d	1.0	1.0	0.98	0.95	0.9
3d	1.0	1.0	1.0	0.98	0.96

按经济电流密度选择出的电缆,还应确定经济合理的电缆根数。一般情况下,电缆截面在 150 mm² 以下时,其经济根数为 1 根。当截面大于 150 mm² 时,其经济根数可按 $A/150$ 根确定。

应当指出,为了不损伤电缆的绝缘和保护层,电缆弯曲的曲率半径不应小于一定值。为此,一般避免采用芯线截面大于 185 mm² 的电缆。

3. 按允许电压损失选择电缆截面

由于电缆的电抗值较小,一般每千米约为 0.089,故计算电压损失时,只考虑导线电阻的影响,电抗值常忽略不计。

因此,对于终端负荷,电压损失为

$$\Delta U = \frac{Pl}{\gamma A_{al} U_N} \tag{5 - 21}$$

对于均一导线分布负荷,电压损失为

$$\Delta U = \frac{\sum_{i=1}^{n} P_i l_i}{\gamma A_{al} U_N} \tag{5 - 22}$$

正常运行时,电缆的电压损失不应大于额定电压的 5%。

4. 按短路电流校验电缆的热稳定性

满足热稳定要求的最小电缆截面为

$$A_{min} = I_\infty \frac{\sqrt{t_{ima}}}{C} \tag{5 - 23}$$

式中,I_∞ 为三相最大稳态短路电流,单位是 A;t_{ima} 为短路电流作用的假想时间,单位是 s;C 为热稳定系数,其值如表 5 - 13 所列。

表 5 - 13　各种电缆的热稳定系数

线芯材料	铅				铜					
线芯绝缘材料	短时最高允许温度/℃									
	120	150	175	200	120	150	175	200	230	250
油浸纸	75	87	93	95	120	120	130	—	—	165
聚氯乙稀	63	—	—	—	95	—	—	—	—	—
橡胶	75	87	—	188	100	120	—	145	—	—
交联聚乙烯	53	70	—	87	80	100	—	—	141	—

验算电缆热稳定的短路点按下列情况确定：

① 单根无中间接头电缆，选电缆末端短路；长度小于 200 m 的电缆，选电缆首端短路。

② 有中间接头电缆，短路点选择在第 1 个中间接头处。

③ 中间接头的并列连接电缆，短路点选择在并列点后。

例 5 - 2　某企业计算负荷为 3 700 kV·A，电压 10 kV，功率因数 cos φ＝0.85，电缆长度 950 m，向其供电的变电所最大短路容量为 95.4 MV·A，继电保护动作时间为 0.5 s。最大负荷年利用小时数为 3 000～5 000 h，试选择馈出电缆截面。

解：a. 确定电缆型号

可选择铝芯纸绝缘铅包钢丝铠装电缆。

b. 按经济电流密度选择电缆截面

$$I_{30}=\frac{S_{30}}{\sqrt{3}\,U_{\mathrm{N}}}=\frac{3\,700}{\sqrt{3}\times10}=213.62(\mathrm{A})$$

根据 $T_{\max}$＝3 000～5 000 h，查表 5 - 5 得其经济电流密度为 1.73 A/mm²。故

$$A_{\mathrm{ec}}=\frac{I_{30}}{J_{\mathrm{ec}}}=\frac{213.62}{1.73}=123.48(\mathrm{mm}^{2})$$

选择 ZLQD5 型 3×150 铝芯纸绝缘铅包钢丝铠装电力电缆。

c. 按长时允许电流校验所选截面

查表 5 - 9 得，10 kV 铝芯 3×150 电缆在空气中敷设时 I_{al}＝235 A，大于负荷电流 213.62 A，故所选截面符合要求。

d. 按电压损失校验

高压配电线路允许电压损失为 5%，故

$$\Delta U_{\mathrm{al}}=10\,000\times0.05=500(\mathrm{V})$$

而线路实际电压损失为

$$\Delta U=\frac{\sqrt{3}\,Il\cos\varphi}{\gamma A}=69.17(\mathrm{V})$$

故电压损失满足要求。

e. 按短路电流热稳定条件校验

三相最大稳态短路电流

$$I_{\infty}=\frac{S_{\mathrm{k}}}{\sqrt{3}\,U_{\mathrm{av}}}=\frac{95.4}{\sqrt{3}\times10.5}=5.25\ (\mathrm{kA})$$

短路电流作用的假想时间 $t_{\mathrm{ima}}=t_{\mathrm{k}}+t_{\mathrm{f}}$，取断路器动作时间为 0.2 s，对于无穷大系统取

$t_f=0.05$ s,则

$$t_k=0.5+0.2=0.7(s)$$
$$t_{ima}=0.7+0.05=0.75(s)$$

电缆最小热稳定截面

$$A_{min}=I_\infty\frac{\sqrt{t_{ima}}}{C}=5\,250\times\frac{\sqrt{0.75}}{95}=47.86(mm^2)$$

因 47.86 mm² <150 mm²,所以选用 ZLQD5-3×150 电缆满足企业要求。

5.5 电力线路的运行维护与检修

5.5.1 架空线路的运行维护

1. 一般要求

对配电网架空线路,一般要求定期(一月一次)巡视检查。对于发现的异常情况及时上报并请示处理。如遇天气异常及发生故障情况时,应增加巡视次数。

2. 巡视项目

巡视项目主要包括:

① 电杆有无倾斜、变形、腐朽、损坏及基础下沉等现象,拉线和板桩是否完好,绑扎线是否紧固可靠。

② 沿线路周围是否有危险建筑物,沿线地面是否有易燃易爆和强腐蚀性物品。

③ 线路与周边树枝间距是否合适,线路上是否有树枝、风筝等杂物悬挂。

④ 检查导线的温度是否超过允许的工作温度,导线接头是否接触良好,有无过热、严重氧化、腐蚀或断落现象。

⑤ 检查绝缘子及瓷横档是否清洁,有否破损及放电现象。

⑥ 其他危及线路安全运行及检修的异常情况。

5.5.2 电缆线路的运行维护

1. 一般要求

对电缆线路,一般要求每季进行一次巡视检查,对户外终端头,应每月检查一次。并应经常监视其发热及绝缘变化情况。对于发现的异常情况及时上报并请示处理。如遇大雨、洪水、地震等特殊情况及发生故障时,应临时增加巡视次数。

2. 巡视项目

巡视项目主要包括:

① 对敷设在地下的每一电缆线路,应查看路面是否正常,有无挖掘痕迹及路线标桩是否完整无缺等。

② 站内进行扩建施工期间,电缆线路上不应堆置瓦石、矿渣、建筑材料、笨重物件、酸碱性排泄物或砌堆石灰坑等。

③ 进入房屋的电缆沟口处不得有渗水现象。电缆隧道及电缆沟内不应积水或堆积杂物和易燃品,不许向隧道或沟内排水。

④ 检查电缆头及瓷套管有无破损和放电痕迹。对填充有电缆胶(油)的电缆头,还应检查

有无漏油溢胶现象。

⑤ 户外电缆头每 3 个月巡视一次,户内电缆头的巡视与检查可与其他设备同时进行。

5.5.3　运行中的电力电缆故障

1. 电缆故障产生的原因

电力电缆故障通常不是由于单一因素造成的,往往是由多个因素共同作用的结果。如若处理不当,会导致电气事故频繁发生,带来相当大的损害。通过分析和总结电力电缆各类故障特征,其产生原因主要分以下几种:

（1）机械损伤

机械损伤主要是电缆周围工程施工对电缆造成的外力损伤事故,使得电缆保护层、绝缘层破损或中间接头拉断等。机械损伤是造成电缆故障的首要原因,约占全部故障的 57%。此外,土地下沉、滑坡等也会引起过大拉力导致中间接头或电缆本体的断裂。

（2）过电压

大气过电压和内部过电压能使电缆绝缘所承受的电应力超过允许值而造成击穿。对实际故障进行分析表明,许多户外终端头的故障是由于大气过电压引起的,电缆本身的缺陷也会导致其在大气过电压时发生故障。

（3）绝缘受潮

电缆接头处绝缘受潮会导致电缆的绝缘强度下降从而引发电缆故障。绝缘受潮一般发生在排管或者直埋的电缆接头处,电缆制作工艺不良或者在潮湿的环境下做接头都会造成水分侵入,电缆护套有裂纹或被腐烛等。

（4）绝缘老化

电力电缆使用一定年限后,会出现绝缘强度下降或者介质损耗角增大而导致绝缘老化。随着老化程度的不断加剧,从而引起局部放电现象,最终的发展趋势都是绝缘层发生击穿。另外,温度长时间超过允许值将会引发一系列化学反应导致电缆绝缘强度下降,也会出现绝缘老化现象。

（5）产品质量缺陷

产品质量缺陷主要指电缆本体或附件的工艺制作未到达标准,如选材不够妥当,工艺程序不合理,机械强度不够等。质量的优劣直接影响到电缆线路的安全运行,劣质电缆极易出现故障,难以确保供配电系统的可靠运行。

2. 电缆故障的类别

电缆故障一般可以分为以下几类,如表 5-14 所列。

表 5-14　电缆故障性质的分类表

故障性质	R_f	发生频率
开路	∞	几乎不发生
短路(低阻)	$\leqslant 10Z_C$	低压电缆发生较多
高阻	$\geqslant 10Z_C$	80% 左右
闪络	∞	很少发生

（1）开路故障

开路故障时,电缆各相导体的绝缘电阻与正常阻值相差不多,但存在一段区间的导体不连续,导致工作电压不能传输至终端。断线是种典型的开路故障。

（2）低阻（短路）故障

电缆相间或者相对地绝缘受损,导致绝缘电阻远低于正常阻值,但导体的连续性良好。在电阻值低于 $10Z_C$（Z_C 为电缆线路的波阻抗）时,通常会认为电缆发生了低阻故障。电缆短路为常见的低阻故障。

（3）高阻故障

与低阻故障相对,电缆相间或者相对地绝缘受损,但绝缘电阻远高于正常阻值,导体连续性良好。高阻故障的阻值一般高于 $10Z_C$。

（4）闪络性故障

低电压时电缆绝缘良好,但电压升高到一定值或者在高压持续一段时间后,绝缘发生瞬间击穿的现象,这种现象称为闪络性故障。

5.5.4　电力电缆故障的诊断

电缆故障的检测一般要经过诊断、测距、定点三个步骤。

1. 诊断电缆故障的性质

电缆故障的性质有多种,确定了故障的性质,然后才能确定测寻故障的方法。

通常可根据故障时发生的现象初步判断故障的性质。例如,运行中的电缆故障时,若只有接地信号,则有可能是单相接地故障;有过流继电器动作,出现跳闸现象时,则可能发生了两相或三相短路或者是接地故障,也可能是发生了短路与接地的混合故障;如果短路或接地电流烧断线芯,则发生断路故障。

但以上判断还不能完全确定故障性质,还必须做测量绝缘电阻和导通试验来进一步确定。表 5-15 给出了一故障电缆线路的测量结果,据此结果可以分析出此故障是两相接地,三相电缆未发生断线。此故障点的状况如图 5-26 所示。

表 5-15　绝缘电阻的测量与导通试验

用万用表测量绝缘电阻/MΩ				用万用表做导通试验/Ω	
线芯之间		线芯与地之间			
AB	2 500	AE	2 500	AB	0
BC	8	BE	5	BC	0
CA	2 500	CE	3	CA	0

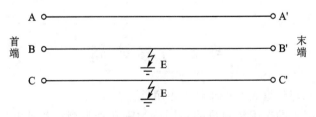

图 5-26　电缆故障状况

2. 短路故障的测寻

电缆运行中所发生的故障,高阻故障占 80% 以上。需要将高阻故障进行烧穿处理,使高阻变为低阻,以便使用电桥法或音频感应法进行测量。电缆故障点烧穿的方法有交流烧穿和直流烧穿两种。

3. 测量故障点的距离

电缆故障测距,又叫粗测,即测出故障点到电缆任一端的距离。然后按照故障测距的结果,根据电缆的路径走向,找出故障点的大概方位。粗测的方法有很多种,按基本原理归纳有两类:一类为电桥法,另一类为脉冲反射法。

（1）直流电桥法

直流电桥法是根据惠斯通电桥原理,将电缆故障点两侧的线芯电阻引入直流电桥,测量其比值。由测得的比值和电缆长度可算出测量端到故障点的距离。如图 5-27 所示,图中 R_A 是测量臂,R_B 是比例臂,R_l 是电缆全长的单芯电阻,R_x 是始端到故障点 g 的电阻。测得电阻 R_x 可算出始端到故障点的距离 x。

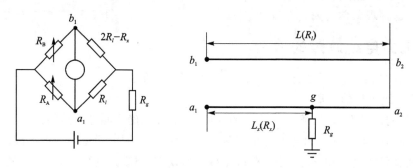

图 5-27　直流电桥测量原理

利用直流电桥法可以测寻单相低阻接地故障、两相短路或短路接地故障、三相短路或短路并接地故障等。

（2）脉冲反射法

脉冲反射法测量电缆故障,能较好地解决高阻和闪络性故障的探测,而且不必过多地依赖电缆长度、截面等原始材料,因而得到广泛的应用。脉冲反射法是根据电缆故障点电阻的高低,向故障电缆线芯施加不同的脉冲电压,脉冲电压以电波的形式在故障点与电缆终端头之间往返反射。在电缆的终端将电波记录下来,可根据电波波形求得电波往返反射的时间,进而再根据电波在电缆中传播的速度,计算出故障点到测试端的距离。

利用脉冲反射测量短路故障常用的方法有:低压脉冲法、高压脉冲法、冲击闪络法等。

近年来,国内外学者非常重视电缆故障的测寻,先后研究了许多方法,电缆故障诊断正在向智能化方向发展,研究者正在探索利用机器学习、人工智能的知识解决电缆故障诊断的问题。

习题与思考题

1. 架空线路由几部分组成? 每部分的作用是什么?

2. 电杆按在线路中的作用和地位的不同分为哪几种类型? 各种电杆有什么特点? 用于何处?

3. 档距、弧垂、导线的线间距离、横担长度与间距、电杆高度等参数相互之间有何联系和影响?

4. 指出下列导线型号的意义:LJ-120、LGJ-185/30、LGJQ-210/35、GJ-35。

5. 电力电缆的形式有几种？其型号及字母的含义是什么？

6. 电缆的基本结构是什么？电缆的敷设方法有哪些？

7. 电缆终端头与中间接头有何作用？如何制作？

8. 试比较架空线路与电缆线路的优缺点。

9. 什么是经济截面？如何按经济截面密度来选择导线和电缆截面？

10. 按经济电流密度选择导体截面积后，为何还必须按长期发热允许电流进行校验？

11. 电力线路(包括架空线路和电缆线路)的日常巡视主要应注意哪些问题？

12. 导致电力电缆故障的原因有哪些？

13. 某厂车间由 10 kV 架空线路供电，导线采用 LJ 型铝绞线，线间几何均距为 1 m，允许电压损失 5%，各车间的负荷及各段线路长度如图 5-28 所示。试选择架空线的导线截面。

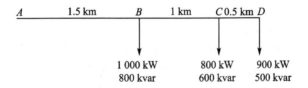

图 5-28 习题 13 图

14. 某企业的有功计算负荷为 2 000 kW，功率因数为 0.92。企业变电所与上级地区变电所距离为 2 km，拟采用一路 10 kV 电缆埋地敷设，环境温度为 20 ℃，允许电压损失为 5%。已知线路过电流保护动作时间为 0.5 s，断路器全开断时间为 0.05 s，该企业 10 kV 母线上的 I''_{k3}＝10 kA。试选择此电缆的型号与规格。

15. 某用户变电所装有一台 1 600 kV·A 的变压器，年最大负荷利用小时为 5 200 h，若该用户以 10 kV 交联聚氯乙烯绝缘铜芯电缆以直埋方式做进线供电，土壤热阻系数为 1.0 ℃·cm/W，地温最高为 25 ℃。试选择该电缆的截面。

第6章 供配电系统二次接线及自动装置

本章首先介绍供配电系统二次接线的基本概念及分类、二次接线图的绘制以及二次回路的操作电源；其次介绍断路器控制回路和信号回路以及变电站中央信号系统。本章所讲述的内容也是保证供电一次系统安全可靠运行的基本技术知识。

6.1 二次接线及其分类

二次接线又称二次回路，是将二次设备相互连接构成的电路，包括电气设备的测量回路、信号回路、保护回路、控制操作回路等。二次设备是指对一次设备进行测量、控制和保护的低压设备，包括测量仪表、信号装置、保护和控制装置、远动装置、操作电源、控制电缆等。二次接线对于实现变电站安全、优质和经济地运行以及电能的输配都具有极为重要的作用。随着变电站电压等级的提高及智能化的需求，电气控制正向数字化、自动化方向发展，二次接线显得越来越重要。

二次接线按照电源性质分为直流回路和交流回路。直流回路是由直流电源供电的控制、保护和信号回路。交流回路又分为交流电流回路和交流电压回路。交流电流回路由电流互感器供电，交流电压回路由电压互感器或所用变压器供电，构成测量、监视、信号、控制及保护等回路。

二次接线按照用途分为断路器控制回路、测量回路、信号回路、继电保护回路和自动装置回路等。

在供配电系统中，一次系统是主干，二次回路是辅助系统，其可靠运行才能保证一次电路安全、可靠、经济地运行。

6.2 二次接线图

二次接线图是用二次设备特定的图形符号和文字符号来表示二次设备相互连接情况的电气接线图。二次接线图的表示法有三种：原理接线图、展开接线图、安装接线图。它们的用途各不相同。

6.2.1 原理接线图

原理接线图（简称原理图）是用来表示测量仪表、继电保护和自动装置中各元件的电气联系及工作原理的电气回路图。在原理图中，有关的一次设备及回路同二次回路一起画出，所有的电气元件都以整体形式表示，且画有它们之间的连接回路。图 6-1 所示为某 10 kV 线路的过电流保护原理接线图。

由图 6-1 可见，KA1 和 KA2 为电流继电器，其线圈接于 A、C 相电流互感器的二次线圈回路中。当线路发生短路或过负荷时，流过电流继电器 KA1 或 KA2 的电流增大，当超过设定值时，两个电流继电器对应的触点闭合，时间继电器 KT 线圈接通。接着，时间继电器 KT 触

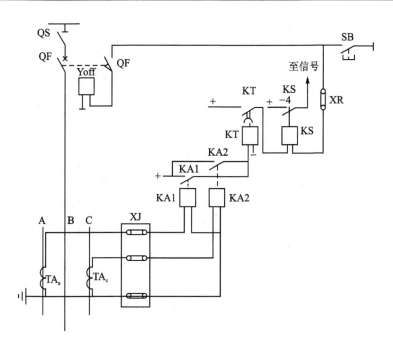

KA1、KA2—接于交流 A 相(第一相)和 C 相(第三相)的交流电流继电器;

KT—时间继电器;KS—信号继电器;Yoff—断路器 QF 的跳闸线圈;

XJ—测试插孔;XB—连接片;SB—断路器跳闸试验按钮

图 6 - 1　10 kV 线路过电流保护原理接线图

点经过延时后闭合,这样接通了控制回路,脱扣器 Yoff 动作,QF 跳闸。同时 KS 发跳闸信号,通知值班人员保护装置的动作信息。

原理接线图的优点是用统一的图形和文字符号,按照动作顺序依次画出,使我们对整套保护装置的工作原理有一个整体概念,有利于对保护动作原理的分析。其缺点是没有表示出各元件内部的接线、端子编号及导线的连接方法等,使图纸设计和阅读难度大,且不能作为施工图纸。

6.2.2　展开接线图

展开接线图(简称展开图)是另一种形式的接线图。其按给二次接线供电的每个独立电源来划分,即将每套装置的交流电流回路、交流电压回路和直流回路分开表示,组成多个独立回路。电路的每个元件在回路中又被分解成若干部分,如一个继电器被分为带启动线圈的继电器主体和若干个继电器触点。图 6 - 1 中的 10 kV 线路过电流保护可用展开接线图表示,如图 6 - 2 所示。

由图 6 - 2 可见,元件的线圈、触点分散在交流回路和直流回路中,故分别称为交流回路展开图(包括交流电流回路展开图和交流电压回路展开图)和直流回路展开图。展开接线图同样能说明当线路短路或过负荷时,过电流保护动作跳闸的过程。

展开接线图特点如下:

① 按不同电源回路划分成多个独立回路。交流回路,按 A、B、C、N 相序分行排列;直流回路,包括控制回路、合闸回路、信号回路、测量回路、保护回路等,按继电器的动作顺序,自上而下、自左至右排列。

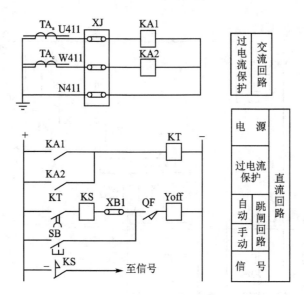

图 6 - 2　10 kV 线路过电流保护展开图

② 属于同一个仪表或继电器的线圈和触点要按功能分开画在对应回路里。元件、线圈和触点等都应按规定的文字符号加以注明，以免发生理解错误。属于同一个元件的线圈和触点应采用相同的文字符号表示。

③ 图形右边有对应文字说明(如回路名称、用途等)，便于接线原理分析和读图。

④ 导线、端子都按统一的回路编号进行标号，便于分类查线、维修和施工。

⑤ 所有开关电器和继电器的触点都是按照它们的正常状态表示的，即指开关电器在断路位置和继电器线圈中没有电流的状态。

由于展开图条理清晰，能一条一条地检查和分析，因此实际中用得最多。展开接线图既是制造、安装、运行的重要技术图纸，也是绘制安装接线图的主要依据。

6.2.3　安装接线图

安装接线图根据展开接线图绘制而成，包括屏面布置图、屏背面接线图和端子排图等。它是控制屏和保护屏制造厂生产加工和现场安装施工用的主要图纸，也是用户检修、试验等用的主要参考图纸。

1. 屏面布置图

屏面布置图是标明二次设备在控制屏(台)、保护屏上安装布置情况的图纸。图上应按比例画出屏上各设备的安装位置、外形尺寸及中心线的尺寸，并应附有设备表，列出屏后设备的名称、型号、技术数据及数量等，以便制造厂备料和安装加工。

屏面布置应满足下列原则：

① 屏面设备的布置要清晰、紧凑。

② 相同的安装单位布置形式要统一。

③ 要尽量使模拟母线连贯并与电气主接线一致。

④ 要考虑运行人员监视、操作和调节的方便。

控制屏屏面布置的设备自上而下为：测量仪表、光字牌、辅助切换开关、模拟母线、控制和调整开关等。

　　图 6-3 为 35 kV 线路直立控制屏的屏面布置图。图中在一块屏上控制 4 条线路,即屏上有 4 个安装单位。设备表标明了各设备的规格、型号,有的设备在屏面布置图上找不到,是因为这些设备装于屏后面。

　　图 6-4 所示为传统的继电保护屏布置图,屏面自上而下布置有电流继电器、时间继电器、信号继电器、保护出口继电器和连接片等。当前这种基于电磁式继电器的保护装置已经被微机式继电保护所取代。微机式继电保护的屏面布置图与该图大不相同,大量继电器被微处理器、外围集成电路和软件所替代,屏面元件的数量已大为减少。

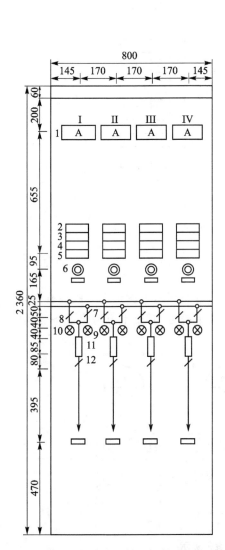

图 6-3　35 kV 线路直立控制屏的屏面布置图

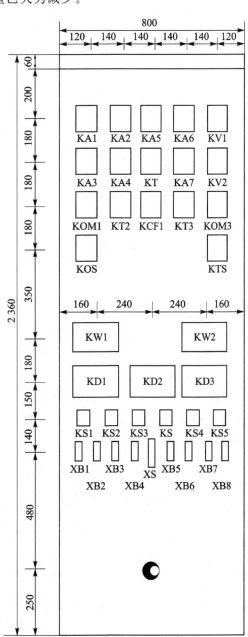

图 6-4　继电保护屏屏面布置图

2. 屏后接线图

屏后接线图是以屏面布置图为基础、以原理接线图为依据而绘制的接线图,是从屏的背后看的图纸,其边框应用虚线表示,而左右方向正好与屏面布置图相反。屏背面接线图与端子排图都是以展开图为依据,利用相对编号法对应标号画出的。它既可被制造厂用于指导屏上配线和接线,也可被施工单位用于现场二次设备的安装。

（1）屏背面接线图的布置

由于屏背面接线图是站在屏的后面看的屏接线,所以应按照屏上设备实际安装位置和基本尺寸画出各设备的背视图。端子排按实际排列画在屏的两边,小母线画在端子排的上方,熔断器、小刀闸、电铃等屏后上部的设备亦画在屏的上面,对这些设备来说,相当于屏前接线,应画正视图,如图 6-5 所示。

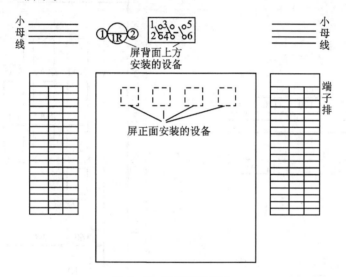

图 6-5　屏背面接线图

（2）设备图形的标示法

屏背面接线图中各设备图形按规定（如图 6-6 所示）方法标示。图形上方画一圆圈,上半圆标明安装单位编号及设备顺序号,下半圆标明设备的文字符号;圆圈下方写出设备的具体规格型号。

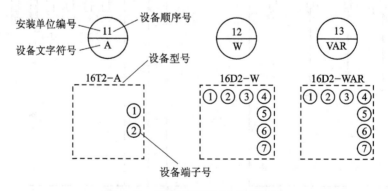

图 6-6　屏背面接线图中设备标示

（3）端子排及小母线的标示

端子排中接线端子的数量及型号的确定要根据屏面布置图中各设备的位置及接线多少来确定,并将其布置在屏的一侧或两侧,对端子从上到下加以编号,按端子排的布置分为左侧端子排和右侧端子排。左侧端子排的右边是其内侧,而左边是其外侧,右边端子排则正好相反。一般地端子排的内侧连接屏内设备,外侧则连接屏内外、屏与屏之间的设备。

在控制屏和保护的顶部敷设公用小母线,可使接线清晰、减少电缆迂回、提高可靠性,并在端子排的上部标出屏顶小母线的名称。

（4）设备及端子排连接线的标示

通常变电站二次接线数目较多,因此不能将连接线直接连接起来表示,而普遍采用相对编号的方法。

所谓相对编号法就是:如果甲、乙设备两个端子应该用导线连接起来,那么就在甲设备端子旁标上乙设备端子的编号,而在乙设备端子旁标上甲设备端子的编号,即甲、乙设备对应端子号需要互相标注。这样对屏上每个设备的任一端子,都能找到与其连接的对象,使得接线和维修时端子间的连接关系更加清晰。如果某个设备端子旁边没有标号,就说明该端子是空着的;如果一个端子旁有两个标号,则说明该端子有两条连线,有两个连接设备对象。图6-7给出了直接连接法和相对标号法原理图。

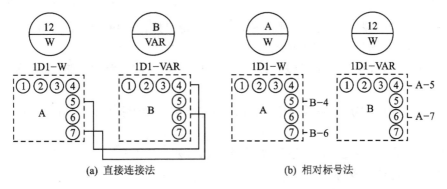

图 6-7　直接连接法和相对标号法

3. 端子排图

屏内设备的连线、屏与屏间设备的相互连线都是通过接线端子的连接来完成的,许多接线端子组合在一起便构成端子排。控制屏和保护屏的端子排通常垂直布置在屏背后的两侧。端子排图就是表示屏上需要装设的端子数目、类型、排列次序以及它与屏内元件和屏外设备连接情况的图纸。

（1）端子的分类及用途

端子分类及用途见表6-1。

表 6-1　端子(接线座)的分类及用途

名　称	用　途
普通端子	用以连接屏内设备与屏外设备,也可与连接端子相连
连接端子	用以进行相邻端子间的连接,以达到电路分支的作用
试验端子	用于需要带电测量电流的电流互感器二次回路及有特殊测量要求的某些回路,利用此端子可在不停电的情况下接入或拆除仪表

名　称	用　途
连接试验端子	具有连接与试验双重作用
终端端子	在端子排终端或中间起隔断作用
标准端子	供直接连接屏内外导线用
特殊端子	通常在需要经常开断的电路中使用

（2）端子排的设计原则

端子排的设计应按以下原则进行：

① 端子排的设置应与屏内设备相对应，如靠近屏左侧的设备接左侧端子排，右侧设备接右侧端子排，上方和下方设备也应与端子排相对应。这样使屏内接线清晰，节省导线，便于查线和维修。

② 一块屏有几个安装单位时，各安装单位之间的连接应经过端子排。

③ 屏内设备与屏外设备之间的连接以及需经本屏转接的回路（称过渡回路），应经过端子排。

④ 同一屏上相邻设备之间的连接不经过端子排；而两设备相距较远或接线不方便时，应经过端子排。

⑤ 各安装单位主要保护的正电源一般应经端子排引接，保护的负电源应在屏内设备之间接成环形，环的两端分别接至端子排。

⑥ 屏内设备与直接接至小母线的设备（如熔断器、小刀闸或附加电阻）的连接，一般应经过端子排。

⑦ 在端子排的两端应装终端端子，且在每一安装单位端子排的最后预留 2～5 个端子作为备用。

⑧ 端子排的一端一般只接一根导线，最多不超过两根。

（3）端子排的排列原则

端子排的排列应按以下原则进行：

① 每个安装单位的端子应分别排列，如在同一行中有不同安装单位时，应采取标记端子将两个单元分开，不同安装单位的导线不能在屏内互相连接，而应经各自的端子排引出在屏外（侧）连接。

② 每个安装单位的端子排，应按回路性质排列，从上到下依次为：

ⓐ 交流电流回路（不包括自动调整励磁装置的电流回路）。按每组电流互感器分组，同一保护方式的电流回路排在一起，按 A、B、C、N 相序和数字由小到大依次排列。

ⓑ 交流电压回路（不包括自动调整装置的电压回路）。按每组电压互感器分组，同一保护方式的电压回路排在一起，按 A、B、C、N、L 排列。

ⓒ 信号回路。按预告、事故、位置及指挥信号分组。

ⓓ 控制回路。按各组熔断器分组排列，每组先排正极回路（单号，由小到大），再排负极回路（双号，由小到大）。

ⓔ 其他回路。按励磁保护、自动调整励磁装置的电流和电压回路、远方调整及联锁回路等分组，每一回路又按用途、极性、编号和相序排列。

ⓕ 转接回路。先排本安装单位的转接端子，再排其他安装单位的转接端子，最后排小母

线兜接用的转接端子。

（4）端子排的表示方法

端子排的表示方法如图 6-8 所示。绘制端子排图应注意以下几个问题：

① 按规定用不同图形符号表示不同型号的端子及连接情况、安装单位及编号等。

② 根据展开图和屏面布置图核准各设备所在位置：断路器、隔离开关、电流互感器及电压互感器等都在配电现场；各种测量表计、信号指示、保护装置等都在控制室的控制屏、保护屏、电能表屏上。

③ 每块屏内、屏外设备之间的连线及编号，应首先将同一电位的节点编一个号，然后按相对编号法的原则进行。

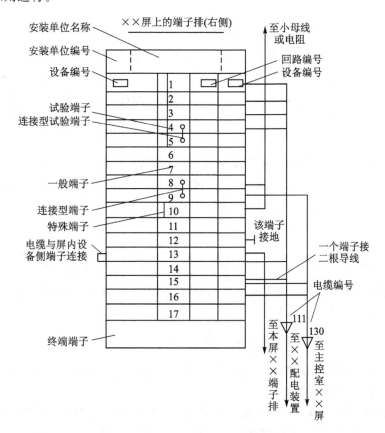

图 6-8　端子排的表示方法

6.3　二次回路的操作电源

供给断路器控制回路、继电保护装置、信号回路、监测系统等二次回路的电源称为二次回路的操作电源。二次回路的操作电源主要有直流操作电源和交流操作电源两类。直流操作电源有蓄电池供电和硅整流直流电源供电两种；交流操作电源有通过电压互感器、电流互感器供电和所用电变压器供电两种。

6.3.1　直流操作电源

1. 由蓄电池组供电的直流操作电源

（1）铅酸蓄电池

铅酸蓄电池正极板上的活性物质是二氧化铅（PbO_2），负极板上的活性物质是金属铅（Pb）。蓄电池的储能和释放能量是通过正、负极板和硫酸溶液之间发生的电化学反应来实现的。在放电过程中，放电电流从蓄电池的正极流出，经负荷、电池负极、电池内部后，到达正极，实现了将蓄电池内的化学能转换成电能，供电给负荷。这种电化学反应可以用下面的反应方程式表示：

$$PbO_2 + Pb + 2H_2SO_4 \underset{充电}{\overset{放电}{\rightleftharpoons}} 2PbSO_4 + 2H_2O$$

铅酸蓄电池的额定端电压（单个）为 2 V。但是蓄电池充电结束时的端电压可达 2.7 V；而放电后的端电压可下降到 1.95 V。为获得 220 V 的操作电压，需蓄电池的个数为 $n=230 \div 1.95 \approx 118$（个）。考虑到充电时端电压的升高，因此长期接入操作电源母线的蓄电池个数为 $n_1 = 230 \div 2.7 \approx 88$（个），而其他 $n_2 = n - n_1 = 118 - 88 = 30$（个）蓄电池则用于调节电压，接于专门的调节开关上。

由于传统铅酸蓄电池具有一定危险性和污染性，需要专门的蓄电池室放置，投资大。因此，现在已由免维护铅酸蓄电池取而代之，其极板的栅架采用铅钙合金制造，外壳采用密封结构。免维护铅酸蓄电池具有不需添加电解液、对接线和触头等的腐蚀小、充电后蓄电的时间长、安全可靠、不污染环境等突出优点。

（2）镉镍蓄电池

镉镍蓄电池由正极板、负极板、电解液组成。正极板为氢氧化镍（$Ni(OH)_3$）或三氧化二镍（Ni_2O_3），负极板为镉（Cd），电解液为氢氧化钾（KOH）或氢氧化钠（NaOH）等碱溶液。它在放电和充电时的化学反应式为

$$Cd + 2Ni(OH)_3 \underset{充电}{\overset{放电}{\rightleftharpoons}} Cd(OH)_2 + 2Ni(OH)_2$$

由以上反应式可以看出，电解液并未参与反应，它只起传导电流的作用，因此在放电和充电过程中，电解液的浓度不会改变。

采用镉镍蓄电池组作操作电源，除了不受供电系统运行情况的影响、工作可靠外，还有大电流放电性能好、比功率大、机械强度高、使用寿命长、腐蚀性小、投资小等优点。

20 世纪 50 年代末期，我国开始生产镉镍蓄电池，目前已经形成一个相当规模的碱性蓄电池工业体系，镉镍蓄电池可广泛用于通信、交通、船舶等工业部门和国防设施。20 世纪 80 年代末期，镉镍蓄电池开始应用于电力工业，目前已在中小型火电厂、水电厂和变、配电站得到了广泛应用。

2. 由整流装置供电的直流操作电源

（1）硅整流电容储能式直流操作电源

硅整流电容储能的直流系统利用变电所的一次电路作交流电源，通过降压整流来供电。硅整流电容储能直流电源系统是由硅整流设备和电容器构成的。在正常运行时，交流电源经过硅整流设备变为直流电源，作为全所的直流操作电源并向电容器充电存储。在事故情况下，将储存在电容器中的电能向继电保护、自动装置以及断路器跳闸回路供电，以确保继电保

护及断路器能够可靠动作。

图 6 - 9 是一种硅整流电容储能式直流操作电源系统的接线图。

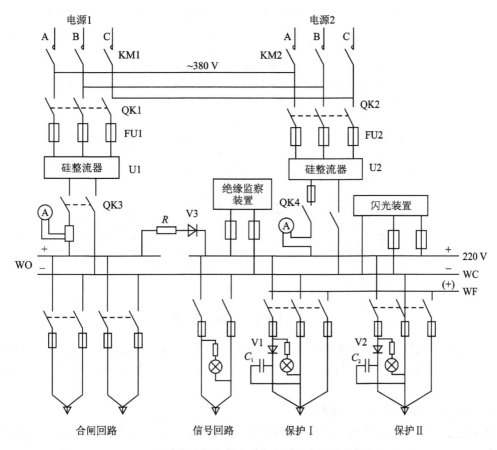

图 6 - 9 硅整流电容储能式直流操作电源系统接线图

硅整流装置的电源来自所用变低压母线,一般设一路电源进线,但为了保证直流操作电源的可靠性,可以采用两路电源和两台硅整流装置。硅整流器 U1 容量大,用于合闸回路,主要用作断路器合闸电源,并向控制、信号和保护回路供电。硅整流器 U2 容量较小,仅向控制、信号和保护回路供电。正常时两台硅整流装置同时工作,为了防止在合闸操作或合闸回路短路时,大电流使硅整流器 U2 损坏,在合闸母线与控制母线之间装设了逆止二极管 V3。限流电阻 R 用于限制控制回路短路时通过逆止二极管 V3 的电流,起保护 V3 的作用。限流电阻 R 的阻值不宜过小和过大,既保证在熔断器熔断前不烧坏 V3,又保障在控制母线最大负荷时其上的压降不会超过额定电压的 15%。一般 R 的阻值约为 5~10 Ω,V3 的额定电流不小于 20 A。

硅整流直流操作电源的优点是:价格低廉,占地面积小,体积小,维护工作量小,不需充电装置。其缺点是:电源独立性差,电源的可靠性受交流电源影响,需加装补偿电容和交流电源自动投切装置,二次回路复杂。

(2) 复式整流的直流操作电源

复式整流装置由电压源和电流源两种电源组成,电压源一般为所用变压器或电压互感器,电流源为能反映短路电流变化的电流互感器,经硅整流器整流后组成一组直流电源装置。

　　图 6 - 10 是复式整流的直流系统原理图。正常运行时由所用变压器 T(或由电压互感器 TV)供电。当系统发生短路事故,导致电压源电压降低失去供电能力时,由事故设备的电流互感器 TA 供给短路电流,经整流后作为操作电源,启动跳闸回路,使断路器可靠地跳闸。

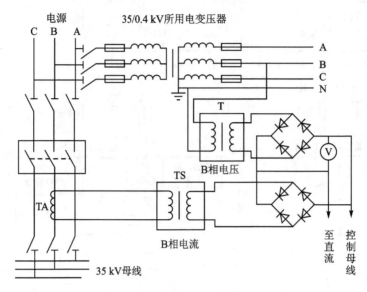

图 6 - 10　复式整流直流系统原理图

　　由于复式整流装置有电压源和电流源,因此能保证供电系统在正常运行和发生事故情况下直流系统均能可靠地供电。与上述电容储能式相比,复式整流装置的输出功率更大,电压的稳定性更好。

3. 智能高频开关直流操作电源

　　智能高频开关直流操作电源系统原理如图 6 - 11 所示。它主要由交流输入、充电和控制、蓄电池组、绝缘监测、微机监控、直流配电、通信系统等部分组成。系统采用一组蓄电池配置一套充电装置,交流输入采用两路电源互为备用,以提高供电的可靠性。充电模块采用先进的移相谐振高频软开关电源技术,先将交流输入电整流成高压直流电,再逆变及高频整流为可调脉宽的脉冲电压波,经滤波输出所需的纹波系数很小的直流电,然后对带阀控式密封铅酸蓄电池组进行充电。该系统由监控模块、配电监控板、充电模块、内置监控等构成分级集散式控制系统。系统监控功能完善,可对电源装置进行全方位的监视、测量、控制,并具有遥测、遥信、遥控等"三遥"功能。绝缘监测可实时监测系统绝缘状况,确保安全。图 6 - 11 中,YB1~YB3 为线性光耦元件,用于直流母线电压检测;HL1~HL2 为霍尔元件,用于直流充放电电流检测。

6.3.2　交流操作电源

　　交流操作电源就是直接使用交流电源作二次回路系统的工作电源。其对应的所有保护继电器、控制设备、信号装置及其他二次元件均应采用交流型式。采用交流操作电源时,一般由电流互感器供电给反应短路故障的继电器和断路器的跳闸线圈;由所用电变压器供电给断路器合闸线圈;由电压互感器(或所用电变压器)供电给控制与信号设备。这种操作电源接线可使二次回路大大简化、维护方便、投资减少,但不适用于比较复杂的继电保护、自动装置及其二次回路。目前,交流操作电源的技术性能尚不能完全满足大、中型及变电站的要求,主要用于小型变电站。

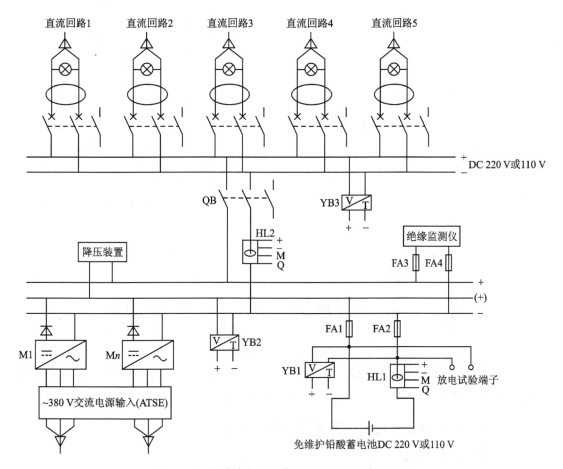

图 6-11　智能高频开关直流操作电源系统原理图

根据断路器跳闸线圈的供电方式,交流操作可以分为直接动作式和去分流跳闸式。

1. 直接动作式

直接动作式的操作电源接线方式如图 6-12 所示。它将断路器操作机构内的过流脱扣器(跳闸线圈)YR 作为过电流继电器(启动元件),直接接入电流互感器回路,不需另外装设过电流继电器。正常运行时,由于流过 YR 的电流很小,YR 不会动作。当线路发生故障时,流过 YR 的电流增大且超过 YR 的动作值,YR 动作,断路器跳闸。这种方式接线简单、设备少,灵敏度不高,只适用于无时限过电流保护及电流速断保护。

2. 去分流跳闸式

去分流跳闸式接线如图 6-13 所示。在正常运行时,电流继电器 KA 的常闭触点将跳闸线圈 YR 短接分流,YR 中无电流通过,所以断路器 QF 不会跳闸。当一次电路发生相间短路时,电流继电器动作,其常闭触点断开,使 YR 的短接分流支路被去掉(即所谓"去分流"),从而使电流互感器的二次电流全部通过跳闸线圈 YR,使断路器跳闸。这种接线方式简单经济,而且灵敏可靠。由于要用电流继电器来断开反应到电流互感器二次侧的短路电流,所以要选用触点的容量较大的电流继电器。现在生产的 GL-15、GL-16、GL-25、GL-26 型过电流继电器,其触点的短时分断电流可达 150 A,完全可以满足"去分流跳闸"的要求。这种去分流跳闸的操作方式在供电系统中应用相当广泛。

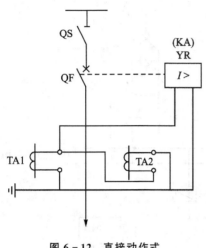

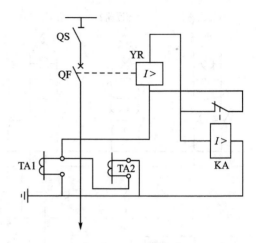

图 6-12　直接动作式　　　　　　　图 6-13　去分流跳闸式

6.4　高压断路器的控制与信号回路

高压断路器是变电所的主要开关设备为了通、断电路和改变系统的运行方式,需要通过其操作机构对断路器进行分、合闸操作。控制断路器进行分、合操作的电气回路称为断路器的控制回路,反映断路器工作状态的电气回路称为断路器的信号回路。

6.4.1　高压断路器的控制方式与控制要求

1. 高压断路器的控制方式

(1) 按控制地点分为集中控制和就地(分散)控制

① 集中控制。在主控制室的控制台上用控制开关或按钮,通过控制电缆去接通或断开断路器的跳、合闸线圈,对断路器进行控制。一般对主变压器、母线断路器、35 kV 及以上电压等级线路等主要设备都采用集中控制。

② 就地(分散)控制。在断路器安装地点就地对断路器进行跳、合闸操作(可电动或手动)。一般对 10 kV 及以下电压等级线路等采用就地控制,将一些不重要的设备放到配电装置内就地控制,可大大减少主控制室的占地面积和控制电缆数。

(2) 按控制电源电压的高低分为强电控制、弱电控制和微机控制

① 强电控制。从发出操作命令的控制设备到断路器的操动机构,整个控制回路的工作电压均为直流 110 V 或 220 V。

② 弱电控制。控制台上发操作命令的控制设备工作电压是弱电(48 V),而经转换送到断路器操动机构的是强电(220 V)。

③ 微机控制。在变电站综合自动化系统中,通过键盘或鼠标点击监控微机控制按钮,发出操作命令,激励断路器跳、合闸线圈。

2. 高压断路器的控制要求

高压断路器的控制要求主要包括:

① 能够由手动利用控制开关对断路器进行分、合闸的操作。

② 能够满足自动装置和继电保护装置的要求。被控制设备备用时,能够由安全自动装置

通过断路器将该设备自动投入运行；当设备发生故障时，继电保护装置能够将断路器自动跳闸，切除故障。

③ 能够防止断路器在极短时间内连续多次分、合闸的跳跃现象发生。

④ 断路器操作机构的合闸与跳闸线圈都是按短时通电来设计的，操作完成之后，应迅速自动断开合闸或跳闸回路以免烧坏线圈。

⑤ 控制回路应具有反映断路器手动和自动跳、合闸位置的信号，一般采用灯光信号。

6.4.2　断路器控制回路与信号回路

1. 控制开关

控制开关是值班人员直接操作发出控制命令，以改变设备运行状态（断路器跳、合闸）的装置，又称为转换开关。其特点是一根转轴上机械联动若干对触点，转轴在手柄带动下每转动一个规定角度，所有触点的状态都发生一次规定的转换，该转换可能是触点断开与闭合的逻辑改变，也可能是维持原逻辑不变，但为下一次转换建立一个新的初始状态。

图 6 - 14 是变电站普遍应用的 LW2 - Z 型控制开关的结构图。控制开关的手柄和安装面板安装在控制屏前面，与手柄固定连接的转轴上有数节（层）触点盒，安装于屏后。触点盒的节数（每节内部触点形式不同）和形式可以根据控制回路的要求进行组合。每个触点盒内有 4 个定触点和 1 个旋转式动触点，定触点分布在盒的四角，盒外有供接线用的 4 个引出线端子，动触点处于盒的中心。

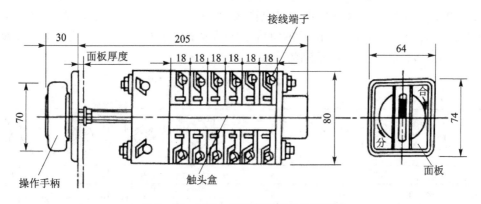

图 6 - 14　LW2 - Z 型控制开关的结构图

（1）手柄位置及控制功能

LW2 - Z 型控制开关的手柄有两个固定位置和两个操作（过渡）位置。其固定位置：垂直位是预备合闸和合闸后；水平位是预备跳闸和跳闸后。其操作位置：合闸操作，由预备合闸（垂直位）右转 30°至合闸位，瞬间发出合闸脉冲，手放开后靠弹簧作用使手柄复位于垂直位（合闸后）；跳闸操作，由预备跳闸（水平位）左转 30°至跳闸位，瞬时发出跳闸脉冲，手放开后靠弹簧作用使手柄复位于水平位（跳闸后）。

（2）触点位置表

在每节方形触点盒的四角均匀固定着 4 个定触点，其外端与外电路相连，内端与固定于方轴上的动触点簧片相配合。由于簧片的形状及安装位置的不同，组成 14 种型号的触点盒，代号为 1、1a、2、4、5、6、6a、7、8、10、20、30、40、50，触点盒位置图表如表 6 - 2 所列。前 9 种类型的动触点是固定于方轴上随轴转动的；10、40、50 型的动触点在轴上有 45°的自由行程；20 型有

90°自由行程;30 型有 135°自由行程。有自由行程的触点其断流能力较小,仅适用于信号回路。

表 6-2 LW2-Z 型触点盒位置图表

触点盒的形式 / 手柄位置	灯	1、1a	2	4	5	6	6a	7	8	10	20	30	40	50

（3）触点图表及图形符号

为了解控制开关触点盒内触点的通断情况,常列出各型开关的触点图表。以 LW2-Z-1a、4、6a、40、20、20/F8 型开关为例列出其触点图表,如表 6-3 所列。其中,LW2-Z 为开关型号;1a、4、6a、40、20、20 为开关上由手柄向后依次排列的触点盒的型号;F 表示方形手柄面板（O 表示圆形面板）;8 为 1～9 种手柄的一种。

表 6-3 LW2-Z 型开关触点图表

有"跳闸"后位置的手柄(正面)的样式和触点盒(背面)接线图													
手柄和触点盒形式	F8	1a		4		6a		40		20		20	
触点号 / 位置	—	1—3	2—4	5—8	6—7	9—10	9—12	10—11	13—14	14—15	13—16	17—19	18—20	21—23	21—22	22—24
跳闸后	▭	—	×	—	—	—	—	×	—	×	—	—	—	×	—	—	×
预备合闸	▯	×	—	—	—	×	—	—	×	—	—	—	×	—	×	—	—
合闸	◆	—	—	×	—	—	×	—	—	×	—	—	×	—	—	×	—
合闸后	▯	×	—	—	—	×	—	—	×	—	—	—	×	—	×	—	—
预备跳闸	▭	—	×	—	—	×	×	—	×	×	—	—	—	×	—	—	×
跳闸	◆	—	—	—	×	—	×	—	—	×	—	—	×	—	—	×	— ×

表 6-3 中,左列手柄的六种位置为屏前视图,而向右的各列的触点位置状态则为从屏后视的情况,即当手柄顺时针方向转动时,触点盒中的可动触点为逆时针方向转动。"×"表示触点接通,"—"表示触点断开。

　　在变电站的工程图中,控制开关的应用十分普遍,常将控制开关 SA 触点的通断情况用图形符号表示,如图 6-15 所示。图中 6 条垂直虚线表示控制开关手柄的 6 个不同的操作位置:C 为"合闸",PC 为"预备合闸",CD 为"合闸后",T 为"跳闸",PT 为"预备跳闸",TD 为"跳闸后";水平线表示端子引线,中间的 1—3、2—4 等表示触点号,靠近水平线下方的黑点表示该对触点在此位置时是接通的,否则是断开的。

2. 断路器的基本控制回路

（1）断路器的基本跳、合闸控制回路

断路器基本跳、合闸回路如图 6-16 所示。图中,SA 是控制开关,由表 6-3 可知,其触点 5—8 在"合闸"操作瞬间接通,触点 6—7 在"跳闸"操作瞬间接通。K1 是自动重合闸出口继电器的常开触点,重合闸动作则常开触点闭合。K2 是保护出口继电器的常开触点,继电保护装置动作则常开触点闭合。QF1、QF2 为断路器辅助触点,QF1 为常开触点,其通断状态与断路器主触头一致,即断路器在"合闸"位置时它是接通的,在"跳闸"位置时它是断开的;QF2 是常闭触点,其通断状态与其主触头正好相反。KM 为合闸接触器,是中间继电器,当线圈通电时产生电磁力使触点进行切换,常开触点闭合。YT 为断路器的跳闸线圈,YT 通电则断路器进行跳闸;YC 为断路器的合闸线圈,YC 通电则断路器进行合闸。左边的＋、－为控制电源正负小母线,一般接于 110 V 或 220 V 直流电源上。右边的＋、－为合闸小母线,因合闸电流较大(一般在一百至数千安培),所以与控制电源分开,采用专设的大容量合闸电源。

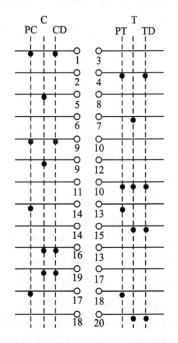

图 6-15　LW2-Z 型开关触点通断图

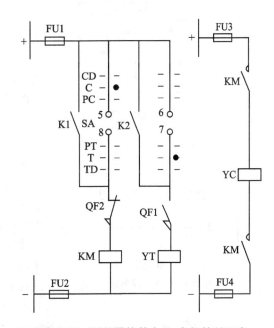

图 6-16　断路器的基本跳、合闸控制回路

断路器跳、合闸回路的工作原理简述如下:

① 合闸操作。手动合闸是将 SA 扳至"合闸"位置,此时其触点 5—8 接通,而断路器在"跳闸"位置,其常闭辅助触点 QF2 是接通的,所以 KM 线圈通电,其常开触点接通,断路器 YC 通电,断路器合闸。当合闸操作完成后,其辅助触点自动切换,断路器的常闭辅助触点 QF2 断开,KM 断电,其两个常开触点即自行断开,切断 YC 电流,KM 两个常开触点串接,以增大其

断弧能力;断路器的常开触点 QF1 接通,准备好 YT 回路。自动合闸是由自动装置的触点 K1 与 SA 的触点 5—8 并联实现的。

② 跳闸操作。手动将 SA 扳至"跳闸"位置,此时其触点 6—7 接通,而断路器在"合闸"位置,其常开辅助触点 QF1 是接通的,所以 YT 通电,断路器进行跳闸。当跳闸操作完成后,其辅助触点自动切换,断路器的常闭辅助触点 QF2 接通,准备好合闸;断路器常开辅助触点 QF1 断开。触点 K2 与 SA 的触点 6—7 并联可实现自动跳闸。

（2）断路器的"跳跃"闭锁（防跳）控制回路

如果手动合闸后 SA 手柄未松开（触点 5—8 仍在接通状态）或自动装置 K1 的触点烧结,此时发生故障,则保护装置动作,K2 触点闭合,YT 带电使断路器跳闸,则 KM 又带电,使断路器再次合闸,保护装置又动作使断路器又跳闸,断路器的这种多次"跳—合"现象称为"跳跃"。如果断路器发生"跳跃",势必造成绝缘下降,油温上升,严重时会引起断路器发生爆炸事故,危及人身和设备的安全。所谓防跳就是采取措施以防止"跳跃"的发生。对于 6～10 kV 断路器,可采用有机械防跳性能的 CD2 型操动机构的断路器,而对没有机械防跳性能的断路器,则应在控制回路中加装电气防跳装置。

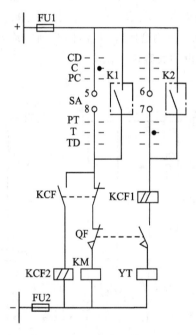

图 6 - 17　加装防跳中间
继电器的断路器控制回路

电气防跳通常有加装防跳中间继电器法、利用跳闸线圈辅助触点切换法和利用保护出口继电器的防跳法等,图 6 - 17 是加装防跳中间继电器的断路器控制回路图。

与图 6 - 16 比较,图 6 - 17 增加了一个中间继电器 KCF。KCF 称为跳跃闭锁继电器,它有两个线圈,一个是电流起动线圈 KCF1,串联于跳闸回路中,要求其灵敏度较高（高于跳闸线圈）,以保证在跳闸操作时该电流线圈能可靠起动。另一个是电压（自保持）线圈 KCF2,与自身的常开触点串联,再并联于 KM 回路中,将合闸接触器线圈 KM 短接。在合闸回路中还串接了一个 KCF 的常闭触点。

断路器"防跳"控制回路的工作原理简述如下:当手动合闸 SA 的触点 5—8 未复归或自动装置 K1 触点烧结时,若发生故障,则继电保护装置动作,K2 触点闭合,经 KCF1 的电流线圈、断路器常开触点,YT 通电动作,使断路器跳闸;同时,KCF1 电流线圈起动,其常开触点闭合,使其经电压线圈 KCF2 自保持。只有合闸命令解除（SA 的触点 5—8 断开或 K1 断开）,

KCF2 电压线圈断电,才能恢复正常状态。跳跃闭锁继电器 KCF 常装于控制室内保护屏上,也有的装于断路器的操作箱内。

3. 断路器的位置指示回路

断路器的位置应有明确的指示信号。断路器的双灯制位置接线如图 6 - 18 所示。用红灯（HR）表示断路器在合闸状态,用绿灯（HG）表示断路器在跳闸状态。红、绿灯是利用与断路器传动轴一起联动的辅助触点进行切换的。当断路器在断开位置时,其常闭触点接通,绿灯（HG）亮;当断路器在闭合位置时,断路器常开触点接通,红灯（HR）亮。

4. 断路器自动跳、合闸信号回路

断路器手动跳、合闸和由自动装置自动跳、合闸需要有一个明确的信号标志,目前在双灯制中广泛采用平光和闪光的办法加以区别。图 6-19 是断路器自动跳、合闸双灯制信号接线图。由图可见,由断路器辅助触点通过信号灯标明自身的跳、合位置状态,而由控制开关 SA 将信号灯切至平光或闪光来区别是手动或自动跳、合闸的。

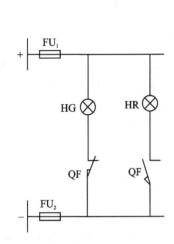

图 6-18　断路器的双灯制位置接线

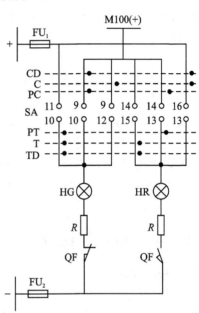

图 6-19　断路器自动跳、合闸双灯制信号接线

(1) 跳闸信号

① 手动跳闸。SA 至"跳闸后"位置时,其触点 10—11 接通,绿灯(HG)发平光,表示断路器手动跳闸。

② 自动跳闸。断路器在"合闸后"位置,SA 的触点 9—10 接通,此时若断路器自动跳闸,其常闭辅助触点接通,绿灯(HG)经 SA 的 9—10 触点接至闪光小母线 M100(+),绿灯闪光,表示断路器自动跳闸。

③ 绿灯闪光解除。值班人员将 SA 打至"跳闸后"位置,触点 10—11 接通,触点 9—10 断开,与断路器位置相对应,绿灯又发平光。

(2) 合闸信号

① 手动开闸。SA 在"合闸后"位置,触点 13—16 接通,红灯(HR)发平光,表示断路器手动合闸。

② 自动合闸。控制开关和断路器在"跳闸后"位置,SA 的触点 14—15 接通,而此时若自动装置使断路器自动合闸,则断路器与 SA 位置不对应,红灯(HR)经 SA 的触点 14—15 接至闪光小母线,所以红灯闪光,表明断路器自动合闸。

③ 红灯闪光解除。值班人员将 SA 扳至"合闸后"位置(触点 16—13 通),SA 与断路器位置相对应,红灯又发平光。

(3) 事故音响信号起动回路

断路器自动跳、合闸时,不仅指示灯要发闪光,而且还要求发出事故音响信号(蜂鸣器)。

5. 断路器控制回路完好性的监视

对于断路器控制回路(包括回路接线及熔断器)必须有经常性的监视,否则当熔断器熔断或控制回路断线(经常是触点接触不良)时,将不能正常进行跳、合闸。

目前广泛采用的完好性监视方式有两种,即灯光监视和音响监视。中小型变电站一般采用双灯式灯光监视方式,根据位置指示灯状态来监视控制回路的完好性。在图 6 - 19 中,当断路器在跳闸位置时,若回路完好则绿灯(HG)亮,否则说明熔断器熔断或合闸回路断线。同理,当断路器在合闸位置时,若回路完好则红灯(HR)亮。

6.5 变电站中央信号系统

在变电站运行过程中,值班人员需要及时掌握电气设备的工作状态,仅仅依靠测量表计进行状态监视是不够的,还需要借助信号装置反映设备的运行状况和非正常状态。当发生事故及运行不正常情况时,应发出各种灯光及音响信号,帮助值班人员迅速准确地判断是否发生了事故或不正常运行情况,并判明事故的范围和地点,不正常运行情况的内容等,以便值班人员作出正确的处理。

6.5.1 中央信号系统分类

1. 按用途分类

(1) 事故信号

电气设备发生事故,造成跳闸、停机或严重不正常状态时,事故信号装置发出音响报警(蜂鸣器,又称电笛或电喇叭)及灯光(闪光)信号,并点亮相应的光字牌,指明事故设备及事故性质,以便值班人员及时进行分析处理。

(2) 预告信号

当电气设备运行出现不正常状态时,如过负荷、变压器轻瓦斯等,并不会立即造成设备损坏或危及人身安全,但如不及时处理,可能发展为事故,则预告信号装置发出音响报警(电铃)和光信号(光字牌)。

(3) 位置信号

位置信号是用来指示设备的运行状态的,如断路器的通断状态,所以位置信号又称为状态信号。它可使在异地进行操作的人员了解该设备现行的位置状态,以避免误动作。

(4) 指挥信号和联系信号

指挥信号用于主控制室向其他控制室发出操作命令,联系信号用于各控制室之间的联系。

2. 按信号装置动作性能分类

按动作性能可分为重复动作和不重复动作两种。重复动作是指,当出现事故(故障)时,发出灯光和音响信号;稍后紧接着又有新的故障发生时,信号装置应能再次(多次)发出音响和灯光信号。不重复动作是第一次故障尚未消除,又发生第二次故障时,不能发出音响信号(只能点亮光字牌)。

3. 按信号装置复归方式分类

按复归方式可分为中央复归和就地复归两种。中央复归是指,在主控制台上用按钮开关将信号解除并恢复到原位。就地复归是指,到设备安装地操作控制开关复归信号。

6.5.2　事故信号

　　具有中央复归能重复动作的事故信号电路的主要元件是冲击继电器,它可接收各种事故脉冲,并转换成音响信号。冲击继电器有各种不同的型号,但其共同点都有接收信号的元件(如脉冲变流器或电阻器)以及相应的执行元件。图 6-20 是由 ZC-23 型冲击继电器构成的中央事故音响信号装置电路图。

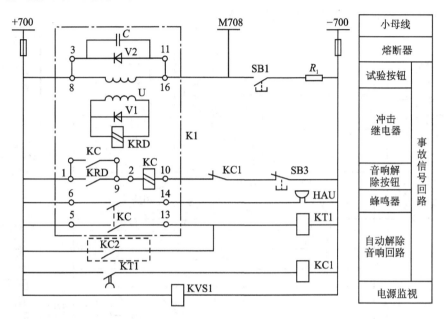

　　KRD—干簧管继电器;KC—冲击继电器中的出口中间继电器;KC1—事故音响信号装置的中间继电器;
KVSl—电源监视继电器;SBl—试验按钮;SB3—音响解除按钮;KT1—时间继电器
图 6-20　由 ZC-23 型冲击继电器构成的中央事故音响信号装置电路

　　在图 6-20 中,冲击继电器 K1 中脉冲变流器 U 的一次侧并联有电容器 C 和二极管 V2,目的是保护 U。其二次侧并联二极管 V1 的作用是把因 U 一次侧电流突然减少而产生的反向电动势所引起的二次侧电流旁路掉,避免此电流使干簧继电器 KRD 误动作。

　　在因事故引发断路器自动跳闸时,常开触点 SB1 闭合,信号母线 M708 与负信号电源母线突然接通,U 的二次侧感应出电压后启动干簧继电器 KRD,KRD 的常开触点闭合,从而使中间继电器 KC 动作,KC 的三个常开触点闭合,启动蜂鸣器 HAU 和时间继电器 KT1,并将中间继电器 KC 自锁。经过一段时间后,时间继电器 KT1 的触点闭合,使继电器 KC1 动作断开其触点,使 KC 失电,KC 的触点全部断开,而使蜂鸣器 HAU 停止响动。由此便可实现事故音响信号装置的自动复归。在时间继电器 KT1 未动作时,按下按钮 SB3 也可使中间继电器 KC 失电复位,使 HAU 停止响动。

6.5.3　预告信号

　　当变电所的电气设备发生故障或出现不正常运行状态时,将启动预告信号装置发出音响和灯光信号。这样值班人员可以及时发现故障和事故隐患,以便采取适当的处理措施,避免事故扩大危及系统的安全运行。

　　变电站中的预告信号通常又分为瞬时预告信号和延时预告信号两种。瞬时预告信号是指变电站电气设备发生故障或不正常运行情况时,需要立即发出信号告知值班人员。当某些供电系统发生短路故障时,可能伴随发出预告信号,如过负荷、电压互感器二次断线等,系统应延时发出这些预告信号,其延时时间应大于外部短路的最大切除时限。这样,在外部短路切除后,这些由系统短路所引起的信号就会自动地消失,而不发出警报,以免分散值班人员的注意力。延时预告信号通常是通过分别在各有关回路中加延时继电器来实现的。

中央预告信号系统与中央事故信号系统一样,都由冲击继电器构成。图 6-21 是由 ZC-23 型冲击继电器构成的中央预告信号装置的电路。

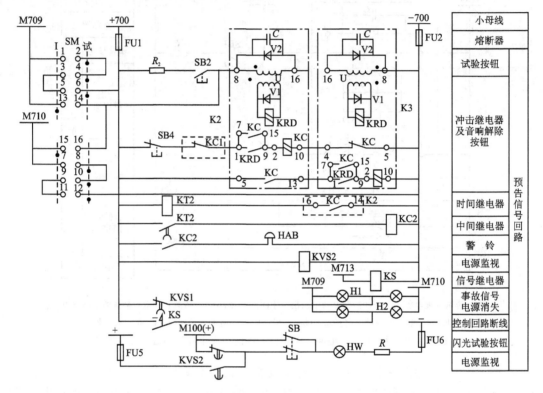

图 6-21 由 ZC-23 型冲击继电器构成的中央预告信号装置电路

在延时预告信号中,需使冲击继电器具有冲击自动复归的特性。而 ZC-23 型冲击继电器不具有冲击自动复归的特性,所以本电路利用两只冲击断路器反极性串联,以实现其冲击自动复归特性。

在中央预告信号系统工作时,转换开关 SM 中 13—14 触点组和 15—16 触点组接通。当电气设备发生异常时,信号母线 M710 和 M709 与正信号电源母线突然接通。K2 和 K3 的 U 都感应出电动势,但由于 K3 中二极管 V1 的作用,只有 K2 的干簧继电器 KRD 动作。之后启动 K2 的中间继电器 KC,闭合其常开触点,启动时间继电器 KT2,KT2 延时后闭合其触点启动警铃 HAB。这一过程与事故信号的启动过程十分相似。如果在继电器 KT2 的延时未结束之前,故障解除,则预告信号母线与正信号电源母线突然断开,K3 中的 U 的二次侧感应出来的电动势会启动 K3 的干簧继电器 KRD,进而启动 K3 的中间继电器 KC,使其常闭触点开,使K2 的中间继电器 KC 失电,触点断开,时间继电器 KT2 失电复归,不启动警铃 HAB。

6.5.4　对信号系统的基本要求

信号系统担任极重要的作用,必须具备以下功能:

① 中央事故信号装置应保证在任一断路器事故跳闸后,立即(不延时)发出音响信号和灯光信号或其他指示信号。

② 发生故障或异常情况时,中央信号装置应能瞬时或延时发出相应的音响信号、灯光信号和掉牌信号。

③ 中央信号装置应能根据需要,随时对事故信号、预告信号及光字牌回路是否完好进行试验。

④ 音响信号应能重复动作,并能手动或自动复归,而表明故障地点和性质的光字牌应能暂时保留,以便于帮助查找和分析事故。

⑤ 在继电保护及自动装置动作后,应能及时将信号继电器手动复归,并设"信号未复归"光字牌,发送光字牌信号。

⑥ 中央信号装置力求简单、可靠、醒目,正确反映信号回路的完好性。

6.6　供配电系统自动装置

6.6.1　供配电线路自动重合闸装置

在电力系统的故障中,不少故障是瞬时性的故障,如架空线路大风引起的碰线,鸟类及树枝等掉落在导线上引起的短路等,在断路器跳闸后,多数故障能很快自行消除。此时,如果把断开的线路断路器再合上,就能够恢复正常供电。由于输电线路故障具有以上的性质,因此,在输电线路被断开以后再进行一次合闸就有可能大大提高供电的可靠性。为此,在电力系统中广泛采用了当断路器跳闸以后能够自动地将断路器重新合闸的自动重合闸装置(Auto - reclosing Device,ARD)。ARD 使断路器在自动跳闸后又自动重合闸,大多能恢复供电,从而可大大提高供电可靠性,避免因停电而给国民经济带来的重大损失。

ARD 按重合次数可分为一次重合式、二次重合式和三次重合式等。一次重合式 ARD 简单经济,而且基本上能满足供电可靠性的要求,因此供电系统一般采用一次重合式 ARD。

1. 自动重合闸装置的基本要求

自动重合闸装置的基本要求主要包括:

① 自动重合闸装置可由保护装置或断路器的控制状态与位置不对应来起动。

② 手动或通过遥控装置将断路器断开,或将断路器合闸投入故障线路上随即由保护跳闸将其断开时,自动重合闸装置均不应动作。

③ 自动重合闸装置的动作次数应符合预先的规定,如一次重合闸就只应实现重合一次,不允许第二次重合。

④ 当断路器处于不正常状态不允许实现自动重合闸时,应将重合闸装置闭锁。

2. 电气一次自动重合闸装置接线及动作原理

如图 6 - 22 是采用 DH - 2 型重合闸电器的电气一次 ARD 装置原理图(展开式原理图)。控制开关 SA1 和 SA2 为 LW2 型万能转换开关,SA1 为断路器控制开关,SA2 为自动重合闸装置选择开关(只有 ON 和 OFF 两个位置),用于投入和解除 ARD。

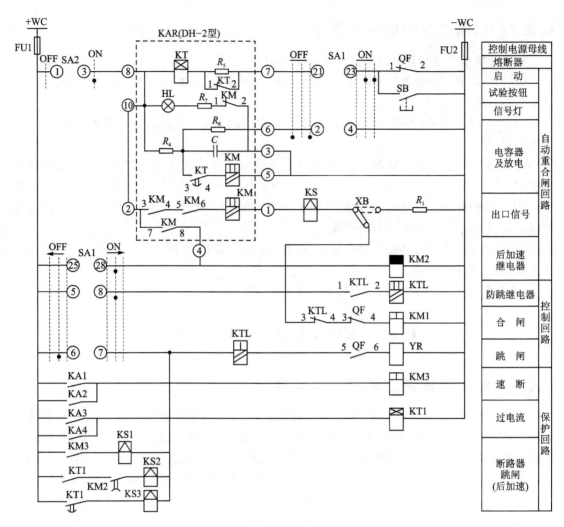

图 6-22　电气一次自动重合闸装置原理图

（1）故障跳闸后的自动重合闸过程

线路正常运行时，SA1 和 SA2 都扳到"合闸"（ON）位置，ARD 投入工作。重合闸继电器 KAR 中的电容器 C 经 R_4 充电，指示灯 HL 亮，表明母线 WC 电压正常，电容器已在充电状态。

当一次线路发生短路故障时，保护装置发出跳闸信号，同时使断路器 QF 自动跳闸，断路器的触点 QF1—2 闭合，而 SA1 仍在合闸位置，此时接通重合闸继电器 KAR 启动回路。时间继电器 KT 动作，经过一段时间的延时，其常闭触点 KT1—2 断开，常开触点 KT3—4 闭合。触点 KT1—2 断开使时间继电器的线圈串入电阻 R_5，可以限制线圈中通过的电流，以防止线圈过热烧毁。触点 KT3—4 闭合，使电容 C 对 KAR 中的中间继电器 KM 放电，使线圈 KM 动作。KM 动作后，其常闭触点 KM1—2 断开，使 HL 熄灭，表示 KAR 已经动作，其出口回路已经接通；合闸接触器 KM1 经 WC→SA2→KM3—4→KM5—6→KM 电流线圈→KS→XB→KTL3—4→QF3—4 接通负电源，从而使断路器重新合闸。

此处考虑中间继电器 KM 是由于电容 C 的放电而开始动作的，为了保证电容放电时间可靠，在 KAR 的出口回路中串入了 KM 的电流线圈，通过 KM 自身的常闭触点 KM3—4 和

KM5—6 形成自锁,以保持 KM 的工作状态。

断路器重合后,其触点 QF1—2 断开,KAR 的中间继电器 KM 复位,解除 KM 自锁。电容器 C 又重新经 R_4 充电,经 15～25 s 后才能充满,以准备下一次动作。当线路发生永久性故障时,一次重合如不成功,继电保护装置第二次将断路器跳闸,此时虽然 KT 将再次启动,但因电容器 C 尚未充满电,不能使 KM 动作,因而保证了 ARD 只动作一次。

(2) 手动跳闸时,重合闸不应动作

在分闸操作时,先将选择开关 SA2 扳至"分闸"(OFF)位置,其触点 1—3 断开,使 KAR 退出工作。同时将控制开关 SA1 扳到"预备分闸"及"分闸后"位置时,其触点 2—4 闭合,使电容器 C 先对 R_6 放电,从而使中间继电器 KM 失去动作电源。因此即使 SA2 没有扳到分闸位置(使 KAR 退出的位置),在采用 SA1 操作分闸时,断路器也不会自行重合闸。

(3) 防跳功能

当 ARD 重合于永久性故障时,断路器将再一次跳闸,若 KAR 中 KM3—4 和 KM5—6 触点被黏住时,KTL 的电流线圈因跳闸而被启动,KTL1—2 闭合并能自锁,KTL 电压线圈通电保持,KTL3—4 断开,切断合闸回路,防止跳跃现象。

6.6.2 备用电源自动投入装置

对于拥有一、二级供电负荷的工厂变配电所,通常设有两路及以上的电源进线,确保供电的可靠性。备用电源自动投入装置(Auto-Put-into Device of reserve-source,APD)就是当主电源线路发生故障而断电时,能自动而且迅速将备用电源投入运行以确保供电可靠性的装置。

当工作电源不论由于何种原因而失去电压时,APD 能够将失去电压的电源切断,随即将另一备用电源自动投入以恢复供电。

APD 从其电源备用方式上可分成明备用和暗备用两大类:

明备用是指装设专用的备用电源的备用方式。如图 6-23(a)所示,A 进线为工作线路,B 进线为备用线路,APD 装在备用线路 B 进线上。正常运行时,备用线路与母线断开。当 A 进线发生故障时,APD 将 B 进线自动投入。

暗备用是指不装设专用的备用电源的备用方式。如图 6-23(b)所示,A 进线与 B 进线互为暗备用。APD 装在母线分段断路器 QFB 上,正常运行时,各段母线由各自的工作线路供电,母线分段断路器处在断开位置。当其中一条工作线路因故障或者其他原因失去电压后,失压线路的断路器断开,APD 随即将分段断路器 QFB 自动合上,靠分段断路器 QFB 而取得相互备用。

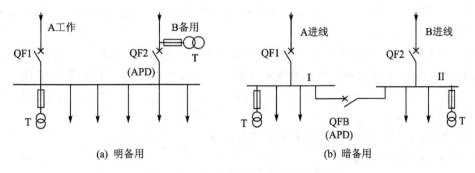

(a) 明备用   (b) 暗备用

图 6-23 备用电源自动投入示意图

1. APD 接线及动作原理

图 6-24 是高压双电源互为备用的 APD 电路,采用的控制开关 SA1、SA2 均为 LW2 型万能转换开关,其触点 5—8 只在"合闸"时接通,触点 6—7 只在"分闸"时接通。断路器 QF1 和 QF2 均采用交流操作的 CT7 型弹簧操动机构。

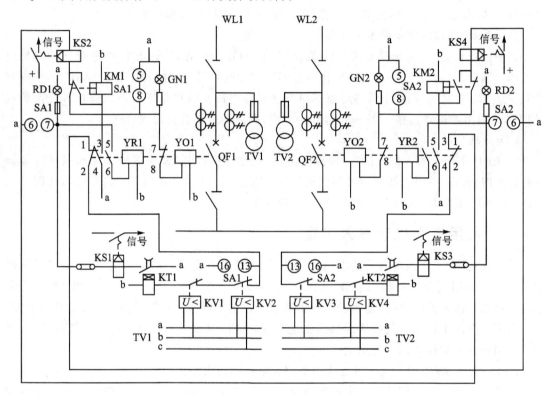

WL1、WL2—电源进线;QF1、QF2—断路器;

TV1、TV2—电压互感器(其二次侧相序为 a、b、c);

SA1、SA2—控制开关;KV1~KV4—电压继电器;

KT1、KT2—时间继电器;KM1、KM2—中间继电器;

KS1~KS4—信号继电器;YR1、YR2—跳闸线圈;YO1、YO2—合闸线圈;

RD1、RD2—红色指示灯;GN1、GN2—绿色指示灯

图 6-24　高压双电源互为备用的 APD 电路

当电源 WL1 工作时,WL2 为备用。QF1 在"合闸"位置,SA1 在"合闸后"位置,其触点 5—8 和 6—7 断开,触点 13—16 接通。QF2 在"分闸"位置,SA2 在"分闸后"位置,其触点 5—8、6—7 和 13—16 均断开。

当工作电源 WL1 因故障而断电时,电压继电器 KV1 和 KV2 常闭触点闭合,KT1 动作,其闭合触点延时闭合,使 QF1 的跳闸线圈 YR1 通电,则 QF1 跳闸,其触点 1—2 闭合。QF2 的合闸线圈 YO2 因 QF1 的触点 1—2 闭合而通电,将 QF2 合上,从而使备用电源 WL2 自动投入,变配电所恢复供电。

同样当 WL2 为工作电源时,发生上述现象后,WL1 也能自动投入。

2. 对 APD 的基本要求

对备用电源自动投入装置的基本要求具体如下:

① 工作电源断开后,备用电源才允许投入。

② 手动跳开工作电源时,备用电源自动投入装置不应动作。

③ 应具有闭锁备用电源自投装置的功能,以防止备用电源投到故障的元件上,造成事故扩大的严重后果。

④ 备用电源不满足有压条件,备用电源自投装置不应动作。

⑤ 应防止因工作母线的电压互感器二次发生三相断线故障而造成备用电源自投装置误投入。

⑥ 备用电源自投装置只允许动作一次。

习题与思考题

1. 什么是二次设备和二次回路?

2. 二次接线图常见的形式有哪几种? 各有什么特点?

3. 端子排图的设计原则是什么? 怎样进行设计?

4. 什么叫相对编号法? 举例说明。

5. 操作电源有哪几种? 直流操作电源、交流操作电源又各有哪几种? 各有什么特点?

6. 电容储能硅整流直流系统各元件的作用是什么? 简述其电路的工作原理。

7. 断路器控制回路应满足哪些要求?

8. 断路器有哪些控制方式?

9. 信号回路的基本要求是什么?

10. 什么是变电站的中央信号系统? 其作用是什么?

11. 什么是事故信号、预告信号、重复动作、不重复动作、中央复归、就地复归?

12. 什么是自动重合闸(ARD)? 简述自动重合闸装置的工作原理。

13. 什么是备用电源自动投入装置? 有什么要求?

14. 简述双电源互为备用电源自动投入装置的工作原理。

第7章 供电系统继电保护原理

本章简要介绍继电保护的基本工作原理、常用的继电器,重点讲述供电系统中常用的几种过电流保护以及电力变压器、电力电容器、高压电动机等几种主要电气设备保护的基本原理和整定方法。

7.1 继电保护概述

7.1.1 继电保护基本工作原理

由于自然条件(如雷击等)、电气元件(如变压器、电力电容器、电动机、母线、电缆等)制造质量、运行维护诸方面因素,电力系统发生各种故障或异常运行状态是不可能完全避免的,因此应设置必要的保护装置。保护就是在电力系统中检出故障或其他异常情况时,将故障部分及时地从系统中切除,以保证非故障部分的继续工作,并发出报警信号,以便值班人员检查并采取消除故障的措施。这种保护装置的核心可以是继电器、电子元件电路或微处理器。因在其发展过程中曾主要用有触点的继电器来构成保护装置,所以称为继电保护。

继电保护的种类较多,但一般是由测量部分、逻辑部分和执行部分所组成。继电保护装置的原理框图如图 7-1 所示。测量部分采集被保护对象有关信号,并与给定的保护整定值进行比较,以决定保护装置是否动作。根据测量部分各输出量的性质、大小及出现的顺序或它们的组合,使保护装置按一定的逻辑关系工作,最后确定保护应有的动作行为,由执行部分立即或延时发出警报信号或跳闸信号。

图 7-1 继电保护装置的原理结构图

7.1.2 继电保护装置的任务和基本要求

1. 继电保护装置的任务

继电保护装置是指能够反应电力系统中电气元件发生故障或不正常运行状态,并能实时动作于断路器跳闸并发出信号的一种自动装置。为了保证安全可靠地供电,电力系统中主要电气设备及线路都要装设继电保护装置。继电保护装置的任务主要是:

① 自动、迅速、有选择性地将故障设备从供配电系统中切除,使其他非故障部分供电不受影响或迅速恢复正常供电。

② 正确反映电气设备的异常运行状态,发出预告信号,以便操作人员采取措施,恢复电气设备的正常运行。

③ 与供配电系统的自动装置(如自动重合闸装置、备用电源自动投入装置等)配合,提高供配电系统的供电可靠性。

2. 继电保护装置的基本要求

供电系统对继电保护装置有以下基本要求:

(1) 可靠性

可靠性是对继电保护性能的最根本要求,要求保护装置在不需要它动作时不动作,即不发生误动作,要求保护装置在规定的保护范围内发生了应该动作的故障时可靠动作,即不拒动。一般来说,保护装置的组成元件的质量越高,接线越简单,回路中继电器的触点数量越少,保护装置的可靠性就越高。同时,正确的设计和整定计算,保证安装、调整试验的质量,提高运行维护水平,对于提高保护装置的可靠性也具有重要作用。

(2) 选择性

选择性是指保护装置动作时,在可能最小的区间内将故障从电力系统中切除,最大限度地保证系统中无故障部分仍能继续安全运行。它包含两层含义:其一是只应由装在故障元件上的保护装置动作切除故障;其二是要力争相邻元件的保护装置对它起后备保护作用,考虑拒绝动作的可能性,并使停电范围尽量缩小。

保证继电保护的选择性需要利用一定的延时使本线路的后备保护与主保护正确配合,并且满足上级元件后备保护的灵敏度低于下级元件后备保护的灵敏度,以及上级元件后备保护的动作时间要大于下级元件后备保护的动作时间。

(3) 速动性

速动性是指在发生故障时,保护装置应以尽可能快的速度反应故障并发出断路器跳闸命令。在某些情况下,供配电系统允许保护装置在切除故障时带有一定的延时。因此,对继电保护速动性的具体要求,应根据供配电系统的接线以及被保护器件的具体情况来确定。

故障切除的总时间等于保护装置和断路器动作时间之和。一般的快速保护的动作时间为 $0.06 \sim 0.12 \text{ s}$,最快的可达 $0.01 \sim 0.04 \text{ s}$,一般的断路器的动作时间为 $0.06 \sim 0.15 \text{ s}$,最快的可达 $0.02 \sim 0.06 \text{ s}$。采用快速动作的继电保护装置和快速动作的断路器是提高速动性的有效方法。

(4) 灵敏性

灵敏性是指保护装置对在其保护范围内发生的任何故障或不正常运行状态的反应能力。继电保护装置对其保护区内的所有故障,不论短路点的位置、短路类型如何,都应该敏锐反应、正确动作。灵敏性通常用灵敏系数 S_p 来衡量,S_p 越大,灵敏性越高,越能反应轻微故障。对反应过量的继电保护装置,灵敏系数为:

$$S_p = \frac{I_{k.\,min}}{I_{op1}} \qquad\qquad (7-1)$$

式中,$I_{k.\,min}$ 为继电保护装置保护区内在电力系统最小运行方式下的最小短路电流;I_{op1} 为继电保护装置动作电流换算到一次电路的值,称为其一次动作电流。

注意:式(7-1)是针对过量继电器而言,欠量继电器的灵敏系数的定义则不同。

以上对保护装置的四项要求,在一个具体的保护装置中,不一定都是同等重要的。在各要求之间发生矛盾时,应进行综合分析,选取最佳方案。例如,为了满足保护装置的选择性,往往要牺牲一些速动性;而有时却要牺牲选择性,保证速动性。继电保护装置除满足上面的基本要求外,还要求投资省,便于调试和维护。

7.2　常用的保护继电器

继电器是一种在其输入的物理量(电气量或非电气量)达到规定值时,其电气输出电路被接通或被分断的自动电器。

继电器按其用途分为控制继电器和保护继电器两大类。保护继电器的种类很多:按继电器反映的物理量变化划分,有过量继电器和欠量继电器,如过电流继电器、欠电压继电器;按继电器反映的物理量划分,有电流继电器、电压继电器、功率方向继电器、气体继电器等;按继电器的结构原理划分,有电磁式继电器、感应式继电器、数字式继电器、微机式继电器等;按继电器在保护装置中的功能划分,有起动继电器、时间继电器、信号继电器和中间继电器等。

保护继电器的型号含义如表 7－1 所列。

表 7－1　保护继电器的型号及字母含义

动作原理代号	D—电磁式,G—感应式,L—整流式,B—半导体式,W—微机式
主要功能代号	L—电流,Y—电压,S—时间,X—信号,Z—中间,C—冲击,CD—差动
产品特征或改进代号	用阿拉伯数字或字母 A,B,C 等表示
派生产品代号	C—可长期通电,X—带信号牌,Z—带指针,TH—湿热带用
设计序号和规格代号	用阿拉伯数字表示

7.2.1　电磁式继电器

电磁式继电器主要由电磁铁、可动衔铁、线圈、接点、反作用弹簧等元件组成。当在继电器的线圈中通入电流 I 时,它经由铁芯、空气隙和衔铁所构成闭合磁路产生电磁力矩,当其足以克服弹簧的反作用力矩时,衔铁被吸向电磁铁,带动常开接点闭合,称为继电器动作,这就是电磁型继电器的基本工作原理。

电磁式继电器结构简单,工作可靠,已被制成各种用途的继电器,如电流继电器、电压继电器、中间继电器、信号继电器和时间继电器等。

1.电磁式电流继电器和电压继电器

电磁式电流继电器和电压继电器在继电保护装置中均为起动元件,属于测量继电器。电流继电器的文字符号为 KA,电压继电器的文字符号为 KV。

图 7－2 所示为 DL－10 系列电磁式电流继电器的基本结构。当电流通过继电器线圈 1 时,电磁铁 2 中产生磁通,对 Z 形铁片 3 产生电磁吸力,若电磁吸力大于弹簧 9 的反作用力,Z 形铁片就转动带动同轴的动触头 5 转动,使常开触头闭合,继电器动作。

过电流继电器线圈中能够使继电器动作的最小电流,称为继电器的动作电流,用 I_{op} 表示。继电器动作后,当流入继电器线圈的电流减小到一定值时,钢舌片在弹簧作用下返回,使动、静触点分离,此时称继电器返回。能够使继电器返回的最大电流,称为继电器的返回电流,用 I_{re} 表示。继电器的返回电流与动作电流的比值,称为继电器的返回系数,用 K_{re} 表示,即

$$K_{re} = \frac{I_{re}}{I_{op}} \tag{7－2}$$

返回系数是继电器的一项重要质量指标。对于过量继电器,如电磁式过电流继电器,返回

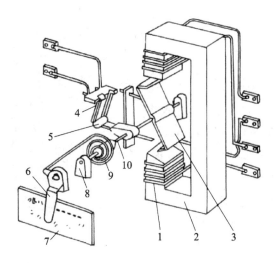

1—线圈;2—电磁铁;3—钢舌片;4—静触点;5—动触点;6—起动电流调节螺杆;
7—标度盘;8—轴承;9—反作用弹簧;10—轴

图 7 - 2　DL - 10 系列电磁式电流继电器的基本结构

系数 K_{re} 恒小于 1;对于欠量继电器,如低电压继电器,其返回系数 K_{re} 总大于 1。而在实际应用中,希望 K_{re} 越接近 1 越好。对于过电流继电器,K_{re} 应不小于 0.85;对于低电压继电器,K_{re} 应不大于 1.25。为使 K_{re} 接近 1,应尽量减少继电器运动系统的摩擦,并使电磁力矩与反作用力矩适当配合。

应该注意的是:当流过电流继电器线圈中的电流 $I_f < I_{op}$ 时,继电器根本不动作,而当 $I_f \geqslant I_{op}$ 时,则继电器能够突然迅速的动作,其常开触点闭合,常闭触点断开。在继电器动作以后,只有当电流减小到 $I_f \leqslant I_{op}$ 时,继电器又能立即突然地返回原位,常开触点断开,常闭触点闭合。无论起动和返回,继电器的动作都是明确、干脆的,它不可能停留在某一个中间位置,这种特性称为继电特性。

电磁式电压继电器的结构和原理,与电磁式电流继电器极为类似,只是电压继电器的线圈为电压线圈并多做成低电压继电器。低电压继电器的动作电压 U_{op} 为其线圈上能够使继电器动作的最高电压,其返回电压 U_{re} 为能够使继电器由动作状态返回到起始位置的最低电压。

2. 电磁式时间继电器

在继电保护装置中,电磁式时间继电器用来使保护装置获得所要求的动作延时(时限)。时间继电器的文字符号为 KT。

图 7 - 3 所示为 DS - 110、120 系列电磁式时间继电器的基本结构,其内部接线和图形符号如图 7 - 4 所示。

在继电器线圈 1 上加入动作电压后,铁芯 3 被瞬时吸入,压杆 9 被释放,使被卡住的钟表机构被释放。扇形齿轮 12 按顺时针的方向转动,并带动传动齿轮 13,使同轴的主齿轮 20 转动,再带动钟表机构转动,因钟表机构中钟摆和摆锤的作用,使动触点 14 以恒速转动,经过设定时限后与静触点 15 接触。改变静触点位置,可以改变动触点的行程,即可调整时间继电器的时限范围,在标度盘上读出。当继电器的线圈断电时,继电器在弹簧的作用下返回起始位置。

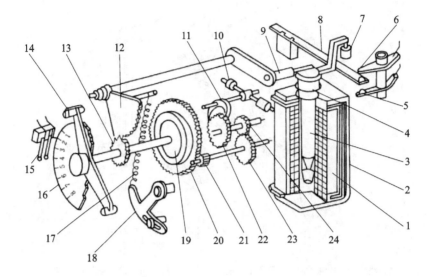

1—线圈；2—电磁铁；3—可动铁芯；4—返回弹簧；5、6—瞬时静触点；7—绝缘件；
8—瞬时动触点；9—压杆；10—平衡锤；11—摆动卡板；12—扇形齿轮；13—传动齿轮；
14—主动触点；15—主静触点；16—标度盘；17—拉引弹簧；18—弹簧拉力调节器；
19—摩擦离合器；20—主齿轮；21—小齿轮；22—掣轮；23、24—钟表机构传动齿轮

图 7-3　DS-110、120 系列时间继电器的基本结构

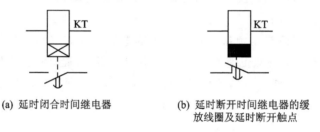

(a) 延时闭合时间继电器　　　　(b) 延时断开时间继电器的缓
　　　　　　　　　　　　　　　放线圈及延时断开触点

图 7-4　DS-110、120 系列时间继电器图形符号

3. 电磁式信号继电器

电磁式信号继电器在继电保护装置中用来发出指示信号，信号继电器的文字符号为 KS。

DX-11 型电磁式信号继电器为供电系统中常用的信号继电器，主要有电流型和电压型两种：电流型信号继电器线圈的阻抗小，串联在二次回路内，不影响其他二次元件的动作；电压型信号继电器线圈的阻抗大，必须并联使用。信号继电器的基本结构如图 7-5 所示，其图形符号如图 7-6 所示。当线圈中流过的电流大于继电器的动作值时，衔铁被吸起，信号牌失去支持，由于自身重量作用下落，且保持于垂直位置，通过窗口可以看到掉牌。与此同时，信号牌下落带动常开触点闭合，接通光信号和声信号回路。

4. 电磁式中间继电器

在继电保护装置中，电磁式中间继电器用作辅助继电器，以弥补主继电器触点数量或触点容量的不足，其文字符号为 KM。

供配电系统中常用的 DZ10 系列中间继电器的基本结构如图 7-7 所示，它一般采用吸引衔铁式结构。当线圈通电时，衔铁被快速吸合，动断触点断开，动合触点闭合。当线圈断电时，衔铁被快速释放，触点全部返回起始位置。DZ10 系列中间继电器的图形符号如图 7-8 所示。

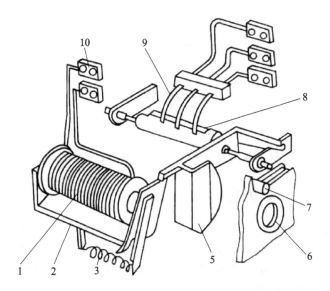

1—线圈；2—电磁铁；3—弹簧；4—衔铁；5—信号牌；6—玻璃窗孔；

7—复位旋钮；8—动触点；9—静触点；10—接线端子

图 7 - 5　DX - 11 型信号继电器的基本结构

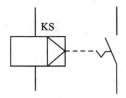

图 7 - 6　DX - 11 型信号继电器图形符号

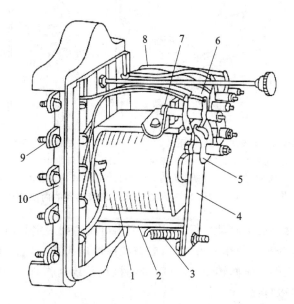

1—线圈；2—电磁铁；3—弹簧；4—衔铁；5—动触点；

6、7—静触点；8—连接线；9—接线端子；10—底座

图 7 - 7　DZ - 10 系列中间继电器的基本结构

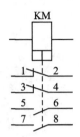

图 7 - 8　DZ - 10 系列中间继电器的图形符号

7.2.2　感应式电流继电器

在中小型变配电所供电系统中,感应式电流继电器可用来进行过电流保护兼电流速断保护,因为感应式电流继电器兼有上述电磁式电流继电器、时间继电器、信号继电器和中间继电器的功能,从而可大大简化继电保护装置。而且采用感应式电流继电器组成的保护装置采用交流操作,可进一步简化二次系统,减少系统投资。

常用的 GL - 10、20 系列感应式电流继电器结构如图 7 - 9 所示。它由电磁系统和感应系统两大系统构成。

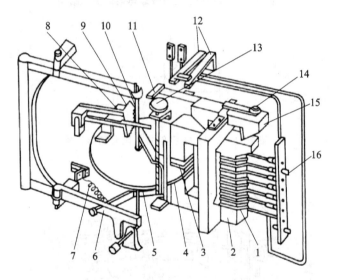

1—线圈;2—电磁铁;3—短路环;4—铝盘;5—钢片;6—铝框架;7—调节弹簧;
8—制动永久磁铁;9—扇形齿轮;10—蜗杆;11—扁杆;12—触点;
13—时限调节螺杆;14—速断电流调节螺钉;15—衔铁;16—动作电流调节插销
图 7 - 9　GL - 10、20 系列感应式电流继电器的内部结构

感应式电流继电器具有瞬时动作特性,当线圈内电流达到一定数值时,主电磁铁直接吸持瞬动衔铁,使继电器不经延时动作。另外,当电磁铁线圈电流在一定范围内时,铝盘因两个不同相位交变磁通所产生的涡流而转动,经延时带动接点系统动作,由于电流越大,铝盘转动越快,故其动作具有反时限特性。

感应式电流继电器的动作电流可用插销 16 改变线圈抽头(匝数)进行级进调节;也可以用调节弹簧 7 的拉力进行平滑调节;动作时限可用螺杆 13 改变扇形齿轮顶杆行程的起点来进行

调节;速断电流倍数可用螺钉 14 改变衔铁与电磁铁之间的气隙来进行调节。

　　GL‐10 型过电流继电器动作时限特性曲线如图 7‐10 所示。图中,曲线 1 对应于定时限部分动作时限为 2 s、速断电流倍数为 8 的动作时限特性曲线。曲线 2 对应于定时限部分动作时限为 4 s、速断动作电流倍数大于 10(瞬动电流整定旋钮拧到最大位置)的动作时限特性曲线。

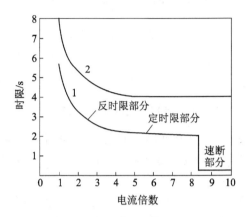

图 7‐10　GL‐10 型过电流继电器动作时限特性曲线

7.3　电力线路的继电保护

　　供配电系统中,电力线路可能存在因绝缘损坏而发生相间短路或单相接地短路等故障,也可能因运行方式的改变而出现过负荷。按 GB/T 50062—2008《电力装置的继电保护和自动装置设计规范》规定,对 3～66 kV 电力线路,应装设相间短路保护、单相接地保护和过负荷保护。保护装置装设在线路的电源侧,作为本线路的主保护,其后备保护采用远后备方式,即由相邻上级线路的保护实现后备。

7.3.1　线路的过电流保护

　　在供电系统中发生短路时,线路上的电流剧增。因此,必须设置过电流保护装置,对供电线路进行保护。为了具有选择性,过电流保护通常应有一定的时限。按动作的时限特性,过电流保护分为定时限过电流保护和反时限过电流保护。

1. 定时限过电流保护

　　定时限过电流保护的原理电路(展开式原理图)如图 7‐11 所示,它由起动元件(电磁式电流继电器)、时限元件(电磁式时间继电器)、信号元件(电磁式信号继电器)和出口元件(电磁式中间继电器)等四部分组成。其中 TA1 和 TA2 为装于 A 相和 C 相上的电流互感器,接线方式为两相两继电器式。

　　当一次电路发生相间短路(任两相发生短路)时,电流继电器 KA1、KA2 中至少有一个动作,其常开触点闭合,使时间继电器 KT 起动。经过一定延时,KT 触点闭合,接通信号继电器 KS 线圈回路,KS 触点闭合,接通灯光、声响信号回路;同时,信号牌掉下显示该保护装置动作。在 KT 触点闭合接通信号继电器的同时,中间继电器 KM 线圈也同时接通,其触点闭合使断路器跳闸线圈 YR 有电,动作于断路器跳闸,以切除故障线路。在断路器跳闸时,QF 的

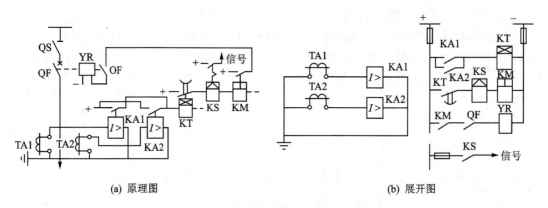

(a) 原理图　　　　　　　　　　　　　(b) 展开图

图 7 - 11　定时限过电流保护装置电路图

辅助触点随之断开跳闸回路,以切断其回路中的电流,在短路故障被切除后,继电保护装置中除 KS 外的其他所有继电器均自动返回起始状态,而 KS 可手动复位。

2. 反时限过电流保护

反时限过电流保护装置由 GL 型电流继电器组成,其电路原理如图 7 - 12 所示。KA1、KA2 为 GL 型感应式带有瞬时触点的反时限过电流继电器,继电器本身带有时限,并有动作及指示信号牌,所以回路不需要时间继电器和信号继电器。反时限过电流保护装置动作时限是变化的,且随流过保护装置电流大小的变化而成反时限变化。即通过保护装置的故障电流越大,动作时间越短;故障电流越小,动作时间越长。

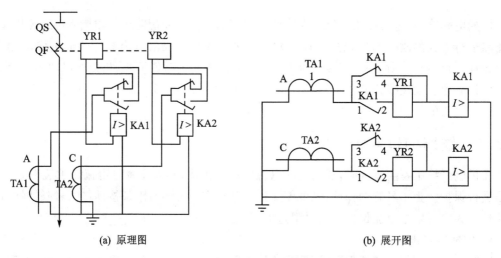

(a) 原理图　　　　　　　　　　　　　(b) 展开图

图 7 - 12　交流操作的反时限过电流保护装置原理图

当一次电路发生相间短路时,电流继电器 KA1、KA2 至少有一个动作,经过一定的延时后,其常开触点闭合,紧接着其常闭触点断开,断路器 QF 因跳闸线圈 YR"去分流"跳闸,切除短路故障。在继电器"去分流"跳闸的同时,其信号牌自动掉下,显示保护装置已经动作。在故障切除后,继电器自动复位,信号牌则需要手动复位。

3. 过电流保护动作电流整定

为保证在正常运行情况下过电流保护装置不动作,保护装置的启动电流必须整定得大于该线路上可能出现的最大负荷电流 $I_{\text{L.max}}$。然而,在实际上确定保护装置的启动电流时,必须考虑在外部故障切除后,保护装置是否能够返回的问题。例如,在图 7 - 13 中,当 k 点发生短路时,短路电流将通过 KA1 和 KA2,并且对应的两个保护都要启动,但是按照选择性的要求应由 KA2 动作切除故障,而 KA1 由于电流已经减小而立即返回。

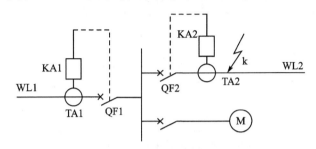

图 7 - 13　线路的过电流保护动作电流整定

由此可得,保护一次侧的返回电流 I_{re} 应大于最大负荷电流 $I_{L.max}$,最大负荷电流应考虑到因故障而停机的电动机在故障切除后启动的自启动电流。引入一个可靠系数 K_{rel},则

$$I_{re} = K_{rel} I_{L.max} \tag{7-3}$$

通过引入返回系数 K_{rel} 将保护装置一次侧的返回电流换算到一次侧的动作电流,进而换算到继电器的动作电流 I_{op},即

$$I_{op} = \frac{K_{rel} K_w}{K_{re} K_i} I_{L.max} \tag{7-4}$$

式中,K_{rel} 为保护装置的可靠系数,对于 DL 型电流继电器,取 1.2,对于 GL 型电流继电器,取 1.3;K_w 为保护装置的接线系数,对于两相两继电器式接线(相电流接线),取 1,对于两相一继电器式接线(两相电流差接线),取 $\sqrt{3}$;$I_{L.max}$ 为线路上的最大负荷电流,可取为 $(1.5\sim3)I_{30}$,I_{30} 为线路计算电流。

4. 过电流保护动作时限整定

(1) 定时限过电流保护的动作时限整定

为了证前后两级保护装置动作的选择性,过电流保护的动作时间应按"阶梯原则"整定,即后一级线路首端(如图 7 - 14(a)中的 k 点)发生短路时,前一级保护装置(KA1)的动作时间 t_1 应比后一级保护(KA2)中最长的动作时间 t_2 都要多一个时间级差 Δt,如图 7 - 14(b)所示,即

$$t_1 \geqslant t_2 + \Delta t \tag{7-5}$$

时间级差 Δt 应综合考虑下级断路器跳闸时间、保护出口继电器延时时间以及配合裕度时间等,对定时限过电流保护,一般取为 0.3～0.5 s。

(2) 反时限过电流保护的动作时限整定

为了保证动作的选择性,反时限过电流保护也应满足时限的"阶梯原则",如图 7 - 14(c)所示。由于感应式电流继电器的动作时限与短路电流的大小有关,继电器的时限调节机构是按 10 倍动作电流来标度的,而实际通过继电器的电流一般不会正好就是动作电流的 10 倍,所以,必须根据继电器的动作特性曲线来确定,继电器的动作特性曲线如图 7 - 15 所示。

假设图 7 - 14(a)所示电路中,后一级保护 KA2 的 10 倍动作电流的动作时限已整定为 t_2。现在要整定前一级保护 KA1 的 10 倍动作电流的动作时限 t_1,整定计算的步骤如下:

① 计算 k 点三相短路时对 KA2 的动作电流 $I_{op(2)}$ 的倍数

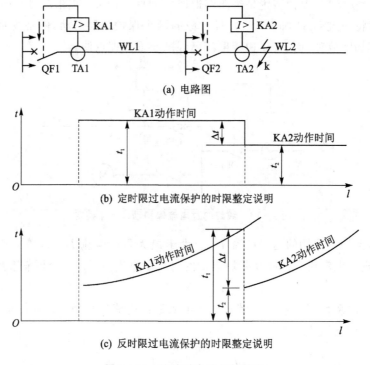

(a) 电路图

(b) 定时限过电流保护的时限整定说明

(c) 反时限过电流保护的时限整定说明

图 7-14　线路过电流保护整定

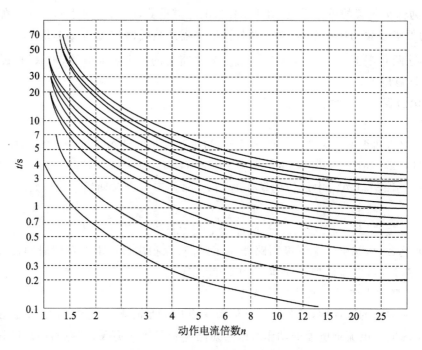

图 7-15　反时限动作特性曲线

$$n_2 = \frac{I'_{k(2)}}{I_{op(2)}} \tag{7-6}$$

式中，$I'_{k(2)}$ 为 k 点发生三相短路时，流经保护继电器 2 的电流，$I'_{k(2)} = K_{w(2)} I_k / K_{i(2)}$，$K_{w(2)}$ 为 KA2 与电流互感器相连接的接线系数，$K_{i(2)}$ 为 KA2 所连电流互感器的电流比。

② 由图 7 - 16 中 KA2 的动作特性曲线求得 KA2 的实际动作时间 t'_2。

③ 根据"阶梯原则"确定 KA1 的实际动作时间,即

$$t'_1 = t'_2 + \Delta t \qquad (7-7)$$

式中,Δt 一般取 0.5~0.7 s。

④ 计算 k 点发生三相短路时对 KA1 的动作电流 $I_{op(1)}$ 的倍数 n_1

$$n_1 = \frac{I'_{k(1)}}{I_{op(1)}} \qquad (7-8)$$

⑤ 通过点 (n_1, t'_1) 在图 7 - 16 中确定 KA1 的动作曲线,确定此曲线的 10 倍动作电流的动作时间 t_1,将 KA1 的动作时间整定为 t_1 即可。

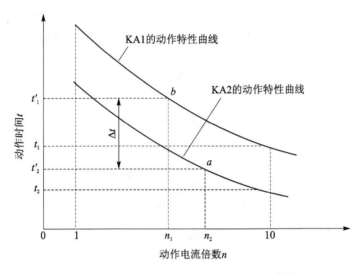

图 7 - 16　反时限过电流保护的动作时限整定

另外,有时点 (n_1, t'_1) 可能不在给出的 KA1 的特性曲线上,而在两条曲线之间,这时就只能从上下两条曲线来粗略估计其 10 倍动作电流的动作时限。

5. 过电流保护的灵敏度

按照 GB/T 50062—2008《电力装置的继电保护和自动装置设计规范》规定,过电流保护的灵敏度需要满足的条件为:

$$S_p = \frac{I^{(2)}_{k.min}}{I_{op.1}} = \frac{K_w I^{(2)}_{k.min}}{K_i I_{op}} \geqslant 1.5 \qquad (7-9)$$

式中,$I^{(2)}_{k.min}$ 为被保护线路末端在系统最小运行方式下的两相短路电流。

如果过电流保护是作为后备保护,则其保护灵敏度 $S_p \geqslant 1.2$ 即可。

6. 定时限过电流保护与反时限过电流保护的比较

定时限过电流保护的优点是:整定简单,动作准确,动作时限固定。其缺点是:所需继电器多,接线复杂,且需直流电源,投资较大;此外,越靠近电源处的保护装置,其动作时间越长,这是带时限的过电流保护共有的缺点。

反时限过电流保护的优点是:使用继电器少,接线简单,可采用交流操作,投资小,故它在中小工厂供电系统中得到广泛应用。其缺点是:整定配合比较复杂,当系统最小运行方式下短路时,其动作时限可能较长。

7.3.2 电流速断保护

过电流保护的选择性是靠动作时限阶梯原则来保证的。因此,越靠近电源端,保护的动作时间越长,不能快速地切除靠近电源处发生的严重故障。为了克服这个缺点,可加装电流速断保护。

1. 电流速断保护的原理及整定

小接地电流系统无时限电流速断保护接线如图 7 – 17 所示,电流互感器采用二相不完全星形接线。系统采用两个电流继电器 KA1、KA2 作为测量元件,并一个中间继电器 KM 和一个信号继电器 KS。其中,中间继电器 KM 的作用有两个:一是利用它的触点接通跳闸回路,起到增加电流继电器触点容量的作用;二是利用 KM 延时闭合触点增加保护的固有动作时间,以避免装有管形避雷器的线路在管形避雷器放电动作时,其电流速断保护发生误动作。因为避雷器放电相当于瞬时发生接地短路,放电结束后,线路立即恢复正常工作,所以保护不应该误动作。为此,必须使保护的动作时间躲开避雷器放电时间。

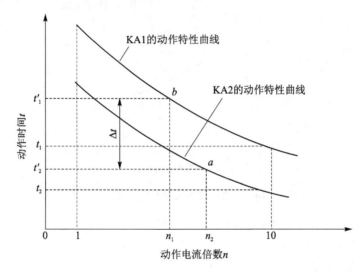

图 7 – 17 小接地电流系统无时限电流速断保护原理接线图

瞬时电流速断保护电流定值的整定原则是躲过本线路末端的最大短路电流。图 7 – 18 所示为放射式配电线路,在线路 WL1 和 WL2 的首端均装设了瞬时电流速断保护。为保证选择性,当线路 WL2 首端 k2 点发生短路时,WL1 线路上的瞬时电流速断保护不应该动作,所以,KA1 的动作电流 I_{qb} 应大于本线路末端母线处(k1 点)短路时可能出现的最大短路电流,即母线末端在最大运行方式(电源阻抗最小)下的三相短路电流 $I_{k.min}^{(3)}$,即

$$I_{qb} = \frac{K_{rel}K_w}{K_i}I_{k.max} \tag{7 – 10}$$

式中,K_{rel} 为可靠系数,对 DL 型继电器,取 1.2~1.3;对 GL 型继电器,取 1.4~1.5;对脱扣器,取 1.8~2。

电流速断保护的灵敏度按其安装处(线路首端)在系统最小运行方式下的两相短路电流作为最小短路电流来校验,即

$$S_p = \frac{K_w I_{k.min}^{(2)}}{K_i I_{qd}} \geqslant 1.5 \sim 2 \tag{7 – 11}$$

电流速断保护的优点是接线简单、动作迅速可靠,其主要缺点是不能保护线路全长,且保护范围受系统运行方式变化的影响。当系统运行方式变化很大,或者被保护线路长度很短时,电流速断保护就可能没有保护范围。

2. 电流速断保护的"死区"及其弥补

由于电流速断保护的动作电流是按躲过线路末端的最大短路电流来整定的,并乘上了一个可靠系数,因此电流速断保护装置的一次动作电流会大于保护装置所保护的线路末端的短路电流,在这段线路上发生短路时,电流速断保护装置可能不会动作,即电流速断保护不可能保护线路的全长。这种电流速断保护不能保护的区域,称为保护"死区",如图 7 - 18 所示。

在电流速断保护"死区"内,则由带时限的过电流保护实现主保护。

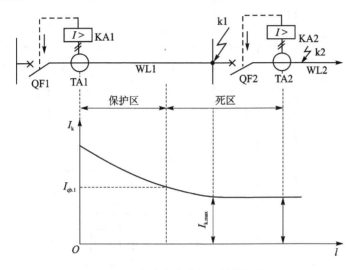

图 7 - 18　线路电流速断保护的保护区

7.3.3　单相接地保护

在中性点小接地或中性点不接地系统中,如果发生单相接地故障,流经接地点的电流是电容电流,数值很小,虽然相对地电压不对称,但线电压对称,系统仍可继续运行一段时间。但是,由于非故障相对地电压升高,可能引起对地绝缘击穿,引发两相接地短路,造成停电事故。因此,在系统发生单相接地故障时,必须通过有选择性单相接地保护装置或无选择性的绝缘监视装置,发出报警信号,以便运行人员及时发现和处理。

1. 单相接地保护原理

(1) 供配电系统单相接地分析

具有三回路出线的供配电系统中线路 WL3 的 C 相发生单相接地时电容电流和接地电流的分布如图 7 - 19 所示。将线路 WL3 称为接地线路,其他线路称为非接地线路;将 C 相称为接地相,其他两相称为非接地相。尽管接地发生在线路 WL3 上,但通过 C 相母线,系统中所有线路的 C 相对地电压都等于零。从对地电压的角度来看,非接地线路与接地线路完全相同,不同的是非接地线路没有接地点。因此,所有线路的非接地相都有电容电流流入大地,并通过接地点从接地线路的接地相流回电源。将电流特征归纳如下:

① 在发生单相接地时,全系统都将出现零序电压。

② 在非故障的元件上有零序电流,其数值等于本身的对地电容电流,电容性无功功率的

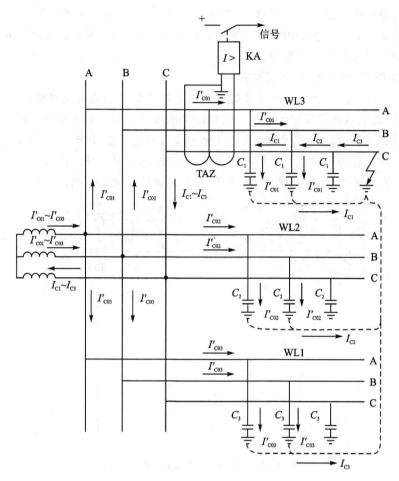

图 7 - 19　多线路系统单相接地时电容电流分布

实际方向为由母线流向线路。

③ 在故障线路上,零序电流为全系统非故障元件对地电容电流之总和,数值一般较大,电容性无功功率的实际方向为由线路流向母线。

（2）单相接地保护的工作原理

单相接地保护利用故障线路零序电流比非故障线路零序电流大的特点,实现有选择性的保护。在系统正常运行或发生三相对称短路时,由于三相电流对称,零序电流互感器二次侧为零,即在电流互感器中不会感应产生零序电流,继电器不动作。当发生单相接地故障时,就有接地电容电流通过,此电流在零序互感器二次侧感应出零序电流,使继电器动作,并发出信号。

图 7 - 20 所示为架空线路和电缆线路零序电流保护装置原理。对于架空线路,保护装置可接在由电流互感器构成的零序电流过滤回路中,如图 7 - 20(a)所示。对于电缆线路,零序电流通过零序电流互感器取得,如图 7 - 20(b)所示。零序电流互感器有一个环状铁芯,套在被保护的电缆上,电缆为一次线圈,二次线圈绕与电流继电器连接。

（3）单相接地保护装置动作电流的整定

当供配电系统中其他线路发生单相接地故障时,被保护线路流过接地电容电流 I_C,且单相接地保护不应动作,则

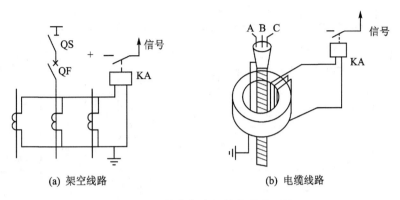

(a) 架空线路   (b) 电缆线路

图 7-20 零序电流保护装置原理图

$$I_{\mathrm{op(E)}} = \frac{K_{\mathrm{rel}}}{K_{\mathrm{i}}} I_{\mathrm{C}} \tag{7-12}$$

式中，K_{rel} 为可靠系数，保护装置不带时限时，取 $K_{\mathrm{rel}} = 4 \sim 5$，保护装置带时限时，取 $K_{\mathrm{rel}} = 1.5 \sim 2$；$K_{\mathrm{i}}$ 为零序电流互感器的变比；I_{C} 为其他线路发生单相接地时被保护线路上产生的电容电流，可按经验公式 $I_{\mathrm{C}} = U_{\mathrm{N}}(l_{\mathrm{oh}} + 35 l_{\mathrm{cab}})/350$ 计算，其中 l_{oh} 为同一电压 U_{N} 的具有电气联系的架空线路总长度，l_{cab} 为同一电压 U_{N} 的具有电气联系的电缆线路总长度。

（4）灵敏度校验

单相接地保护的灵敏度，应按照在被保护线路上发生单相接地故障时流过的最小零序电流校验，即

$$S_{\mathrm{p}} = \frac{I_{\mathrm{C.\Sigma}} - I_{\mathrm{C}}}{K_{\mathrm{i}} I_{\mathrm{op(E)}}} \tag{7-13}$$

式中，$I_{\mathrm{C.\Sigma}}$ 为电网在最小运行方式下（产生最小接地电流），各线路每相对地电容之和；I_{C} 为该线路本身的电容电流。架空线路中 S_{p} 应不小于 1.5，电缆线路中 S_{p} 不小于 1.25。

2. 绝缘监视装置

当变电所出线较少或线路允许短时停电时，可采用无选择性的绝缘监视装置作为单相接地的保护装置。绝缘监视装置是利用一次系统接地后出现的零序电压给出信号。

图 7-21 所示为绝缘监视装置原理接线。图中，在 3～35 kV 母线上装设了三个单相三绕组电压互感器或一个三相五芯柱三绕组电压互感器，其二次侧的星形联结绕组接有三个监测相对地电压的电压表和一个监测线电压的电压表；另一个二次绕组接成开口三角形，接入接地信号装置（如电压继电器），用来反应一次系统单相接地时出现的零序电压。电压互感器采用五心柱结构是让零序磁通能从主磁路中通过，便于零序电压的检出。

系统发生单相接地故障时，接地相电压表读数近似为 0，非故障相的两块电压表读数升高，近似为线电压。同时，开口三角形绕组两端电压也升高，近似为 100 V，电压继电器动作，发出单相接地信号，以便运行人员及时处理。

运行人员可根据接地信号和电压表读数，判断哪一段母线、哪一相发生单相接地，但不能判断哪一条线路发生单相接地。因为当该电网发生单相接地短路时，处于同一电压等级的所有变电所母线上，都将出现零序电压，所以该装置发出的信号是没有选择性的。这时值班人员可通过依次短时断开每条线路的方法（可辅以自动重合闸，将断开线路投入）来寻找故障线路。如断开某条线路时，系统接地故障信号消失，则表明被断开的线路为故障线路。找到故障线路

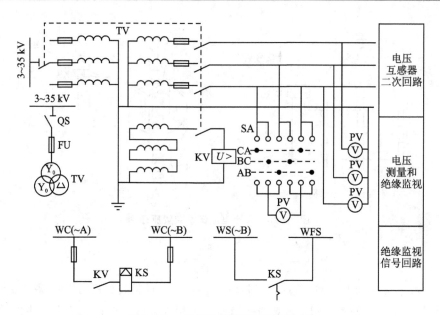

图 7 - 21   绝缘监视装置原理接线图

后,就可以采取措施进行处理,如转移故障线路负荷,以便停电检查。

在电网正常运行时,由于电压互感器本身有误差以及高次谐波电压的存在,开口三角形会有不平衡电压输出,所以过电压继电器的动作电压应躲过这一不平衡电压,一般整定为 15 V。

7.3.4 过负荷保护

电力线路的过负荷保护通常对经常出现过负荷的电缆线路才予以装设,一般延时动作于信号。其电路如图 7 - 22 所示。

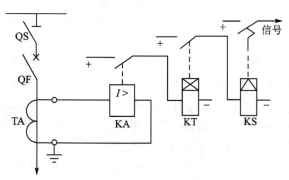

TA—电流互感器;KA—电流继电器;KT—时间继电器;KS—信号继电器

图 7 - 22   线路过负荷保护电路

电力线路过负荷保护的动作电流 I_{OL},按躲过线路的计算电流 I_{30} 来整定,即其整定计算公式为

$$I_{OL} = \frac{1.2 \sim 1.3}{K_i} I_{30} \tag{7 - 14}$$

式中,K_i 为电流互感器的电流比。

电力线路过负荷保护的动作时间一般取 $10 \sim 15$ s。

7.4　电力变压器的保护

变压器是供电系统不可缺少的重要电气设备,它的故障将对供配电可靠性和系统安全运行带来严重的影响。同时,大容量的电力变压器也是十分贵重的设备,因此应根据变压器容量等级和重要程度装设性能良好、动作可靠的继电保护装置。

7.4.1　变压器故障类型及保护方式

变压器的故障可以分为油箱外和油箱内两种故障。油箱外的故障,主要是套管和引出线上发生相间短路以及接地短路。油箱内的故障包括绕组的相间短路、匝间短路、接地短路以及铁芯的烧损等。这些故障是十分危险的,因为故障时产生的电弧不仅会损坏绕组的绝缘、烧毁铁芯,还可能使绝缘材料和变压器油受热而产生大量气体,引起变压器油箱爆炸。实践表明,变压器套管和引出线上的相间短路、接地短路、绕组的匝间短路是比较常见的故障形式;而变压器油箱内发生相间短路的情况比较少。

变压器的不正常运行状态主要有:由于外部短路和过负荷而引起的过电流、油面的高度降低和温度升高等。此外,对于中性点不接地运行的星形接线变压器,外部接地短路时有可能造成变压器中性点过电压;大容量变压器在过电压或低频率等异常运行工况下会使变压器过励磁,引起铁芯和其他金属构件的过热。

GB/T 50062—2008《电力装置的继电保护和自动装置设计规范》中对变压器保护装设保护的要求如下:

① 电压为 3～110 kV、容量为 63 MV·A 及以下的电力变压器,对下列故障及异常运行方式,应装设相应的保护装置。

ⓐ 绕组及其引出线的相间短路和在中性点直接接地或经小电阻接地侧的单相接地短路。

ⓑ 绕组的匝间短路。

ⓒ 外部相间短路引起的过电流。

ⓓ 中性点直接接地或经小电阻接地的电力网中外部接地短路引起的过电流及中性点过电压。

ⓔ 过负荷。

ⓕ 油面降低。

ⓖ 变压器油温过高、绕组温度过高、油箱压力过高、产生瓦斯或冷却系统故障。

② 容量为 0.4 MV·A 及以上的车间内油浸式变压器、容量为 0.8 MV·A 及以上的油浸式变压器,以及带负荷调压变压器的充油调压开关均应装设瓦斯保护,当壳内故障产生轻微瓦斯或油面下降时,应瞬时动作于信号;当产生大量瓦斯时,应动作于断开变压器各侧断路器。

③ 对变压器引出线、套管及内部的短路故障,应装设下列保护作为主保护,且应瞬时动作于断开变压器的各侧断路器。

ⓐ 电压为 10 kV 及以下、容量为 10 MV·A 以下单独运行的变压器,应采用电流速断保护。

ⓑ 电压为 10 kV 以上、容量为 10 MV·A 及以上单独运行的变压器,以及容量为 6.3 MV·A 及以上并列运行的变压器,应采用纵联差动保护。

ⓒ 容量为 10 MV·A 以下单独运行的重要变压器,可装设纵联差动保护。

ⓓ 电压为 10 kV 的重要变压器或容量为 2 MV·A 及以上的变压器,当电流速断保护灵敏度不符合要求时,宜采用纵联差动保护。

ⓔ 容量为 0.4 MV·A 及以上、一次电压为 10 kV 及以下,且绕组为三角—星形连接的变压器,可采用两相三继电器式的电流速断保护。

7.4.2　变压器的瓦斯保护

当在变压器油箱内部发生故障(包括轻微的匝间短路和绝缘保护破坏引起的经电弧电阻的接地短路)时,变压器油及绝缘材料会在故障点电流和电弧的作用下而受热产生气体。气体会从油箱流入油枕的上部。利用油箱内部故障时的这一特点,可以构成反应于上述气体而动作的保护装置,称为瓦斯保护(气体保护)。

瓦斯继电器是构成瓦斯保护的主要组件,它安装在油箱与油枕之间的连通管道上,如图 7-23 所示,这样,油箱内产生的气体必须通过瓦斯继电器才能流向油枕。为了不妨碍气体的流通,变压器安装时应使顶盖沿瓦斯继电器的方向与水平面具有 1%～1.5% 的升高坡度,通往继电器连通管具有 2%～4% 的升高坡度。

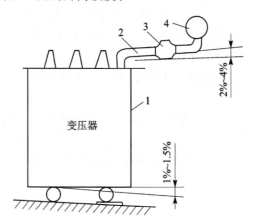

1—变压器油箱;2—连通管;3—气体继电器;4—油枕
图 7-23　瓦斯继电器安装示意图

图 7-24 为开口杯挡板式瓦斯继电器的内部结构。正常运行时,上油杯和下油杯都是充满油的,上油杯和附件在油内的重力所产生的力矩小于平衡锤所产生的力矩,因此上油杯和下油杯都向上倾,上动触点或下动触点断开。如果油箱内部发生轻微故障,会有少量气体上升聚集在继电器的上部,迫使油面下降。此时上油杯会露出油面,上油杯因盛有剩余的油使力矩大于平衡锤的力矩而降落,从而使上触点闭合,发出"轻瓦斯"保护动作信号。如果油箱内部发生严重故障,会产生很多气体,带动油流迅猛地由变压器油箱通过连通管进入油枕,在油流经过瓦斯继电器时,冲击挡板,使下油杯降落,从而使下触点接通,发出跳闸脉冲,表示"重瓦斯"保护动作。当变压器出现严重漏油使油面逐渐降低时,首先是上油杯露出油面,发出报警信号,使之下油杯露出油面亦能动作,发出跳闸脉冲。

瓦斯保护的原理接线如图 7-25 所示,气体继电器 KG 上面的触点 1—2 表示"轻瓦斯保护",动作后经延时触发信号继电器 KS1 发出报警信号;KG 下面的触点 3—4 表示"重瓦斯保护",动作后启动变压器保护的中间继电器 KM 使断路器 QF1 和 QF2 跳闸。同时,触发信号

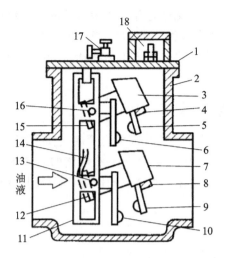

1—盖；2—容器；3—上油杯；4—永久磁铁；5—上动触点；6—上静触点；7—下油杯；
8—永久磁铁；9—下动触点；10—下静触点；11—支架；12—下油杯平衡锤；13—下油杯转轴；
14—挡板；15—上油杯平衡锤；16—上油杯转轴；17—放气阀；18—接线盒

图 7 - 24 开口杯挡板式瓦斯继电器结构图

继电器 KS2 发出报警信号。当油箱内部发生严重故障时，由于油流的不稳定可能造成 KG 的触点 3—4 抖动，此时为使继电器 KM 能可靠跳闸，应选用自保持中间继电器 KM，动作后由断路器 QF1 的辅助触点 3—4 来解除出口回路的自保持（KM 的触点 1—2 作"自保持"触点）。切换片 XB 可将跳闸回路切换到信号回路，目的是防止变压器换油或进行试验时引起重瓦斯保护误动作跳闸。但当 KG 的触点 3—4 闭合，也可以利用切片 XB 切换位置，串接限流电阻 R，使信号灯 HL 点亮，作为报警信号。

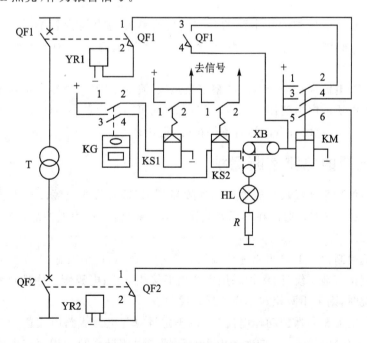

图 7 - 25 瓦斯保护原理接线图

瓦斯保护的优点是动作迅速、灵敏度高、安装接线简单、能反映油箱内部发生的各种故障，其缺点主要是不能反映油箱以外的套管及引出线等部位上发生的故障。因此瓦斯保护可以作为变压器的主保护之一，与其他保护相互配合、相互补充，快速而灵敏地切除变压器油箱内、外及引出线上发生的各种故障。

7.4.3　变压器的过电流保护

变压器的过电流保护装置安装在变压器的电源侧，它既能反应变压器的外部故障，又能作为变压器内部故障的后备保护，同时也作为下一级线路的后备保护。图 7－26 为变压器过电流保护的单相原理接线图，当过电流保护装置动作后，断开变压器两侧的断路器。

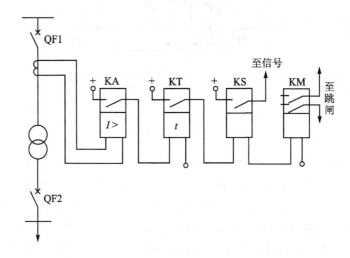

图 7－26　变压器过流保护单相原理接线图

电力变压器过电流保护动作电流的整定与电力线路过电流保护的整定基本相同，只是式（7－3）和式（7－4）中的 $I_{L.max}$ 应取为 $(1.5\sim3)I_{1NT}$，这里的 I_{1NT} 为电力变压器的额定一次电流。

电力变压器过电流保护动作时间的整定也是按"阶梯原则"来整定。但对电力系统的终端变电所如车间变电所的电力变压器来说，其动作时间可整定为最小值（0.5 s）。

灵敏度的要求 $S_p \geqslant 1.5$；当作为后备保护时，$S_p \geqslant 1.2$。

7.4.4　变压器的电流速断保护

变压器气体保护不能反映变压器油箱外故障，尤其是套管的故障。对于较小容量的变压器（如 5 600 kV·A 以下），通常在电源侧装设电流速断保护，作为电源侧绕组、套管及引出线故障的主要保护。

变压器电流速断保护的单相原理接线如图 7－27 所示，电流互感器装于电源侧。如果电源侧为中性点直接接地系统，则保护采用完全星形接线方式；电源侧为中性点不接地或经消弧线圈接地的系统时，则采用两相式不完全星形接线。

电力变压器电流速断保护动作电流 I_{qb} 的整定计算与电力线路电流速断保护的整定基本相同，只是式（7－10）中的 $I_{k.max}$ 应改为电力变压器二次侧母线的三相短路电流周期分量有效值换算到一次侧的短路电流值，即电力变压器电流速断保护的速断电流应躲过其二次侧母线

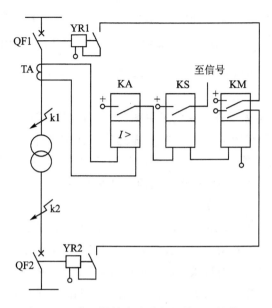

图 7 - 27　变压器的电流速断保护原理接线图

三相短路电流来整定。

　电力变压器电流速断保护的灵敏度,按保护装置安装处在系统最小运行方式下发生两相短路时的短路电流 $I_k^{(2)}$ 来校验,且要求 $S_p \geqslant 1.5$。

7.4.5　变压器的差动保护

1. 变压器差动保护的原理

　差动保护能正确区分被保护元件保护区内外故障,并能瞬时切除保护区内的故障。变压器差动保护用来反应变压器绕组、引出线及套管上各种短路故障,是变压器的主保护。图 7 - 28 所示为双绕组和三绕组变压器实现纵联差动保护的原理接线图。以双绕组的变压器保护为

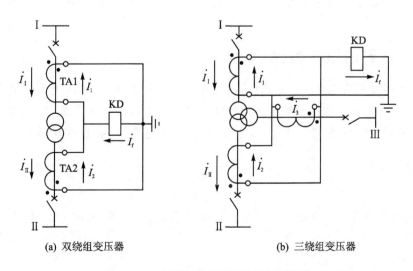

(a) 双绕组变压器　　　　　　　　(b) 三绕组变压器

图 7 - 28　变压器差动保护单相原理接线

例,在正常运行和外部故障时,流入继电器的电流为两侧电流之差,即 $\dot{I}_f = \dot{I}_1 - \dot{I}_2 \approx 0$,其值很小,故继电器不动作。当变压器内部发生故障时,若双侧电源供电,则 $\dot{I}_f = \dot{I}_1 + \dot{I}_2$,则继电器动作,使两侧短路器跳闸;若仅一侧有电源(如Ⅰ侧),则 $\dot{I}_f = \dot{I}_1$,继电器同样动作使两侧断路器跳闸。

2. 变压器正常运行时差动保护中的不平衡电流及其减小措施

为了提高差动保护的灵敏度,在变压器正常运行或保护区外部短路时,流入继电器的不平衡电流应尽可能小,甚至为零,但由于变压器的联结组和电流互感器的变比等原因,不平衡电流不可能为零。下面分析不平衡电流产生的原因和减小措施。

(1)由电力变压器接线引起的不平衡电流

对于电力系统常用的Yd11接线方式的变压器,其两侧电流之间有30°相位差。如果此时变压器两侧的电流互感器仍采用相同的接线方式,则二次电流由于相位不同,也会有一个差动电流流入继电器。为消除相位差造成的不平衡电流,通常采用相位补偿的方法,即变压器星形侧的3个电流互感器二次接成三角形,而将变压器三角侧的3个电流互感器接成星形,使相位得到校正,如图7-29所示。值得注意的是,此处假设变压器和互感器的匝数比均为1。

(2)由变压器励磁涌流引起的不平衡电流及其减小措施

正常运行时,变压器的励磁电流很小,一般不超过额定电流的2%~10%。当变压器空载投入时,其电源侧将流过数值很大的励磁涌流。励磁涌流的数值最大可达到额定电流的6~8倍,有的甚至达到10倍。可以通过在差动回路中接入速饱和电流互感器,而将继电器接在速饱和电流互感器的二次侧,以减小励磁涌流对差动保护的影响。

(3)电流互感器变比引起的不平衡电流

变压器一、二次线电流相差一个变比的倍数,选择电流互感器的变流比时,应结合互感器的接线,在互感器的副边消除变压器一、二次侧电流大小的差异。由于变压器的电压比和电流互感器的变流比各有标准,因此不太可能使之完全配合恰当,从而仍会产生不平衡电流。可利用差动继电器中的平衡线圈或自耦电流互感器消除由电流互感器变比引起的不平衡电流。

7.4.6 变压器的过负荷保护

由于变压器过负荷基本都是三相对称的,所以过负荷保护可采用单电流继电器接线方式进行保护,经过一定延时作用于信号,同时,也可作用于跳闸或自动切除一部分负荷。变压器过负荷保护的动作时间通常取10 s,保护装置的动作电流,按躲过变压器额定电流进行整定,即

$$I_{OL} = \frac{K_{rel} I_{NT}}{K_{re}} \tag{7-15}$$

式中,K_{rel} 为可靠系数,一般取1.05;K_{re} 为返回系数,一般取0.85;I_{NT} 为变压器的额定电流。

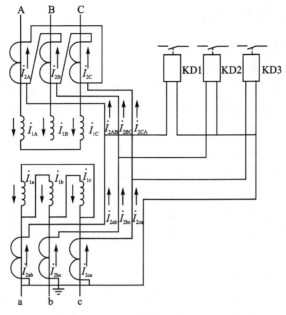

(a) 变压器及两侧电流互感器的接线

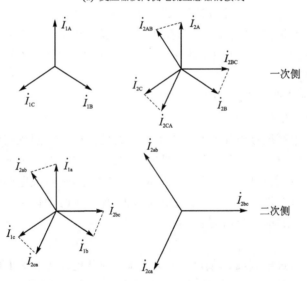

(b) 变压器一、二次侧电流相量图

图 7 - 29　Yd11 联结电力变压器的纵联差动保护

7.5　电力电容的保护

　　电力电容器的故障主要是短路、接地和容量变化等故障。短路故障和接地故障的保护与一般电力元件一样考虑。容量的变化是指电容器内部元件断线造成容抗增加和元件内部短路造成的容抗减少。电力电容器故障类型不同,采用的保护方式也不同。

7.5.1　电容器的保护方式

1. 电容器故障类型及其保护方式

（1）电容器组与断路器之间连线的短路

电容器组与断路器之间连线的短路故障应采用带时限的过电流保护而不宜采用电流速断保护。因为电流速断保护要考虑躲过电容器组合闸时冲击电流及对外放电电流的影响，其保护范围和效果不能充分利用。

（2）单台电容器内部极间短路

对于单台电容器内部绝缘损坏而发生的极间短路，通常是对每台电容器分别装设专用的熔断器，其熔丝的额定电流可以取电容器额定电流的 2～2.5 倍。有的制造厂已将熔断器装在电容器壳内。单台电容器内部由若干带埋入式熔丝和电容元件并联组成。当一个电容元件故障时，由熔丝熔断自动切除，不影响电容器的运行，因此对单台电容器内部极间短路，理论上可以不安装外部熔断器，但是为防止电容器箱壳爆炸，一般都装设外部熔断器。

（3）电容器组多台电容器故障

如果仅一台电容器故障，由其专用的熔断器切除，而对整个电容器组没有多大的影响，因为电容器具有一定的过载能力。但是当多台电容器故障并切除后，就可能使留下来继续运行的电容器严重过载或过电压。为此，需要考虑保护措施。

电容器组的继电保护方式随其接线方案的不同而异。要尽量采用简单、可靠、灵敏的继电保护方式。常用的保护方式有零序电压保护、电压差动保护、中性点不平衡电流或不平衡电压保护、横向差动保护等。

2. 电容器组的不正常运行及其保护方式

（1）电容器组的过负荷

电容器过负荷是由系统过电压及高次谐波所引起的。由于按照规定电容器组必须装设反映母线电压稳态升高的过电压保护，且大容量电容器组一般需要装设抑制高次谐波的串联电抗器，因而可以不装设过负荷保护。仅当系统高次谐波含量较高，或电容器组投运后经过实测在其回路中的电流超过允许值时，才装设过负荷保护，保护延时动作于信号。为了与电容器的过载特性相配合，宜采用反时限特性的继电器。

（2）过电压保护

当电力系统电压超过电容器的最高容许电压时，内部电离增大，可能发生局部放电。因此，应保持电容器组在不超过 1.1 倍额定电压下运行。因此，电容器组应装设过电压保护，并应带时限动作于信号或跳闸，避免电容器在工频过电压下运行发生绝缘损坏。

（3）欠电压保护

当系统故障线路断开引起电容器组失去电源时，应及时将电容器切除，以防止电源进线重合闸使母线带电时，因电源电压与电容电压叠加，产生过大的冲击电流而损坏电容。所以电容器组应装设欠电压保护。欠电压保护的整定值既要保证在失电压后，电容器尚有残压时能可靠动作，又要防止在系统瞬间电压下降时误动作。一般整定为 20%～50% 额定电压，保护动作时间应与本侧出线后备保护时间配合（级差可取 0.3～0.5 s）。

7.5.2　电容器的过电流保护

电力电容器组的过电流保护反映电容器组与断路器之间连线上的相间短路，也可作为电容器内部故障的后备保护。过电流保护可采用两相两继电器不完全星形接线或两相继电器电流差接线,也可以采用三相三继电器完全星形接线。三相三继电器完全星形接线的过电流保护原理如图 7 - 30 所示。

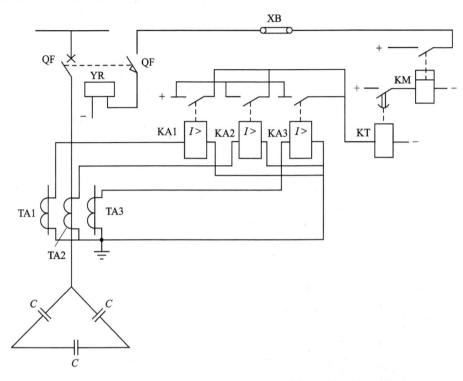

图 7 - 30　电容器组采用三相三继电器式接线的过电流保护原理图

当电容器组与断路器之间连线发生短路故障时,故障电流使电流继电器动作,经过时间继电器延时后使中间继电器 KM 动作,并接通断路器跳闸线圈 YR,使断路器 QF 跳闸。

过电流保护也可用作电容器内部故障的后备保护,但只有在一台电容器内部串联元件全部击穿而发展成相间短路故障时才能动作。电流继电器的动作电流可按照下式整定

$$I_{op} = \frac{K_{rel} K_w}{K_i} I_{NC} \tag{7 - 16}$$

式中,K_{rel} 为可靠系数,动作时限在 0.5 s 以下时,由于要考虑电容器冲击电流的影响,取 2～2.5,较长时限时可取 1.3;K_w 为接线系数,完全星形接线为 1,两相电流差接线为 $\sqrt{3}$;K_i 为电流互感器变比;I_{NC} 为电容器组的额定电流。

保护装置的灵敏系数可按下式进行校验

$$S_p = \frac{I_{k,min}^{(2)}}{K_i I_{op}} \geqslant 2 \tag{7 - 17}$$

式中,$I_{k,min}^{(2)}$ 为最小运行方式下,电容器首端两相短路电流。

7.5.3　电容器组的横联差动保护

图 7 - 31 所示为电容器组的横联差动保护原理接线图。双三角形连接电容器组的内部故障通常采用横联差动保护。在 A、B、C 三相中,每相都分成两个臂,在每一个臂中接入一个电流互感器,同一相两臂电流互感器二次侧按电流差接线,电容器组每相的两臂容量要求尽量相

同。各相差动保护是分相装设的,而三相电流继电器差动接成并联方式。

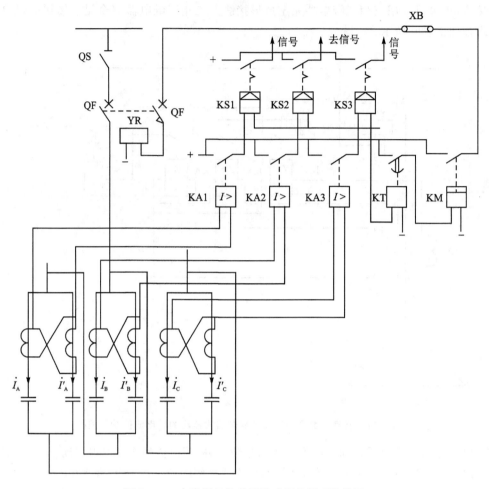

图 7 - 31　电容器组的横联差动保护原理接线图

在正常运行方式下,同一相的两臂的电容量基本相等,流过的电流也相等,电流互感器的二次电流差为零,所以电流继电器都不会动作。如果任意一个臂的某一台电容器的内部发生故障,则该臂的电流增大或减小,则两臂的电流失去平衡,使互感器二次产生差流。当两臂的电流差值大于整定值时,电流继电器动作,经过延时后作用于跳闸,将电源断开。

电流继电器的动作值可按以下两个原则计算:

① 为了防止误动作,电流继电器的整定值必须躲开正常运行时电流互感器二次回路中由于各臂的电容量的不一致而引起的最大不平衡电流,即

$$I_{op} = K_{rel} I_{dsq.max} \qquad (7-18)$$

式中,K_{rel} 为可靠系数,取 2;$I_{dsq.max}$ 为正常运行时二次回路最大不平衡电流。

② 当电容器内部有 50%~70% 串联元件击穿时,需要保证装置有足够的灵敏系数,即

$$I_{op} = \frac{I_{dsq}}{S_p} \qquad (7-19)$$

式中,S_p 为横差保护的灵敏系数,取 1.8;I_{dsq} 为一台电容器内部有 50%~70% 串联元件击穿时,电流互感器二次回路中的不平衡电流。

为了躲开电容器投入合闸瞬间的充电电流,以免引起保护的误动作,在接线中采用了延时

的时间继电器。

横差动保护的优点是原理简单、灵敏系数高,动作可靠、不受母线电压变化的影响,因而得到了广泛的利用。其缺点主要是装置的电流互感器较多,接线较复杂。

7.6　高压电动机的保护

高压电动机是目前工业企业中数量最多的电气主设备。一个现代化的企业往往拥有几十台至几百台电动机。可以说,电动机及其保护的运行正常与否,直接关系到企业的运转与人民生活。

7.6.1　高压电动机的故障类型

高压电动机在运行中可能出现的故障及异常运行方式有:

① 定子绕组相间短路。

② 定子绕组单相接地。

③ 定子绕组过负荷。

④ 定子绕组欠电压。

⑤ 同步电动机失步。

⑥ 同步电动机失磁。

⑦ 同步电动机出现非同步冲击电流。

⑧ 相电流不平衡及断相。

按照 GB/T 50062—2008《电力装置的继电保护和自动装置设计规范》规定,2 000 kW 以下的电动机的相间短路,宜采用电流速断保护;2 000 kW 及以上的电动机或 2 000 kW 以下电流速断保护灵敏度不满足要求的电动机的相间短路,应装设纵联差动保护,宜装设过电流保护作为纵联差动保护的后备保护;对易发生过负荷的电动机,应装设过负荷保护;对不重要的电动机或不允许自启动的电动机,应装设低电压保护;电动机单相接地电流大于 5 A 时,应装设有选择性的单相接地保护,单相接地电流等于或大于 10 A 时,应动作于跳闸;同步电动机应装设失步保护、宜装设失励保护。

7.6.2　电动机的电流速断保护

电动机的电流速断保护通常用两相式接线,如图 7 - 32(a)所示。当灵敏度允许时,应采用两相电流差的接线方式,如图 7 - 32(b)所示。

对于可能过负荷的电动机,可采用具有反时限特性的电流继电器。反时限部分用作过负荷保护,一般作用于信号。速断部分用作相间短路保护,作用于跳闸。

电流速断保护装置的动作电流应躲过电动机的启动电流,可按下式计算

$$I_{op} = \frac{K_{rel} K_w}{K_i} I_{st.M} \tag{7 - 20}$$

式中,K_{rel} 为可靠系数,当采用 DL 型和晶体管型继电器时取 1.4~1.6,当采用 GL 型继电器时取 1.8~2;$I_{st.M}$ 为电动机启动电流。

对于同步电动机还应躲过外部短路时的反馈电流,若反馈电流大于式(7 - 20)中的 $I_{st.M}$,则

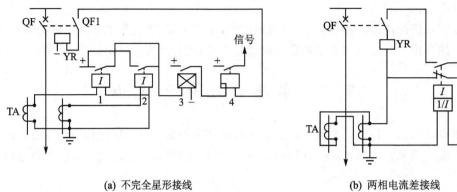

(a) 不完全星形接线　　　　　　　　　　　　(b) 两相电流差接线

图 7 - 32　电动机电流速断及过负荷保护原理接线图

$$I_{op} = \frac{K_{rel} K_w}{K_i} I_{sh.M} \tag{7-21}$$

其中

$$I_{sh.M} = \left(\frac{1.05}{X''_M} + 0.95 \sin \varphi_N\right) I_{NM} \tag{7-22}$$

式中，$I_{sh.M}$ 为外部三相短路时电动机反馈电流；X''_M 为同步电动机次暂态电抗（标么值）；φ_N 为电动机额定功率因数角；I_{NM} 为电动机额定电流。

保护装置的灵敏系数可按下式进行校验

$$S_p = \frac{I^{(2)}_{k.min}}{K_i I_{op}} \tag{7-23}$$

式中，$I^{(2)}_{k.min}$ 为最小运行方式下，电动机出口两相短路电流。

7.6.3　电动机的纵差保护

在小接地电流系统中，电动机的纵差保护可采用由两个电流互感器和两个差动继电器的两相式接线，保护装置瞬时动作于断路器跳闸。保护的原理接线图如图 7 - 33 所示。

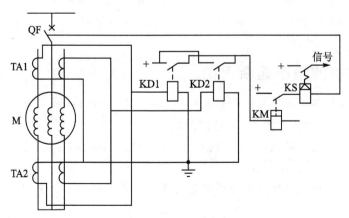

图 7 - 33　电动机纵差动保护原理接线图

保护装置的动作电流可以按照躲开电动机的额定电流来整定，即

$$I_{op} = \frac{K_{rel}}{K_i} I_{NM} \tag{7-24}$$

式中,K_{rel} 为可靠系数,当采用 BCH 型继电器时取 1.3,当采用 DL 型继电器时取 1.5～2;K_i 为电流互感器变比;I_{NM} 为电动机额定电流。

保护装置的灵敏系数可按下式进行校验

$$S_p = \frac{I_{k.min}^{(2)}}{K_i I_{op}}\tag{7-25}$$

式中,$I_{k.min}^{(2)}$ 为最小运行方式下,电动机出口两相短路电流。

7.6.4　电动机的过负荷保护

作为过负荷保护,一般可采用一相一继电器式的接线。过负荷保护的动作电流按躲开电动机的额定电流整定,即

$$I_{op} = \frac{K_{rel} K_w}{K_{re} K_i} I_{NM}\tag{7-26}$$

式中,K_{rel} 为可靠系数,动作于信号时取 1.4～1.6,动作于跳闸时取 1.2～1.4;K_w 为接线系数;K_{re} 为继电器返回系数,取 0.85;K_i 为电流互感器变比;I_{NM} 为电动机的额定电流。

过负荷保护动作时限的整定,应大于电动机的启动时间,一般取 10～15 s。对于启动困难的电动机,可按躲开实际的启动时间来整定。

习题与思考题

1. 对继电保护装置有哪些基本要求?
2. 继电保护的选择性是什么? 什么叫灵敏性和灵敏系数?
3. 为什么说继电保护的 4 个基本要求之间是相互矛盾和统一的?
4. 电磁式电流继电器、时间继电器、信号继电器和中间继电器在继电保护装置中各起什么作用? 各采用什么文字符号和图形符号?
5. 感应式电流继电器有哪些功能? 动作时间如何调节? 动作电流如何调节?
6. 为什么在电力设备和线路设置有主保护后还需要设置后备保护?
7. 电力线路的过电流保护装置的动作电流、动作时限如何整定? 灵敏度怎样校验?
8. 反时限过电流保护的动作时限如何整定?
9. 过电流保护的动作时间整定时,时间级差考虑了哪些因素?
10. 试比较定时限过电流保护与反时限过保护的优缺点。
11. 瞬时电流速断保护为什么会出现保护"死区"? 如何弥补?
12. 在中性点不接地系统中,发生单相接地短路故障时,通常采用哪些保护措施?
13. 试说明绝缘监测装置的工作原理,为什么采用五个铁芯柱的电压互感器?
14. 试说明变压器可能发生哪些故障和不正常工作状态,应该装设哪些保护。
15. 电力变压器差动保护的工作原理是什么? 差动保护中不平衡电流产生的原因是什么? 如何减小不平衡电流?
16. 在 Yd11 接线的变压器上构成差动保护时,如何进行相位补偿?
17. 高压异步电动机有哪些常见的故障及不正常状态?
18. 电力电容器要设置哪些保护? 为什么必须设置欠电压保护?
19. 某工业用户 110 kV 总降压变电所一条 10 kV 馈线采用过电流保护装置,电流互感

的电流比为 200/5 A,线路的短时最大负荷电流为 180 A,线路首端在系统最大和最小运行方式下的三相短路电流有效值为 9.8 kA 和 7.0 kA,线路末端在系统最大和最小运行方式下的三相短路电流有效值为 3.0 kA 和 2.7 kA。已知该线路末端连接的车间变电所过电流保护动作时间最大为 0.5 s。试整定该线路定时限过电流保护和电流速断保护,并检验保护灵敏性。

20. 试整定如图 7-34 所示的 10 kV 线 WL1 定时限过电流和瞬时电流速断保护装置。最大运行方式时 $I_{k1.\,max} = 5.\,12$ kA,$I_{k2.\,max} = 1.\,61$ kA,最小运行方式时 $I_{k1.\,min}^{(3)} = 4.\,66$ kA,$I_{k2.\,min}^{(3)} = 1.\,46$ kA,线路最大负荷电流为 120 A(含自启动电流),保护装置采用两相两继电器接线,电流互感器变比为 200/5 A,下级保护动作时限为 0.5 s。

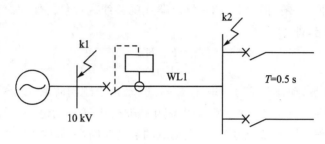

图 7-34　习题 20 图

21. 某用户 10 kV 变电所装有 1 台 1 250 kV·A 干式配电变压器,电压比为 10/0.4 kV,联结组标号为 Dyn11。试整定计算过电流保护动作电流,并校验其灵敏度。已知变压器低压侧最大三相短路电流为 21.6 kA、最小三相短路电流为 19.5 kA、最小单相对地短路电流为 18.5 kA,变压器高压侧最小三相短路电流为 7.6 kA,高压侧保护用电流互感器的电流比为 150/5 A。变压器低压侧具有自起动电动机,短时最大负荷电流约为额定电流的 2 倍。

第8章 微机继电保护

供配电系统微机继电保护是对传统继电保护技术的提升,将传感器技术、电子电路、嵌入式系统、计算机技术、控制理论、网络通信技术等进行有机的融合,形成了现代供电技术的一个新的研究方向。本章首先介绍微机继电保护的发展、特点、构成及保护算法,接着介绍供配电线路、变压器和高压电动机微机保护装置的设计实例。

8.1 供配电系统微机保护

8.1.1 微机保护的现状与发展

1. 微机继电保护发展概况

微机继电保护(简称微机保护)是一种数字式继电保护,是基于可编程数字电路、嵌入式系统及实时数字信号处理等技术实现的电力系统继电保护。

我国从 20 世纪 70 年代末开始进行计算机继电保护的研究,高等院校和科研院所起到了先导作用。1984 年,原华北电力学院研制的输电线路微机保护装置首先通过鉴定,并在电力系统中获得应用,揭开了我国电力系统继电保护发展史上新的一页,为微机继电保护的推广开辟了道路。此后,不同原理、不同机型的微机线路和主设备保护发展迅速,各具特色,为电力系统提供了一批批功能齐全、性能优良、工作可靠的继电保护装置。随着微机保护技术研究的开展,在微机保护硬件、软件及算法等方面也取得了很多理论与应用成果。可以说从 20 世纪 90 年代开始我国继电保护技术已进入了微机保护的时代。

目前,我国已研制出以 32 位数字信号处理器为硬件基础的保护、控制、测量及数据通信一体化的微机保护综合控制装置,并将人工神经网络、模糊理论等人工智能技术引入继电保护系统中,以实现故障类型判别、故障测距、方向保护、主设备保护等功能。人工智能算法的引入将极大提高故障判别的精确性和保护的可靠性。

2. 微机保护的未来发展

目前微机继电保护正沿着微机保护网络化、智能化、一体化的方向发展。

(1) 网络化

继电保护的作用不只限于切除故障元件和限制事故影响范围(这是首要任务),还要保证全系统的安全稳定运行。这就要求每个保护单元都能共享全系统的运行和故障信息,各个保护单元与重合闸装置在分析这些信息数据的基础上协调动作,确保系统的安全稳定运行。并且继电保护装置得到的系统故障信息愈多,其对故障性质、故障位置的判断和故障距离的检测愈准确。显然,实现这种系统保护的基本条件是将全系统各主要设备的保护装置用计算机网络联系起来,即实现微机保护装置的网络化。微机保护装置网络化可大大提高保护的可靠性,这是微机保护发展的必然趋势。

(2) 智能化

近年来,人工智能技术如神经网络、机器学习、模糊理论、小波变换、免疫理论、智能进化等理论算法在微机保护领域得到了广泛应用。例如神经网络方法是一种非线性映射的方法,很多难以列出方程式或难以求解的复杂非线性问题,应用神经网络方法则可迎刃而解。其他,如模糊理论、小波变换等,也都有其独特的求解复杂问题的能力。

（3）控制、测量、数据通信一体化

在实现微机保护网络化的条件下,微机保护装置就可以看作是整个电力系统上的一个智能终端。它可以实现与网络控制中心或其他终端的信息共享,既可从网络上获取电力系统运行和故障的任何信息和数据,也可将所获得的被保护元件的信息和数据传送给网络控制中心或其他终端。因此,微机保护装置不但可完成继电保护功能,而且在无故障正常运行情况下还可完成测量、控制、数据通信功能,亦即实现保护、控制测量、数据通信一体化。

8.1.2　微机保护的要求与特点

1. 微机保护的基本要求

为保证微机保护的准确性与可靠性,微机保护装置应满足如下要求:

① 微机保护装置的配置、功能、设备的布置应满足电网安全、可靠、优质、经济运行及信息分层传输、资源共享的原则。

② 微机保护装置应能灵活地实现保护间相互闭锁、屏蔽某些功能模块及其他功能;能实现装置控制逻辑的现场可编程,使工作人员借助面板上人机界面或通信接口方便地修改整定值、更改保护程序。微机保护硬件在设计时应尽量保证统一,以提高微机保护装置的通用性。

③ 微机保护装置应设计具有远程和本地两种控制方式,以远程为主,本地控制辅助。并且在同一时刻只使能一种控制方式。

2. 微机保护装置的应用特点

当前,电力系统运行投入使用的各电压等级继电保护装置几乎均为微机保护产品,这是由于微机保护较传统继电保护有十分明显的优势,其主要体现在以下几个方面:

（1）性能优越

微机具有较强的运算、逻辑判断和记忆能力,因而微机保护可以实现很复杂的保护功能,也可以实现许多传统保护模式无法实现的新功能。微机保护是通过软件程序实现的,这可以解决许多传统保护模式存在的问题。微机保护还具有故障参数追忆、故障测距等功能,可以自动打印记录故障前后各电气参数的数值、波形以及各种保护的动作情况等,供故障分析用。此外,微机保护的软件不受电源电压波动、周围环境温度变化及元件老化的影响,故微机保护的性能比较稳定。

（2）维护调试方便

传统的继电保护装置是布线逻辑的,保护的每一种功能都由相应的硬件和连线来实现,所以传统继电保护装置的调试工作量很大。而微机保护装置的功能由嵌入式系统搭载相应的软件来实现,只需要简单的操作就能检验硬件是否完好,并且大部分微机保护装置都有自诊断功能,可以对硬件和程序进行诊断,发生异常时自动报警,大大减轻了维护调试的工作量,缩短了因维护调试而停电的时间。

（3）可靠性高

微机保护装置具有极强的综合分析和判断能力,可以自动识别外界的干扰,防止因外界干扰而造成误动作;并且其还可以自动诊断装置本身的异常,从而避免因装置故障而导致的拒动,因此微机保护装置的可靠性要远远高于传统的继电保护装置。

（4）灵活性大

当前微机保护装置的硬件大部分采用相同的设计方案。其保护原理主要由软件算法来实现，只要改变软件就可以改变保护特性和保护功能，从而能灵活地适应电力系统运行方式的变化。

（5）易于获得各种附加功能

微机保护装置通常配有通信接口。通过连接打印机或其他显示设备，可在系统发生故障后提供多种信息。可将保护动作信息上传至故障录波信息系统，实现保护设备状态实时检测及对保护情况分析。

8.1.3　微机保护系统的构成

1. 微机保护的硬件构成

传统的继电保护装置通过相应的硬件和逻辑布线来实现保护功能。微机保护的硬件部分与传统的继电保护的硬件不同，其硬件电路要为保护装置的功能软件提供支撑。通常微机保护装置的硬件构成可分为 6 部分，即数据采集部分、微型计算机部分、开关量输入输出单元、通信接口部分、电源、人机接口部分。

（1）数据采集系统

微机保护中数据采集系统的一个重要的任务就是将模拟信号转换成数字信号。传统继电保护是把电压互感器二次侧电压信号及电流互感器二次电流信号直接引入继电保护装置或者把二次电压、电流经过变换组合后再引入继电保护装置。尽管在集成电路保护装置中采用数字逻辑电路，但从保护装置测量元件的原理来看，它仍属于反应模拟量的保护。而微机保护中的微型计算机则是处理数字信号的，即送入微型计算机的信号必须是数字信号。数据采集系统包括电流、电压形成、多路开关及模数转换模块，以完成模拟输入量准确地转换为数字信号的功能。根据模数转换的原理不同，微机保护装置中模拟量输入回路有两种方式，一是基于逐次逼近型 A/D 转换的方式，二是利用电压/频率（VFC）原理进行 A/D 转换的方式。

（2）数据处理系统（微型计算机系统）

计算机系统包括微处理器、存储器、定时器及并行口等。CPU 执行放在程序存储器中的程序，对采集的原始数据进行分析处理，完成继电保护的测量、逻辑和控制功能。

a. 中央微处理器（CPU）

微机保护的程序依赖于 CPU 来实现。因此，CPU 在很大程度上决定了微机保护装置的技术水平。当前应用于微机保护装置的 CPU 主要有单片微处理器、通用微处理器和数字信号处理器三种。

单片微处理器又称单片机，它将存储器、输入输出电路、定时/计数电路、中断控制电路等微型计算机所需的功能部件与中央处理器集成在一块芯片中。在应用时单块芯片即可构成一个完整的微型计算机系统的微处理器芯片。适用于构成紧凑的测量、控制及保护装置。目前主流的通用微处理器是 32 位的，其具有很高的性能，适用于各种复杂的微机保护装置。数字信号处理器（DSP）是由大规模或超大规模集成电路芯片组成的用来完成某种信号处理任务的处理器。它是为适应高速实时信号处理任务的需要而逐渐发展起来的。数字信号处理器的实现方法随着集成电路技术和数字信号处理算法的发展而不断变化，其处理功能也在不断地提高和扩大。DSP 特别适用于构成高性能的微机保护装置。

b. 存储器

存储器用来保存程序和数据,它的存储容量和访问速度(读取时间)也会影响整个微机保护装置的性能。微机保护装置中常用的存储器主要有随机存储器、只读存储器和电可擦除且可编程只读存储器三种。

随机存储器(RAM)既可向指定单元存入信息又可从指定单元读取信息,而且读取速度很快。但当电源关闭时,RAM不能保留数据。在微机保护装置中通常使用RAM存储数据信息、控制变量和运算过程中的数据等。只读存储器(ROM)只能读取无法写入信息。信息一旦写入后就固定下来,即使切断电源,信息也不会丢失,所以又称为固定存储器。在微机保护装置中通常采用一种紫外线可擦除且电可编程只读存储器(EPROM)来存储微机保护程序。EPROM在较长时间的紫外线照射下可擦除存储数据,之后使用专用写入器可写入新数据。由于EPROM的内容不能在微机保护装置中直接改写,所以其保存数据的可靠性极高。电可擦除且可编程只读存储器(EEPROM)是一种随时可写入而无须擦除原先内容的存储器,其写操作要比读操作时间长的多。在微机保护装置中常使用EEPROM来存储微机保护整定值等经常需要调整的控制参数。

(3)开关量输入输出单元

微机继电保护装置通过数字量输出实现对断路器等控制。开关量输入输出通道由若干并行接口、光电耦合器件及中间继电器等组成,完成各种保护出口跳闸、信号报警、外部触点输入及人机对话等功能。

(4)通信接口

微机保护装置都带有相对标准的通信接口电路,如RS-232、RS-422/485、CAN或LON WORK等现场通信网络接口电路。其是实现变电站综合自动化的必要条件,特别是面向被保护设备的分散型变电站监控系统,通信接口电路更是不可缺少的。并且对于具有远动功能的变电站微机保护装置,应设计远动通信接口电路。

微机保护对通信系统的要求是速度快、支持点对点平等通信、突发方式的信息传输、物理结构采用星形、环形、总线形、支持多主机等。

(5)供电电源

微机保护的电源是一套微机保护的重要组成部分,可以采用开关稳压电源或DC/DC电源模块,提供数字系统+5 V、+24 V、±15 V电源。+5 V电源用于计算机系统主控电源;±15 V电源用于数据采集系统、通信系统;+24 V电源用于开关量输入、输出、继电器逻辑电源。

电源工作的可靠性直接影响着微机保护的可靠性,微机保护装置不仅要求电源的电压等级多,而且要求电源特性好,且具有较强的抗干扰能力。微机保护的供电电源通常采用逆变电源,即将直流逆变为交流,再把交流整流为微机保护所需的直流工作电压。这样做的好处是将强电系统的直流电源与微机保护的弱电系统电源完全隔离开,并且有效避免了因短路引起跳、合闸等原因而产生的强干扰,提高了供电电源的抗干扰能力。

(6)人机接口

人机接口的主要功能是用于人机对话,如调试、定值调整、对机器状态的干预等。其由显示器、键盘、各种面板开关、实时时钟、打印电路等组成。较为常用的人机接口设备有液晶显示器和触摸键盘。

微机保护的硬件组成基本框图如图8-1所示。它由上述6部分按功能模块化设计,便于维护和调试。

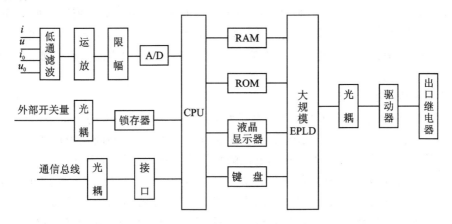

图 8 - 1   微机继电保护硬件组成框图

2．微机保护的软件系统

微机保护装置的原理、特性及功能主要由软件来体现,而且它的许多特有的优良辅助功能也主要是由软件来实现的,正因为如此,对软件的结构、性能以及可靠性提出了很高的技术要求。典型的微机继电保护程序结构框图如图 8 - 2 所示,其由设定程序、运行程序和中断保护功能程序 3 部分组成。

设定程序主要用于功能选择和保护定值设定。运行程序对系统进行初始化,静态自检,打开中断,不断重复动态自检,若自检出错,转向有关程序处理。自检包括存储器自检、数据采集系统自检、显示器自检等。中断打开后,每当采样周期到,向微控制器申请中断,响应中断后,转入微机保护程序,微机保护程序主要由采样和数字滤波、保护算法、故障判断和故障处理等子程序组成。

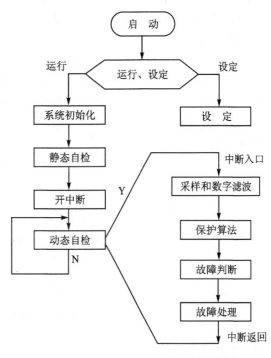

图 8 - 2   典型微机继电保护程序结构框图

8.1.4   微机保护算法

1．微机保护算法的含义

传统的继电保护是直接或经过电压形成回路把被测信号引入保护继电器,继电器按照电磁感应、比幅、比相等原理作出动作与否的判断。而微机保护是把经过数据采集系统量化的数字信号经过数字滤波处理后,通过数学运算、逻辑运算,并进行分析、判断,以决定是否发出跳闸命令或信号,以实现各种继电保护功能。这种对数据进行处理、分析、判断以实现各种保护功能的方法称为微机保护算法。

微机保护装置性能的优劣在一定程度上也取决于保护算法的性能。分析和评价各种不同算法优劣的标准是精度和速度。速度包括两个方面的内容：一是算法所要求的采样点数；二是算法运算工作量。而精度和速度又总是相互矛盾的，因为精度的提高需要更多的采样点数和更复杂的运算，但这样就不可避免地降低了速度。研究算法的实质是研究如何在速度和精度两方面进行权衡。

2. 微机保护算法的类型

在微机保护装置中采用的算法可分为两大类：一类是根据输入的若干采样点的数值，按照给定的数学公式，计算出保护反映的量值，然后与整定值比较，判断保护应该动作与否。例如，在距离保护中，利用故障后的电压和电流的采样值直接求出测量阻抗，然后与定值进行比较。另一类是直接将若干采样点的数值与整定值相结合，建立动作判别方程，根据该方程来判断保护应该动作与否。在已知继电器的动作方程时，可以不经过电流、电压幅值、相位的中间计算环节，利用采样值直接得到要求的继电器动作特性的保护，具有独特的优点。

微机保护的算法按保护对象分，有元件保护、线路保护算法等；按保护原理分，有差动保护、距离保护和电压、电流保护算法等。滤序算法、比相算法等也是常用的微机保护算法。

3. 数字滤波基础

在实际微机保护系统中，输入的电流、电压信号除了保护所需的有用成分外，还包含有许多其他的无效噪声分量，如衰减直流和高次谐波等。滤波算法的主要任务即是如何从包含有噪声分量的输入信号中，快速、准确地计算出所需的各种电气量参数。

（1）递归型滤波

例如：差分方程

$$y(n) = a_0 x(n) + a_1 x(n-1) + b_1 y(n-1) \qquad (8-1)$$

可用图 8-3 所示运算结构实现。由图 8-3 可知，这种运算结构的特点是有反馈环节。

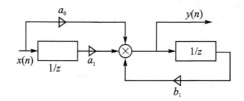

图 8-3　递归型滤波器

（2）非递归型滤波

例如：差分方程

$$y(n) = h(0) x(n) + h(1) x(n-1) + h(2) x(n-2) \qquad (8-2)$$

可用图 8-4 所示运算结构实现。由图 8-4 可知，这种运算结构的特点是没有反馈环节。

（3）简单滤波器

最简单的数字滤波器是加、减运算构成的线性滤波器，这种滤波器的输入信号为

$$f(t) = A_0 + \sum_{i=1}^{n} \sin(i\omega_1 t + \varphi_i) \qquad (8-3)$$

由式（8-3）可知，输入信号忽略了暂态衰减和其他非整数次谐波成分，只适用于中、低压电网的低速保护（过流、过负荷和其他后备保护），因为中、低压电网中的电气量中整数次谐波占绝对优势，低速保护在动作时电气量的衰减已经基本结束。简单滤波单元只做加减运算，它

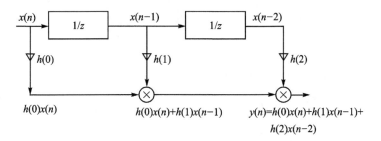

图 8-4 非递归型滤波器

利用微机长记忆功能,对相隔若干个采样周期的信号进行比较和运算。

其基本原理:要消除 n 次谐波,可将存储的信号延迟 $\dfrac{T_n}{2}$ 得到 $f_n(t-T_n/2)$,或将存储的信号延迟 T_n 得到 $f_n(t-T_n)$,然后用简单的加、减法实现:

$$f_n\left(t-\frac{T_n}{2}\right)+f_n(t)=0 \tag{8-4}$$

$$f_n(t-T_n)-f_n(t)=0 \tag{8-5}$$

下面以相减(差分)滤波单元为例来分析其滤波特性。

a. 差分方程

差分方程为

$$y(n)=x(n)-x(n-k) \tag{8-6}$$

式(8-6)组成的滤波器与前行输出无关,且无反馈环节,属于非递归型滤波器。对式(8-6)取 Z 变换,则有

$$Y(z)=X(z)-z^{-k}X(z)=X(z)(1-z^{-k})=H(z)X(z)$$

b. 转移函数(传递函数)

转移函数(传递函数)为

$$H(z)=\frac{Y(z)}{X(z)}=1-z^{-k} \tag{8-7}$$

c. 频率特性

频率特性为

$$H(\mathrm{e}^{\mathrm{j}\omega T_s})=1-\mathrm{e}^{-\mathrm{j}k\omega T_s}=1-\cos k\omega T_s+\mathrm{j}\sin k\omega T_s$$

其中,幅频特性为

$$
\begin{aligned}
|H(\mathrm{e}^{\mathrm{j}\omega T_s})| &=\sqrt{(1-\cos k\omega T_s)^2+\sin^2 k\omega T_s}\\
&=\sqrt{2(1-\cos k\omega T_s)}=\sqrt{2\times 2\sin^2 \frac{k\omega T_s}{2}}\\
&=2\left|\sin \frac{k\omega T_s}{2}\right|
\end{aligned}
\tag{8-8}
$$

相频特性为

$$
\begin{aligned}
\varphi(\omega T_s) &=\arctan \frac{\sin k\omega T_s}{1-k\omega T_s}=\arctan\left(\cot \frac{k\omega T_s}{2}\right)\\
&=\arctan\left[\tan\left(\frac{\pi}{2}-\frac{k\omega T_s}{2}\right)\right]=\frac{\pi}{2}(1-2fkT_s)
\end{aligned}
$$

$$= \frac{\pi}{2} - \pi f k \frac{1}{f_s} = \frac{\pi}{2} - \frac{k\pi f}{Nf_1} \tag{8-9}$$

d. 滤波特性分析

如要消除 m 次谐波，应使 $\omega = m\omega_1$ 时 $|H(e^{j\omega T_s})| = 0$，即

$$|H(e^{j\omega T_s})| = 2\left|\sin\frac{k\omega T_s}{2}\right| = 0$$

则

$$km\omega_1 T_s = 2p\pi \quad (p = 0,1,2,\cdots)$$

故

$$k = \frac{2p\pi}{m\omega_1 T_s} = \frac{2p\pi}{m2\pi f_1 T_s} = \frac{p}{mf_1 T_s} \tag{8-10}$$

4. 常用保护算法

(1) 半周积分法

对于正弦信号，其任意半个周期内绝对值的积分正比于其幅值。如图 8-5 所示，正弦电流信号半个周期内绝对值的积分为

$$S = \int_0^{\frac{T}{2}} I_m |\sin(\omega t + \alpha)| \, dt = \frac{2\sqrt{2}}{\omega} I \tag{8-11}$$

在微机保护中，求此积分的方法有两种。一种方法是用梯形法则近似求出，另一种方法是用采样值求和代替积分值求出。

a. 用梯形法则近似求出

其计算式为

$$S \approx \left(\frac{1}{2}|i_0| + \sum_{k=1}^{\frac{N}{2}}|i_k| + \frac{1}{2}|i_{\frac{N}{2}}|\right) T_s \tag{8-12}$$

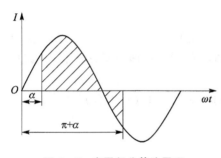

图 8-5　半周积分算法原理

式中，i_k 为第 k 次采样值；N 为每工频周期采样点数；T_s 为采样间隔。

求出积分值 S 后，按(8-11)式，可求出有效值，即

$$I = \frac{S\omega}{2\sqrt{2}} \tag{8-13}$$

按式(8-13)求出的有效值存在误差。其误差主要由两个因素引起，一是因为利用梯形法求出的积分值与实际的积分值之间存在误差，二是由采样频率的选择而引起的，误差值随采样频率的提高而减小。另外，在同样的采样频率下，按式(8-12)计算出的 S 值与第一个采样点的初相角有关。

b. 用采样值求和代替积分值求出

此积分值与信号的最大值成比例，因而有

$$S = \sum_{k=1}^{\frac{N}{2}}|i_k| = kI_m \tag{8-14}$$

从而可求出有效值为

$$I = \frac{S}{\sqrt{2}\,k} \tag{8-15}$$

式(8-14)和式(8-15)中,系数 k 随第一个采样点的初相角变化。系数 k 的确定方法为:按第一个采样点的初相角为 $0°$ 求出 S 值,k 取为此时 S 与 I_m 的比值。例如,按采样频率为 600,$N=12$,则 $k=3.372$。

该算法在积分的过程中,谐波分量在正、负半周的积分相互抵消,因此算法具有一定的滤除高频分量的作用,并且未被完全抵消的部分所占比重就小的多了。该算法的计算结果也会产生误差,其误差随第一个采样点的初相角变化。当第一个采样点初相角为 $0°$,$5°$,$10°$,$15°$ 时,其相对误差分别为 0,1.96%,3.1%,3.53%。同时,提高采样频率也可以减小误差。在一些对精度要求不高的电流、电压保护中可以采用此种算法。该算法不能滤除直流分量,必要时可用差分滤波器来抑制信号的直流分量。

(2) 导数算法

导数算法是利用输入正弦量在某一时刻 t_1 的采样值及该时刻采样值的导数即可求出有效值的方法。设

$$\left. \begin{array}{l} u_1 = U_m \sin \omega t_1 \\ i_1 = I_m \sin(\omega t_1 - \theta) \end{array} \right\} \tag{8-16}$$

则

$$\left. \begin{array}{l} u_1' = \omega U_m \cos \omega t_1 \\ i_1' = \omega I_m \cos(\omega t_1 - \theta) \end{array} \right\} \tag{8-17}$$

从而可得出

$$\left. \begin{array}{l} u_1^2 + \left(\dfrac{u_1'}{\omega}\right)^2 = U_m^2 = 2U^2 \\ i_1^2 + \left(\dfrac{i_1'}{\omega}\right)^2 = I_m^2 = 2I^2 \end{array} \right\} \tag{8-18}$$

为求导数,可取 t_1 时刻为两个相邻采样时刻 t_k 和 t_{k+1} 的中点,然后用差分近似求导数,如图 8-6 所示。

在计算机中,u_1、i_1、u_1'、i_1' 的求法分别为

$$\left. \begin{array}{l} u_1 = (u_{k+1} + u_k)/2 \\ i_1 = (i_{k+1} + i_k)/2 \\ u_1' = (u_{k+1} - u_k)/T_s \\ i_1' = (i_{k+1} - i_k)/T_s \end{array} \right\} \tag{8-19}$$

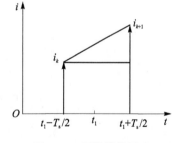

图 8-6　导数算法原理

可见,t_1 时刻电压、电流的值是取 t_k 和 t_{k+1} 时刻的采样值的平均值,t_1 时刻电压、电流导数值由差分求得。

显然,对正弦信号用平均值代替 t_1 时刻采样值及用差分代替求导数都会引起计算误差。此误差随采样频率增加而减小。

a. 用差分代替求导数产生的误差

设 $u_1 = u_m \sin \omega t_1$,则

$$u_1' = \omega u_m \cos \omega t_1 \tag{8-20}$$

用差分求导数得

$$u_1' = (u_{k+1} - u_k)/T_s \tag{8-21}$$

由图 8 - 6 可知

$$u_{k+1} = u_m \sin \omega \left(t_1 + \frac{1}{2} T_s \right)$$
$$u_k = u_m \sin \omega \left(t_1 - \frac{1}{2} T_s \right)$$

(8 - 22)

则

$$\frac{u_{k+1} - u_k}{T_s} = \frac{2u_m \cos \omega t_1 \sin \frac{1}{2} \omega T_s}{T_s}$$

(8 - 23)

其相对误差为

$$\delta_\% = \frac{\omega U_m \cos \omega t_1 - \dfrac{2U_m \cos \omega t_1 \sin \frac{1}{2} \omega T_s}{T_s}}{\omega U_m \cos \omega t_1} \times 100\%$$

(8 - 24)

经整理得

$$\delta_\% = 1 - \frac{2\sin \frac{1}{2} \omega T_s}{\omega T_s} \times 100\%$$

(8 - 25)

当 $T_s = \dfrac{5}{3}$ ms($N=12$)时,$\delta_\% = 1.1\%$;当 $T_s = 1$ ms($N=20$)时,$\delta_\% = 0.4\%$。

b. 用平均值代替瞬时值产生的误差

按图 8 - 6 所示,用相邻的两个采样值的平均值代替 t_1 时刻的瞬时值,也会引入误差。设 t_1 时刻的瞬时值为

$$i_{t_1} = I_m \sin \omega t_1$$

(8 - 26)

令 $\alpha = \omega T_s$,则 t_k、t_{k+1} 时刻电流的采样值在理论上为

$$i_k = I_m \sin \left(\omega t_1 - \frac{\alpha}{2} \right)$$

(8 - 27)

$$i_{k+1} = I_m \sin \left(\omega t_1 + \frac{\alpha}{2} \right)$$

(8 - 28)

则

$$\frac{i_k + i_{k+1}}{2} = \frac{I_m \left[\sin \left(\omega t_1 - \frac{\alpha}{2} \right) + \sin \left(\omega t_1 + \frac{\alpha}{2} \right) \right]}{2} = I_m \sin \omega t_1 \cos \frac{\alpha}{2}$$

(8 - 29)

可见,t_1 时刻的平均值与 t_1 时刻的瞬时值两者相差一个误差因子 $\cos \dfrac{\alpha}{2}$。相对误差为

$$\beta_\% = \frac{I_m \sin \omega t_1 - I_m \sin \omega t_1 \cos \frac{\alpha}{2}}{I_m \sin \omega t_1} = \left(1 - \cos \frac{\alpha}{2} \right) \times 100\%$$

(8 - 30)

可见,用差分代替求导数和用平均值代替瞬时值所产生的误差均与 α 有关。

此算法的优点是需要的采样点少,只需 2 个采样点。但在具体应用时应注意这 2 个采样点应是数字滤波后的点。

（3）傅里叶算法

傅里叶算法的基本思路来自傅里叶级数，是利用正弦、余弦函数的正交函数性质来提取信号中某一频率的分量。假定被采样的模拟信号是一个周期性时间函数，根据傅里叶级数的概念，可将此周期函数分解为不衰减的直流分量和各整次谐波分量，其表达式为

$$x(t) = \sum_{n=0}^{\infty} [b_n \cos n\omega_1 t + a_n \sin n\omega_1 t] \tag{8-31}$$

式中，n 为自然数，$n = 0, 1, 2, \cdots$；a_n，b_n 分别为各次谐波正弦项和余弦项的振幅；ω_1 为基波角频率。

如果要从信号 $x(t)$ 中求出某次谐波分量，依据三角函数的正交性可知

$$\left. \begin{aligned} a_n &= \frac{2}{T} \int_0^T x(t) \sin n\omega_1 \mathrm{d}t \\ b_n &= \frac{2}{T} \int_0^T x(t) \cos n\omega_1 \mathrm{d}t \end{aligned} \right\} \tag{8-32}$$

而

$$x(t) = a_n \sin n\omega_1 t + b_n \cos n\omega_1 t \tag{8-33}$$

当 $n = 1$ 时，即为基波分量：

$$x_1(t) = a_1 \sin \omega_1 t + b_1 \cos \omega_1 t \tag{8-34}$$

将式（8-34）变为

$$x_1(t) = \sqrt{2} X \sin(\omega_1 t + \alpha_1) \tag{8-35}$$

式中，X 为基波分量有效值；α_1 为基波分量初相角。

当 $x_1(t)$ 是电流信号时，可表示为

$$i_1(t) = \sqrt{2} I \sin(\omega_1 t + \alpha_1) \tag{8-36}$$

展开式（8-36），得

$$i_1(t) = \sqrt{2} I \sin \omega_1 t \cos \alpha_1 + \sqrt{2} I \cos \omega_1 t \sin \alpha_1$$

所以

$$\left. \begin{aligned} a_1 &= \sqrt{2} I \cos \alpha_1 \\ b_1 &= \sqrt{2} I \sin \alpha_1 \end{aligned} \right\} \tag{8-37}$$

于是根据 a_1、b_1 可以求出有效值及相角：

$$\left. \begin{aligned} I &= \sqrt{\frac{a_1^2 + b_1^2}{2}} \\ \alpha_1 &= \tan^{-1} \frac{b_1}{a_1} \end{aligned} \right\} \tag{8-38}$$

欲从信号中求出某次谐波的幅值和相位，只要用与待求信号频率相同的正弦函数与信号相乘后在一个周期内积分求出 a_n（称为虚部分量系数），用与待求频率相同的余弦函数与信号相乘后在一个周期内积分求出 b_n（称为实部分量系数），然后就可按照上述计算基波幅值和相角方法计算 n 次谐波的幅值及相角。

在计算机中，式（8-32）的积分是用采样信号与对应的滤波系数相乘后求和的方法实现的。以 I_s 代表电流信号虚部分量系数，I_c 代表电流信号实部分量系数，则

$$\left.\begin{array}{l} I_s = \dfrac{2}{T} \sum_{k=0}^{N} i(k) \sin k \, \dfrac{2\pi}{N} \\[4mm] I_c = \dfrac{1}{N} \left[i_0 + 2 \sum_{k=1}^{N-1} i(k) \cos k \, \dfrac{2\pi}{N} + i_N \right] \end{array}\right\} \qquad (8-39)$$

为简化运算,采用傅里叶算法时采样间隔 T_s 一般取 $\dfrac{5}{3}$ ms,对基频分量,每个采样间隔所对应的角度为 30°。这种算法需要 N 个采样点,即一个周期的时间。所以又称整周傅里叶算法。

同样可以分析出,如果不考虑采样值的整量化误差,当采样点刚好落在 0°,30°,60° 等处时,傅里叶算法是没有误差的。采样点如果落在其他角度就会引起误差。

(4) 解微分方程算法

这种算法不需要求出电压、电流的幅值和相位,而是直接求出电抗 X 和电阻 R 值的一般算法。当被保护线路的分布电容可以忽略时,输电线路简化为串联的 R-L 模型。设输电线路从保护安装地点到短路点的电感为 L_1,电阻为 R_1,则输电线路的电压可用以下方程描述

$$u_1 = R_1 i_1 + L_1 \, \dfrac{\mathrm{d}i_1}{\mathrm{d}t_1} \qquad (8-40)$$

$$u_2 = R_1 i_2 + L_1 \, \dfrac{\mathrm{d}i_2}{\mathrm{d}t_2} \qquad (8-41)$$

式中,u_1、u_2、i_1、i_2 分别为 t_1、t_2 时刻电压和电流采样值;$\dfrac{\mathrm{d}i_1}{\mathrm{d}t_1}$、$\dfrac{\mathrm{d}i_2}{\mathrm{d}t_2}$ 分别为 t_1、t_2 时刻电流的微分(可用差分值代替)。

若 $D_1 = \dfrac{\mathrm{d}i_1}{\mathrm{d}t_1}, D_2 = \dfrac{\mathrm{d}i_2}{\mathrm{d}t_2}$,解方程组可得

$$\left.\begin{array}{l} R_1 = \dfrac{u_2 D_1 - u_1 D_2}{i_2 D_1 - i_1 D_2} \\[4mm] L_1 = \dfrac{u_1 i_2 - u_2 i_1}{i_2 D_1 - i_1 D_2} \end{array}\right\} \qquad (8-42)$$

在用计算机处理时,电流的导数可用差分近似计算,即

$$D_1 = \dfrac{i_{n+1} - i_n}{T_s}, \quad D_2 = \dfrac{i_{n+2} - i_{n+1}}{T_s}$$

电流、电压取相邻采样的平均值,即

$$i_1 = \dfrac{i_n + i_{n+1}}{2}, \quad i_2 = \dfrac{i_{n+1} + i_{n+2}}{2}, \quad u_1 = \dfrac{u_n + u_{n+1}}{2}, \quad u_2 = \dfrac{u_{n+1} + u_{n+2}}{2}$$

解微分方程算法可以不必滤除非周期分量,算法时间窗较短,且它不受电网频率变化的影响。这些突出的优点使它在微机距离保护中得到广泛的应用。

(5) 人工神经网络算法

人工神经网络开始于"感知器",用于设计辨识模式。某种意义上,人工神经网络建模于大脑结构。作为模式识别装置的人工神经网络可广泛应用于微机保护装置的故障辨识、励磁涌流辨识等功能中。基本的前馈神经网络由图 8-7 所示的神经元组成。

在前馈神经网络中,各神经元分别属于不同的层。每一层的神经元可以接收前一层神经元的信号,并产生信号输出到下一层。第 0 层称为输入层,最后一层称为输出层,其他中间层

称为隐藏层。整个网络中无反馈,信号从输入层向输出层单向传播,可用一个有向无环图表示,如图 8-8 所示。

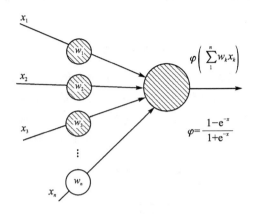

图 8-7　典型的神经元结构

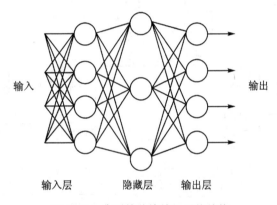

图 8-8　典型的前馈神经网络结构

（6）小波分析理论

小波分析是一种数字信号处理工具,属于时频分析的一种,它是泛函分析、傅里叶分析、样条分析、调和分析和数值分析的完美结晶,在时域和频域同时具有良好的局部化性质以及多分辨率分析的特点。傅里叶变换是把一个信号波形分成不同频率的正弦波之和,而小波变换则是把一个信号波形分成不同尺度和位置的小波之和。傅里叶变换是一个纯频域的分析方法,在时域上没有任何分辨能力。由于小波变换具有良好的时、频局部化分析能力,能对信号的任何微小细节进行分析。理论和实践表明,小波变换是分析非平稳变化信号或突变信号的最有效的分析方法。

输电线路故障后的暂态行波是一个突变的信号,用纯频域的傅里叶变换是难以分析的,它既不能得出暂态行波到达观测点的准确时刻,也不能确定行波的幅度和极性。因此,傅里叶变换无法利用故障暂态行波实现保护和故障测距,而小波变换是实现这一功能最有效的分析方法。尽管小波变换在继电保护中的应用尚处于起步阶段,但已在行波测距中取得了令人鼓舞的结果,显示出良好的应用前景。

8.2 供电线路的微机保护

8.2.1 供电线路微机保护的硬件构成

微机保护的硬件系统是实现整个微机线路保护功能的基础,其硬件设计的好坏直接影响到整个装置功能的实现和运行可靠性。硬件电路的设计要围绕装置所要完成的功能来进行。供电线路微机保护装置集测量、保护、监控、通信等功能于一体,因此其设计也按照上述功能要求展开。图 8-9 所示为基于 MCF52258 的供电线路微机保护硬件结构图。

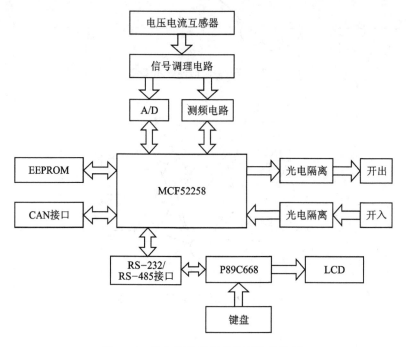

图 8-9 供电线路微机保护硬件结构图

MCF52258 为通用 32 位微处理器,拥有较低的代码消耗、较低的系统成本、高性能、功能强大的调试模块以及完整的支持环境,应用领域广泛。

8.2.2 供电线路微机保护的软件构成

传统微机保护的软件设计常采用汇编语言,以便直接对硬件进行操作。目前微机保护开发的手段主要是 C 语言编程,因为采用 C 语言编程的功能软件独立于硬件之外,可以对软件进行模块化设计,使软件具备很强的可移植性和继承性。另外一种较为高效、方便、快捷的方法是采用图形化逻辑可编程技术,此保护开发技术可快速形成保护自动化功能过程。

这里介绍的供电线路微机保护装置的主程序流程如图 8-10 所示。

主程序模块主要由系统初始化、系统自检和无限循环三部分组成。系统初始化包括对 MCF52258 的 I/O 口初始化、中断的初始化、定时器初始化、串口初始化、采样芯片初始化和全局变量的初始化等。系统自检的对象主要是开关量输出检测、采样通道检测、定值区检测和自动校正系数检测。无限循环包括检测自动定时复归,打印采样值,检测定值和压板,计算测

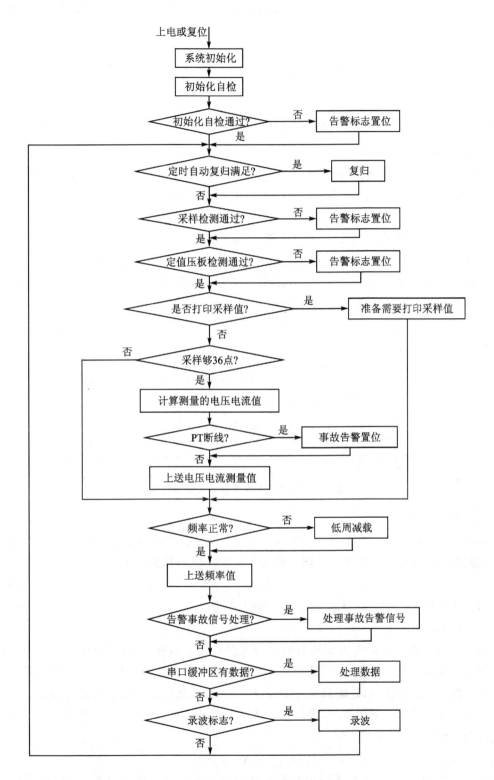

图 8 - 10 线路微机保护装置主程序流程图

量电压电流、零序电压电流,频率检测与调整,处理串口缓冲区的数据,PT 断线检测及故障录波等。

8.3　变压器的微机保护

8.3.1　变压器微机保护的原理

1. 变压器主保护单元

变压器的主保护单元用来保护变压器的内部故障,其主要由差动保护和瓦斯保护两部分组成。变压器差动保护又可分为差动速断保护和比率差动保护。差动速断保护用来保护变压器内部发生严重故障时,快速地动作于跳闸,通常动作时间不大于 15 ms;而比率差动保护则是用来保护中性点附近单相接地、相间短路、单相小匝间短路等发生在变压器内部的小电流故障。比率差动保护按照制动原理,分为二次谐波制动比率差动保护和偶次谐波制动比率差动保护,通常其动作时间皆小于 25 ms。双绕组变压器微机保护主保护单元如图 8-11 所示,图中, * 表示本保护仅报警不跳闸,其余保护跳闸的同时也报警。

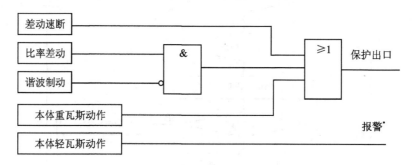

图 8-11　变压器主保护单元逻辑框图

（1）差动速断保护

用于变压器内部发生严重故障时的快速切除。当三相差动电流最大值大于差动电流整定值时,保护动作,发出跳闸信号。返回系数大于 0.95。其动作判据为

$$I_k > I_{op1} \tag{8-43}$$

式中,I_k 为变压器差动电流;I_{op1} 为速断电流整定值。

（2）比率制动的差动保护

比率制动的差动保护作为变压器的线圈和引出线的相间短路以及线圈匝间短路的主保护。用比率制动躲过外部故障,用基波量作为保护动作量,并配有 TA 断线检测功能,在 TA 断线时瞬时闭锁差动保护,并同时发告警信号。TA 断线闭锁差动保护可根据需要整定选择。当任一相差动电流大于整定值时,差动保护动作。返回系数大于 0.95,动作时间小于 40 ms。其动作判据为

$$I_k = I_{op2} + K_r(I_b - I_{b0}) \tag{8-44}$$

式中,I_k 为差动电流;K_r 为变压器比率系数;I_{op2} 为差动启动门槛电流值;I_b 为制动电流;I_{b0} 为制动电流整定值。

利用差动电流中的二次谐波躲过空载合闸时的励磁涌流。当差动电流中的二次谐波电流

比率大于整定时,闭锁差动保护。

(3) TA 断线报警及闭锁

当 A、B、C 三相中任一相电流为零且其余两相电流不变时,则认为是 TA 断线,发出"TA 断线"报警信号。但当最大相电流小于某值或大于某值时,不进行 CT 断线判断。

可通过定值整定选择 TA 断线是否闭锁比率差动保护。

(4) 变压器本体瓦斯保护

变压器本体瓦斯保护包括重瓦斯保护和轻瓦斯保护,重瓦斯保护动作于跳闸,轻瓦斯保护动作于信号。同时瓦斯保护还需要将信号采入 CPU 进行处理,以便保护就地在大屏幕液晶显示器上显示及向监控系统传送。

2. 变压器微机保护的后备保护

变压器微机保护的后备保护单元逻辑框图如图 8 - 12 所示。

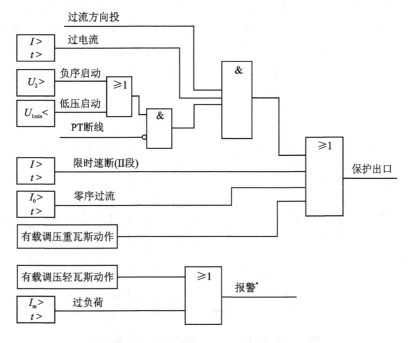

图 8 - 12 变压器后备保护单元逻辑框图

在后备保护中设计了两段延时,当主变过流时,同时启动两段时限,第 I 时限跳低压侧母线分段断路器,如继续过流,则第 II 时限跳主变两侧断路器。正序低电压 U_1、负序电压 U_2 和三相电流 I(A、B、C)幅值通过差分和全波傅立叶算法求得。

(1) 零序过流保护

该保护反应变压接地故障零序电流大小,在变压器中性点接地运行时投入,零序电流取自变压器中性点的 CT 电流。当零序电流大于整定值时,相应的定时器启动,当定时器时间 T 大于整定时间时,保护动作。返回系数大于 0.95。其动作判据为:

$$\left. \begin{array}{l} I_0 > I_{0op} \\ T > T_{0op} \end{array} \right\} \qquad (8-45)$$

式中,I_0 为零序电流;I_{0op} 为零序电流整定值;T_{0op} 为零序过流保护动作整定时间。

（2）过负荷报警

过负荷保护的作用是反应变压器正常运行时的负荷情况。当高压侧三相电流中的最大值大于过负荷整定值时，相应的定时器启动，当定时器时间 T 大于整定时间时，装置报警"变压器过负荷"。其判据为

$$\left.\begin{array}{l} I_m > I_{OL} \\ T > T_{OL} \end{array}\right\} \qquad (8-46)$$

式中，I_m 为高压侧三相电流中的最大值；I_{OL} 为过负荷整定值。T_{OL} 为过负荷保护动作时间整定值。

8.3.2 变压器微机保护的硬件结构

本小节介绍的变压器微机保护硬件采用 DSP＋CPU 的结构，如图 8-13 所示。其中 DSP 负责对从数据采集系统采集的数据进行大量的计算，并把数据通过双端口 RAM 传递给 CPU；CPU 主要负责保护的逻辑判断、开关量的开入开出、与 DSP 的数据交换和少量的计算、通信管理等功能。这样利用 DSP 计算速度快的优点，把繁重的计算任务交给 DSP 完成，而 CPU 就可以集中精力完成保护的逻辑判断任务，从而避免了单 CPU 系统时采样与通信中断的冲突。

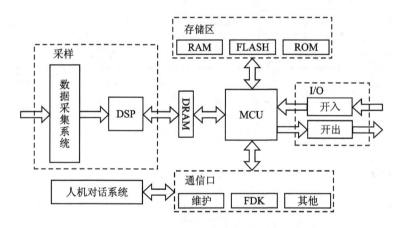

图 8-13 DSP＋CPU 结构的微机保护主系统

8.3.3 变压器微机保护的软件设计

变压器微机保护主程序流程图如图 8-14 所示。保护装置上电或硬件复位后，首先执行系统初始化，包括对硬件电路开关量输入输出系统的并行接口进行定义、读取所有开关量输入的状态、寄存器、定时器初始化、整定值的换算和加载、计数器及各种标志设置等，然后执行初始化自检。

自检分为初始化自检和运行自检。初始化自检是在保护装置上电或复位时进行的一次性的、全面的自检。自检内容主要包括存储器、输出通道、定值、程序等，保证微机保护在投入使用时处于完好状态；运行自检是在保护装置运行过程中，对实时性要求比较高且会对后续运算有影响的部位进行自检，以便及时发现故障，运行自检放在下面自检循环中进行。

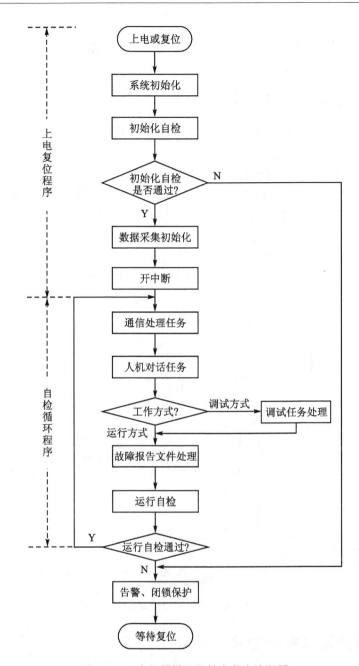

图 8 - 14　变压器微机保护主程序流程图

　　初始化自检无误后,执行数据采集初始化和启动定时采样中断。对采样中断定时器赋初值,使定时器能够按照设定好的采样周期启动,以进入采样中断程序。得以不断地对测量数据进行采样并判断是否需要启动相应的保护措施。之后进入自检循环程序,通过通信处理模块和人机对话模块来处理上级调度平台或操作人员的指令,并不断通过运行自检模块及时地发现故障,保证微机保护装置的稳定运行。

8.4　电动机的微机保护

8.4.1　电动机微机保护的硬件结构

电动机微机保护装置的硬件系统由数据采集模块、CPU 模块、电源模块、开关量输入输出模块、通信模块以及出口跳闸继电器等构成。

本小节介绍的电动机微机保护装置的硬件结构如图 8-15 所示,其硬件的核心部分采用 TI 公司的 TMS320F2812。TMS320F2812 带有 18 K×16 位的片上 SRAM 和 128 K×16 位的 FLASH,片上资源主要包括 2 个 8 路 A/D 模块,采样精度达到 12 位、2 路 SCI、1 路 SPI、1 路 CAN 总线;此外该芯片还带有两个事件管理器模块、6 路 PWM、2 路正交编码脉冲电路、3 路捕获单元和 2 路 16 位定时器。此外,该芯片也达到了 56 以上的 GPIO 引脚可编程多路复用,存储器为 1 MB,和芯片的时钟以及控制系统支持的锁相环频率的动态变化,可以方便地给不同片内外设提供适合其自身的最优频率。TMS320F2812 具有 3 个 32 位的 CPU 定时器,核心电压为 18 V,I/O 口电压 3.3 V,可以有效降低芯片的功耗。

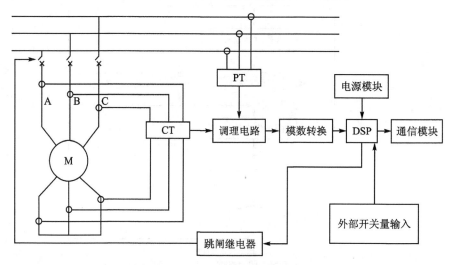

图 8-15　电动机微机保护装置硬件系统

8.4.2　电动机微机保护的软件设计

电动机微机保护的主程序流程如图 8-16 所示。首先初始化参数,紧接着实时地采集异步电动机的电流、电压信号,经过霍尔传感器与调理电路送至 DSP 进行数字滤波,实时计算与保护相关的基波瞬时值、有效值、零序、负序分量等,在每隔 0.833 ms 的定时中断程序中不断进行电动机综合保护判据的逻辑判断。当异步电动机捕获到启动命令时,立即更改相关整定值的大小并经过相应的延时更改回原来的整定值。此外,为了防止微机保护装置发生程序跑偏的现象,在其软件中的关键部分予以简单的数学计算,这些数学计算均匀的分布在整个程序的关键部分,一旦程序出现紊乱、跑飞的现象,则这些部分的数学计算等式将不再满足,从而立即闭锁保护装置,并发出报警信号,提高了微机保护装置的抗干扰能力。

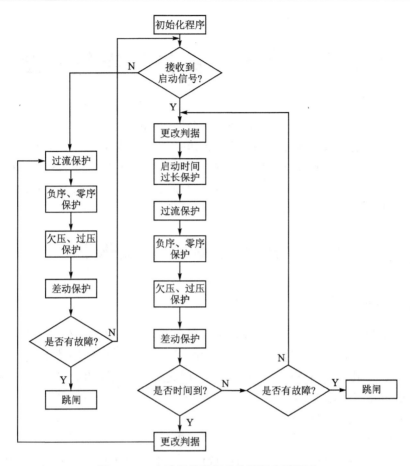

图 8-16　电动机微机保护装置程序流程图

习题与思考题

1. 什么是微机继电保护？电力系统对微机继电保护的要求有哪些？

2. 简要说明微机继电保护的特点。

3. 简要说明微机继电保护技术的出现及发展与哪些技术有关，为什么？

4. 如何理解微机保护比常规继电保护性能好？

5. 微机保护的软件系统主要由哪些部分组成？各组成部分的作用是什么？

6. 微机保护软件的采样中断程序的主要功能有哪些？在正常运行时，采样中断服务子程序结束后，微机保护软件的程序将执行什么？在系统发生故障时，采样中断服务子程序结束后，微机保护软件的程序将执行什么？

7. 微机保护装置软件系统除可实现各种继电保护功能外，还具有哪些功能？

8. 什么是微机保护的算法？常用的微机保护的算法有哪几种？各用于什么场合？

9. 说明用解微分方程算法计算短路电阻和电感的步骤，列写出相应的计算公式。

10. 在导数算法、半波积分算法、傅里叶算法、微分方程算法中，哪些算法能测量电压、电流的有效值、相位和阻抗？哪些算法只能测量电压、电流的有效值？

11. 试用学过的单片机或微机知识，自行设计一套 10 kV 线路微机保护装置硬件原理图。

第9章 过电压保护与电气安全

供配电系统进行正常运行,必须要保证其安全性,防雷和接地是电气安全的主要措施。在用电时,必须防止触电事故的发生,以保证人身、电气设备、供电系统三方面的安全。掌握防雷、接地和电气安全的知识非常重要。本章首先介绍大气过电压的有关概念及其防护措施,介绍内部过电压的有关概念及其抑制措施,然后介绍接地的有关概念,接地装置的装设及其设计计算,最后概述电气安全的有关知识。

9.1 大气过电压及其保护

9.1.1 雷电过电压

雷电过电压是由于电力系统中的线路、设备或建筑物遭受来自大气中的雷击或雷电感应而引起的过电压,又被称为外部过电压或大气过电压。雷电过电压产生的雷电冲击波,其电压幅值可高达 1 亿伏,其电流幅值可高达几十万安,因此对供电系统的危害极大,必须加以防护。

1. 雷电过电压基本形式

雷电过电压的基本形式有三种:

(1)直击雷过电压

直击雷即雷云向电气设备或建筑物直接放电。雷电直接击中被击物时,强大的雷电流通过被击物泄入大地,在被击物上产生极大的电压降,其值可达几百万伏,这种电压称之为直击雷过电压。由于此电压超过一般电气设备的正常运行电压许多倍,将使电气设备的绝缘被击穿。同时,巨大的雷电流会造成建筑物的劈裂、倒塌及引发火灾。

(2)感应过电压

感应过电压简称为感应雷,可分为静电感应和电磁感应两种。

a. 静电感应

由于雷云的作用,使附近导体上感应出与雷云符号相反的电荷,在雷云向大地或某一导体放电后,雷云与大地间电场消失,导体上的感应电荷得到释放,如果没有就近泄入地中就会产生很高的电动势,从而产生静电感应过电压。电力线路上的静电感应过电压可达几万甚至几十万伏,导致线路绝缘闪络及所连接的电气设备绝缘遭受损坏。

b. 电磁感应

由于雷电流迅速变化在周围空间产生瞬变的强电磁场,使附近的导体上感应出很高的电动势,从而产生电磁感应过电压。

(3)雷电波侵入

雷电波侵入是感应雷的另一种表现,是由于雷电对架空线或金属管道的作用,在导线上感应出雷电波。雷电波以光速向导线两侧流动,故又称为过电压行波。行波沿着电力线路侵入变配电所或其他建筑物,并在变压器内部引起行波反射,产生很高的过电压。据统计,雷电侵入波造成的事故约占所有雷电事故的 $50\% \sim 70\%$,需引起足够的重视。

2. 雷电的形成

(1) 直击雷的形成

天空中密集的云块团因流动而产生摩擦,从而带有负电荷或正电荷,形成雷云。因静电感应作用,在雷云下面的大地将感应出异性电荷,二者形成一巨大电容器,当雷云附近的电场强度达到 $25 \sim 30$ kV/cm 时,空气开始游离,形成导电性的通道,叫做先导放电通道。雷云对大地放电,形成一段先导通路,称雷电先导。当雷电先导达到离地约 $100 \sim 300$ m 时,大地感应的异性电荷更加集中,特别易于聚集在较突起部分或较高的地面,形成迎雷先导。当雷电先导与迎雷先导接触时,气隙被强电场瞬时击穿,电荷发生强烈中和,出现极大的电流并发出声和光,即出现电闪雷鸣(雷鸣是由雷电流加热周围空气使之骤然膨胀所致),这就是主放电阶段。此时,电流可达数十万安,电压达数百万伏,时间约 $50 \sim 100$ μs。主放电结束后,雷云中的残余电荷继续经放电通道入地,称为余辉放电阶段。余辉放电电流不大于数百安,持续时间为 $0.03 \sim 0.05$ s。图 9 - 1 为雷云放电三个阶段雷电流波形示意图。

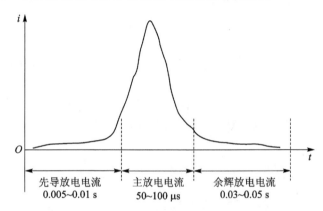

图 9 - 1　雷云放电三个阶段雷电流波形示意图

雷电的主要特点是:电压高,电流大,释放能量的时间短。

(2) 感应雷的形成

当雷云来临时,雷云携带着大量的电荷,它们将产生静电场。由于静电感应将在架空线相应位置上积累大量异性束缚电荷,如图 9 - 2(a)所示。当雷云在架空线附近对地放电时,特别是主放电阶段,由于主放电电流很大且放电速度很快,因而在放电通道周围产生很强的空间变化磁场。使导线上产生很高的感应电压,主放电阶段结束,线路上的束缚电荷被释放而形成自由电荷,自由电荷以电磁波的速度向导线两边流动,形成雷电流,从而在线路上形成感应冲击波,使所到之处电压升高,这就是感应过电压。架空线上的感应过电压的形成如图 9 - 2(b)所示。

感应过电压的幅值一般不到 300 kV,个别可达 $500 \sim 600$ kV,故危害较直接雷过电压要小,通常用避雷器保护即可。

3. 雷电的有关名词概念

(1) 雷暴日与年平均雷暴日数

雷暴日是指在指定的气象观测点,在一天内只要听到过雷声,就称为一个雷暴日。年平均雷暴日数(T_d)则是由当地气象台(站)根据多年的气象资料统计出的雷暴日数的年平均值,单位为 d/a。一般:$T_d < 15$ 天的地区被称为少雷区,如西北地区;$15 \leqslant T_d \leqslant 40$ 天的地区为中雷区,如长江流域;$40 \leqslant T_d \leqslant 90$ 天的地区为多雷区,如华南大部分地区;$T_d > 90$ 天的地区及根据

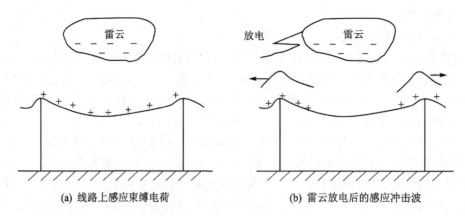

(a) 线路上感应束缚电荷　　　　　　　　(b) 雷云放电后的感应冲击波

图 9 - 2　架空线上的感应过电压的形成

运行经验雷害特殊严重的地区为强雷区,如海南省和雷州半岛。T_d 值越大,则防雷要求也就越高。

(2) 雷电流的幅值和陡度

雷电流的幅值 I_m 变化范围很大,一般为数十至数百千安。雷电流的幅值一般在第一次雷击时出现。

典型的雷电流波形如图 9 - 3 所示。雷电流一般在 $1 \sim 4 \, \mu s$ 内增长到幅值 I_m,到幅值前的波形称为波前,从幅值起至雷电流衰减到 $I_m/2$ 的这段波形称为波尾。

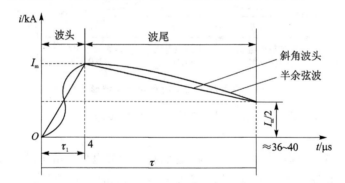

图 9 - 3　雷电流波形示意图

雷电流的陡度 $\alpha = \mathrm{d}i/\mathrm{d}t$,是指雷电波波前部分雷电流的变化速度。因雷电流开始时数值很快地增加,陡度也很快达到极限值,当雷电流达到最大值时,陡度降为零。

(3) 年预计雷击次数

年预计雷击次数是表征建筑物可能遭受雷击的一个频率参数。按 GB 50057—2010《建筑物防雷设计规范》规定,建筑物年预计雷击次数 N(单位为次/年)按下式计算:

$$N = 0.1 K T_d A_e \tag{9-1}$$

式中,T_d 为年平均雷暴日数;A_e 为与建筑物截收雷击次数相同的等效面积,单位是 km^2,其计算方法可参看 GB 50057—2010《建筑物防雷设计规范》;K 为校正系数,一般取 1,位于旷野孤立的建筑物取 2。

9.1.2　防雷设备与防雷保护

1. 防雷设备

（1）接闪器

接闪器利用它高出被保护物的突出地位，在其顶端形成局部强场区，将雷击下行先导放电的发展方向引向自身，然后通过引下线和接地装置将雷电流泄入大地，使被保护建筑免受雷击。接闪器一般由镀锌圆钢、钢管或扁钢等制作，也可以利用金属屋面等作自然接闪器，有避雷针、避雷线、避雷带和避雷网等几种形式。

a. 避雷针

避雷针一般采用镀锌圆钢（针长 1 m 以下时，直径不小于 12 mm；针长 1～2 m 时，直径不小于 16 mm）或镀锌钢管（针长 1 m 以下时，直径不小于 20 mm；针长 1～2 m 时，直径不小于 25 mm）制成，如图 9 - 4 所示。避雷针一般明显高于被保护的设备和建筑物，当雷云先导放电临近地面时，首先击中避雷针，引流体将雷电流安全引入地中，从而保护了某一范围内的设备和建筑物。接地体的作用是减小泄流途径上的电阻值，降低雷电冲击电流在避雷针上的电压降，即降低冲击电压的幅值。避雷针的保护范围用"滚球法"来确定，具体计算方法可参看 GB 50057—2010《建筑物防雷设计规范》。

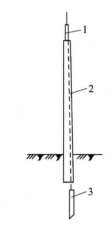

1—避雷针；2—引下线；3—接地装置

图 9 - 4　避雷针结构示意图

b. 避雷线

避雷线一般采用截面积不小于 50 mm² 的镀锌钢绞线，架设在被保护物的上方，以保护其免遭直接雷击。避雷线的防雷作用等同于在其弧垂上每一点都是一根等效的避雷针，也称接闪线或架空地线。避雷线的保护范围也采用滚球法确定。

c. 避雷带和避雷网

避雷带和避雷网主要用来保护建筑物特别是高层建筑物，使之免遭直接雷击和雷电感应。避雷带和避雷网宜采用圆钢或扁钢，优先采用圆钢。圆钢直径应不小于 8 mm；扁钢截面积应不小于 48 mm²，其厚度应不小于 4 mm。当烟囱上采用避雷环时，其圆钢直径应不小于 12 mm；扁钢截面积应不小于 100 mm²，其厚度应不小于 4 mm。

（2）避雷器

避雷器（符号为F）的作用是防止线路上的感应雷及沿线路侵入的过电压波对变电所内的电气设备造成损害，是电力系统中重要的保护设备之一。避雷器工作原理为：避雷器一般接于各段母线与架空线的进出口处，装在被保护设备的电源侧，与被保护设备并联，如图 9 - 5 所示，且避雷器的对地放电电压低于被保护设备的绝缘水平。此时，当过电压感应冲击波沿线路袭来时，避雷器首先放电，将雷电流泄漏入地，使被保护电气设备的绝缘不受危害。当电压消失后，避雷器又能自动恢复到原来的对地绝缘状态。

避雷器的类型主要有间隙避雷器、管型避雷器、阀型避雷器、氧化锌避雷器。

a. 间隙避雷器

间隙避雷器又称保护间隙，由两个相距一定距离的电极构成。按结构形式可分为棒形、球

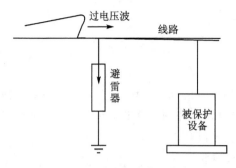

图 9 - 5　避雷器安装示意图

形和角形 3 种。目前 3～35 kV 线路广泛应用的是角形间隙。

正常情况下,工作电压不足以击穿间隙,保护间隙相当于开路,对系统的正常运行没有影响。当线路遭到雷击时,角形间隙被击穿,雷电流泄入大地。角形间隙击穿时会产生电弧,因空气受热上升,电弧转移到间隙上方,拉长而熄灭,使线路绝缘子或其他电气设备的绝缘不致发生闪络,从而起到保护作用。间隙避雷器的灭弧能力较差,雷电波过去后往往不能及时熄灭工频续流,引起继电保护跳闸,所以只适用于无重要负荷的线路上。在装有保护间隙的线路上,一般要求装设自动重合闸装置,以提高供电可靠性。

b. 管形避雷器

管形避雷器是在保护间隙的基础上发展改进而成的,具有较高的熄弧能力,它的结构如图 9 - 6 所示。管形避雷器由外部间隙 S_2 和内部间隙 S_1 两个间隙串联组成。内部间隙设在产气管(由纤维、塑料等产气材料制成)内,由棒形电极和环形电极组成。外部间隙的大小可随电网额定电压的不同而进行调整。当线路遭到雷击时,外间隙和内间隙同时开始放电,强大的雷电流通过接地装置入地,随之通过一个很大的工频续流。雷电流和工频续流在管子内间隙产生的强大放电电弧使产气管内温度迅速升高,致使管内壁产气材料分解出大量气体,其压力猛增,并从环形电极的喷口迅速喷出,形成强烈的纵吹作用,将电弧熄灭。这时外部间隙的空气恢复绝缘,使避雷器与系统隔离,恢复正常运行状态,电力网正常供电。

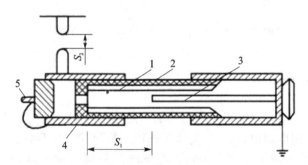

1—产气管;2—管壁;3—棒形电极;4—环形电极;5—指示器
图 9 - 6　管形避雷器结构

管形避雷器的优点是残压小,且简单经济,但动作时有气体吹出,放电伏秒特性较陡,因此只用于室外线路。变配电站内一般采用氧化锌避雷器。

c. 阀式避雷器

阀式避雷器又称阀型避雷器,由火花间隙和阀片电阻组成,装在密封的瓷套管内。火花间隙用铜片冲制而成,每对为一个火花间隙,中间用厚度约为 0.5～1 mm 的云母片隔开,如图 9 - 7(a)所示。阀片电阻通常是碳化硅颗粒制成,如图 9 - 7(b)所示。这种阀片具有非线性特性,在正常工作电压下,阀片电阻值较高,起到绝缘作用;而出现过电压时,电阻值变得很小,如图 9 - 7(c)所示。正常工作时,火花间隙不会被击穿,从而隔断工频电流,对系统的正常运行没有影响；当线路遭受雷击时，火花间隙被击穿放电，阀片电阻变小，使雷电流向大地泄放。当雷电过电压消失后，阀片的电阻值又变得很大，使火花间隙电弧熄灭，绝缘恢复，切断工频续流，从而恢复和保证线路的正常运行。

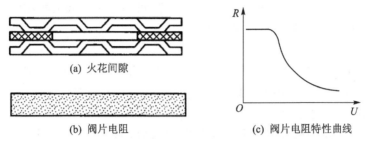

(a) 火花间隙

(b) 阀片电阻

(c) 阀片电阻特性曲线

图 9 - 7　阀式避雷器的火花间隙、阀片电阻及其特性曲线

d. 氧化锌避雷器

氧化锌避雷器是一种以氧化锌电阻片为主要原件的新型避雷器。它分为有间隙和无间隙两种。其工作原理与阀型避雷器基本相似。氧化锌电阻片具有很理想的非线性伏安特性，其在工作电压下实际上相当于绝缘体。在雷电流冲击作用下迅速动作呈现小电阻使其残压足够低，从而使被保护电气设备不受雷电过电压损坏。当冲击电流过后，工频电压作用下，电阻片呈现大电阻，使工频续流趋于零。由于氧化锌避雷器具有结构简单、造价低廉、性能稳定、没有串联火花间隙、无工频续流等优点，在电站及变电所中得到了广泛的应用。

2. 防雷保护

(1) 电力线路的防雷措施

a. 架设避雷线

架设避雷线是 110 kV 及以上电压等级线路的基本防雷措施。其主要作用是最大程度上减小雷直击导线的概率。另外，当雷击塔顶时，避雷线上的分流不但降低了塔顶电位，而且通过对导线的耦合作用进一步降低了绝缘子串上承受的电压；避雷线对导线的屏蔽效应还降低了导线的感应过电压。

为了降低正常运行时避雷线中感应电流的功率损耗和利用避雷线兼作高频通道，常将避雷线通过一小间隙接地，这样，只有在雷击过电压使间隙绝缘击穿时才使避雷线接地。

b. 降低杆塔接地电阻

降低杆塔接地电阻，主要是为了将线路上雷击放电时的雷电流导入大地，以加强线路上的耐雷水平。在 $\rho < 300\ \Omega \cdot m$ 的土壤中，杆塔接地电阻容易降低且投资不多而在高土壤电阻率的地区，要采用多根放射形或连续伸长接地体和采用有效的降阻剂等措施来降低接地电阻。表 9 - 1 给出了线路杆塔的工频接地电阻。

表 9 - 1　线路杆塔的工频接地电阻

土壤电阻率/(Ω·m)	≤100	100~500	500~1 000	1 000~2 000	>2 000
接地电阻/Ω	≤10	≤15	≤20	≤25	≤30

c. 增设耦合地线

高阻地区在降低接地电阻有困难的线段，可在导线之下再增设一条耦合地线。它同避雷线一样，具有分流、对导线的耦合、降低导线上的感应过电压的作用。运行经验证明，它可使雷击跳闸率降低 50％左右。

d. 采用消弧线圈接地方式

对处于雷电活动强烈而接地电阻又不易降低的山区,其 110 kV 及以上电压等级的线路,如有可能尽量采用消弧线圈接地的运行方式。这样,可使雷击引起的单相闪络由于消弧线圈的作用而大部分被消除,可使雷击跳闸率降低约 1/3。

e. 提高绝缘水平

大跨越高杆塔线段的雷击过电压高于一般线段。为降低跳闸率,要加大跨越档距和导线与避雷线的间距,增加绝缘子串的片数。

f. 装设自动重合闸装置

线路绝缘的自恢复性能使它在雷击造成线路跳闸后能很快自行消除故障,因此安装自动重合闸装置对迅速恢复线路供电有良好效果。据统计,我国 110 kV 及以上高压线路的自动重合闸成功率达 75％～95％,35 kV 及以下线路成功率为 50％～80％。

(2) 变电站的防雷

变电站是重要的电力枢纽,必须有可靠的防雷保护。变电站的雷害主要来源于 3 个方面,分别是:变电站的导线和电气设备遭雷击时产生的直击雷过电压,变电站避雷针(线)遭受雷击时产生的感应过电压和反击过电压,沿导线传来的入侵雷电波。

a. 防直击雷

变电站对直击雷的防护方法是装设避雷针(线),将变电站的进线杆塔和室外电气设备全部置于避雷针(线)的保护范围内。当雷电先导发展到一定高度时,避雷针影响雷电先导的发展方向,将其引导到避雷针(线)上,使雷电击向避雷针(线),将雷电流泄入大地。

当雷击避雷针时,强大的雷电流通过引下线和接地装置泄入大地,避雷针及引下线上的高电位可能对附近的建筑物和变配电设备发生"反击闪络"。

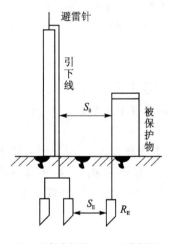

S_0—空气中间距;S_E—地中间距

图 9-8 避雷针接地装置与被保护物及其接地装置的距离

为防止"反击"事故的发生,应注意下列规定与要求:

ⓐ 独立避雷针与被保护物之间应保持一定的空间距离 S_0,如图 9-8 所示,此距离与建筑物的防雷等级有关,但通常应满足 $S_0 \geqslant 5$ m。

ⓑ 独立避雷针应装设独立的接地装置,其接地体与被保护物的接地体之间也应保持一定的地中距离 S_E,如图 9-8 所示,通常应满足 $S_E \geqslant 3$ m。

ⓒ 独立避雷针及其接地装置不应设在人员经常出入的地方。其与建筑物的出入口及人行道的距离不应小于 3 m,以限制跨步电压。

b. 对入侵雷电波的防护

变电站的输入线路分布较广,线路上发生雷电过电压的机会较多,当雷击于线路导线时,雷电冲击波沿导线流动传到变电所。主变压器是变电所中最重要的电气设备,它的绝缘水平脆弱,所以需要采取装设避雷器的措施来防护入侵雷电波。避雷器的选择,不仅要使其伏秒特性的上限低于变压器的伏秒特性的下限,而且要保证其遭受雷击时的残压小于变压器绝缘耐压所能允许的程度。它们的数值都必须小于冲击波的幅值,以保证入侵波能够受到避雷器放电的限制。

避雷器应尽量安装在电气上靠近主变压器的地方,这是因为距离越远,变压器上的过电压幅值就越大。为了防止过高电压对变压器绝缘造成损坏,变压器与避雷器之间的距离不应超过规定的最大允许距离。

c. 对进线段的防护

对于全线无避雷线的 35 kV 变电所进线,当雷击于附近的架空线时,冲击波的陡度必然会超过变电所电气设备绝缘所能允许的程度,流过避雷器的电流也会超过 5 kA,这是不能允许的。所以,这种线路靠近变电所的一段进线(1~2 km)上必须装设避雷装置。图 9-9 为这种保护的典型接线。

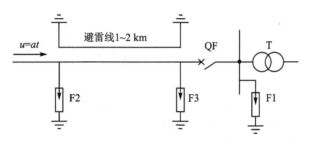

图 9-9　35~110 kV 全线无避雷线的进线段防雷保护接线

对一般线路来说无需装设管式避雷器 F2。但当线路的耐冲击绝缘水平特别高(例如木杆线路或钢筋混凝土杆,木横担以及降压运行的线路),致使变电所中阀型避雷器通过的雷电流可能超过 5 kA 时,需要装设 F2,并使 F2 处的接地电阻尽量降低到 1 Ω 以下。当入侵波幅值过大时,F2 动作,将雷电流泄入大地。

装设管式避雷器 F3 的作用是为了避免断路器或隔离开关在雷雨季节断开时,雷电波在线路开路末端产生反射过电压。开路处雷电压幅值的增大,将使开关电器的绝缘支座对地放电,在线路带电压情况下引起工频短路、烧坏支座。F3 外间隙的整定应满足,既能在开关断开时可靠工作以保护高压电气设备,又能在开关合上时不误动作。

阀式避雷器 F1 起保护作用,避免变压器的开口电容与线路电感经放电后的 F3 形成振荡回路,危及变压器的绝缘。

对于电压为 35 kV、容量为 3 150~5 600 kV·A 的变电所,可以根据供电的重要性和雷电活动情况,考虑采用避雷线长为 500~600 m 的进线保护段。对负荷不很重要,容量在 3 150 kV·A 以下的变电所,可采用图 9-10(a)所示的简化进线保护方式。对 1 000 kV·A 以下的变电所,可采用图 9-10(b)所示的简化进线保护方式。

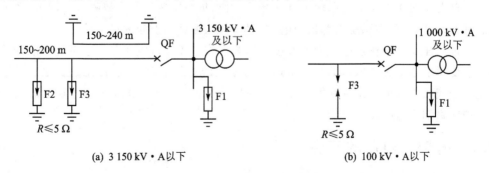

(a) 3 150 kV·A以下　　　　　　(b) 100 kV·A以下

图 9-10　35 kV 简化进线保护

应当注意的是,不论怎样简化,阀型避雷器 F1 距变压器和电压互感器的最大电气距离不宜多于 10 m。

35～110 kV 变电所进线段装设避雷器有困难或土壤电阻率大于 500 Ω·m 时,可在进线保护段的终端杆上装 1 000 μH 左右的电抗线圈 L 来代替进线段保护,如图 9-11 所示。

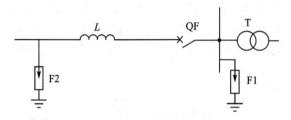

图 9-11　用电抗线圈代替进线段的防雷接线

（3）高压电动机的防雷保护

对高压电动机一般采用如下的防雷措施:对定子绕组中性点能引出的大功率高压电动机,在中性点加装相电压磁吹阀式避雷器或金属氧化物避雷器;对中性点不能引出的电动机,目前普遍采用磁吹阀式避雷器与电容 C 并联的方法来保护,如图 9-12 所示,该电容器的容量可选 1.5～2 μF,电容器的耐压值可按被保护电动机的额定电压选用,电容器连接成星形,并将其中性点直接接地。

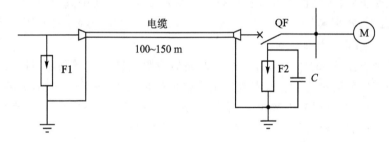

F1—排气式避雷器或普通阀式避雷器;F2—磁吹阀式避雷器

图 9-12　高压电动机防雷保护的接线示意图

9.2　内部过电压及其保护

内部过电压是指由于电力系统本身的开关操作、负荷剧变或发生故障等原因,使系统的工作状态突然改变,从而在系统内部出现电磁能量转换、振荡而引起的过电压。

内部过电压又分操作过电压和谐振过电压等形式。操作过电压是由于系统中的开关操作或负荷剧变而引起的过电压。谐振过电压是由于系统中的电路参数（R、L、C）在不利的组合下发生谐振或由于故障而出现断续性接地电弧所引起的过电压,也包括电力变压器铁芯饱和而引起的铁磁谐振过电压。

9.2.1　内部过电压的产生

1. 操作过电压

在供电系统中,断路器的正常操作时,将使电网运行状态发生突然变化,导致系统内部电感和电容之间电磁能量的相互转换,进而造成振荡,在某些设备或局部电网上出现操作过电压。

(1)切断小电感性负载产生的过电压

由于断路器灭弧能力一般是按照切断大电流设计的,其灭弧能力强。而在切断小电感性负载时,使电流在未过零前强制熄弧而造成截流。此时,设备的电感和电容中储存的能量相互转换而形成电磁振荡。由于对地杂散电容较小,当全部能量转换为电场能时,就会产生幅值很高的截流过电压。

图 9-13 所示为切除空载变压器的等值电路,C_T为变压器绕组的对地电容,L_T为变压器的激磁电感。在工频时,由于电容的阻抗比电感的阻抗大的多,故流过 C_T 的电流可略去不计,此时流过断路器的电流就是变压器的激磁电流 i_T。

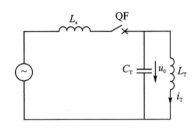

图 9-13 切除空载变压器的等值电路

当断路器断开并在 $t=t_0$ 时强迫灭弧,其截流值为 i_{T0},C_T 上的电压为 u_{CT}。截流后变压器激磁绕组电感 L_T 中存储的磁场能量为 $\frac{1}{2}L_T i_{T0}^2$,C_T 中存储的电场能量为 $\frac{1}{2}C_T u_{CT}^2$,故在变压器的 LC 振荡回路中共储有能量 $\frac{1}{2}(C_T u_{CT}^2 + L_T i_{T0}^2)$。其振荡角频率为 $\omega_0 = 1/\sqrt{L_T C_T}$,振荡过程中的过电压为

$$u(t) = -i_{T0} Z_T \sin \omega_0 t + u_{CT} \cos \omega_0 t \qquad (9-2)$$

式中,Z_T 为变压器波阻抗,$Z_T = \sqrt{L_T/C_T}$。

由式(9-2)可得过电压最大幅值

$$U_{max} = \sqrt{(i_{T0} Z_T)^2 + u_{CT}^2} \qquad (9-3)$$

若断路器在激磁电流最大时产生截流,此时 $i_{T0} = i_{Tm}$,电容上的电压 $u_{CT} = 0$,最大过电压为

$$U_{max} = I_{Tm} Z_T \qquad (9-4)$$

从能量关系上同样可得到式(9-3)的结果。在 LC 振荡回路中,当全部磁能转换为电能时,电容电压达到最大值 U_{max},由能量关系

$$\frac{1}{2}C_T u_{max}^2 = \frac{1}{2}(C_T u_{CT}^2 + L_T i_{T0}^2) \qquad (9-5)$$

得

$$U_{max} = \sqrt{i_{T0}^2 \frac{L_T}{C_T} + u_{CT}^2} = \sqrt{(i_{T0} Z_T)^2 + u_{CT}^2} \qquad (9-6)$$

(2)开断电容性负载产生的过电压

电容性负载是指流过电容器、电缆或空载长线路等的电流。在断路器开断电容性设备的过程中,若断口上的恢复电压上升速度超过其介质强度的上升速度,即会造成断路器开断时的电弧重燃。此时,若断口两端电压极性相反,加之电源继续供给能量,则会使振荡充分发展,从而产生过电压。

合闸空载长线路是电网运行中常见的操作。在合闸长线路时,由于线路的残余电压与电源电压极性相反时,会导致振荡过程的加剧。同时,空载长线路的电容效应使合闸空载长线路

时产生的过电压可能达到额定电压的 3 倍。由于电网结构不同,其操作过电压的幅值也不尽相同。在中性点不接地的电网中,随着电网电压等级的升高,合闸空载长线路产生的过电压更加突出。

图 9-14 所示为开断空载长线路的等值电路,L 是线路电感,C 是线路对地电容,QF 是断路器。图 9-14(a)为空载长线路的 T 形等值电路,当 QF 中发生电弧重燃时,LC 组成振荡回路,因其振荡频率比工频高很多,在讨论振荡过程中出现的过电压时,电源电压可视为不变,此时交流电源可用一直流电势替代。图 9-14(b)所示为振荡回路等值电路。

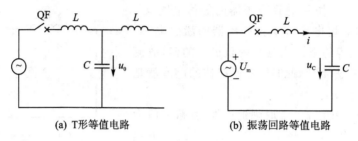

(a) T形等值电路　　　　　　　　(b) 振荡回路等值电路

图 9-14　开断空载线路的等值电路

最不利的合闸情况是在工频相电压为最大幅值 U_m 时,电路合闸时的电路方程为

$$\left.\begin{array}{l} U_m = u_l + u_C = L\dfrac{di}{dt} + u_C \\ i = C\dfrac{du_C}{dt} \end{array}\right\} \tag{9-7}$$

式中,i 是电容 C 上的充电电流,故

$$U_m = CL\dfrac{d^2 u_C}{dt^2} + u_C \tag{9-8}$$

求式(9-8)的通解,即得振荡电路的电压表达式

$$\left.\begin{array}{l} u_C = A\sin\omega_0 t + B\cos\omega_0 t + U_m \\ \omega_0 = \dfrac{1}{\sqrt{LC}} \end{array}\right\} \tag{9-9}$$

式中,ω_0 为振荡电路的角频率。

根据初始条件求常数 A、B。

当 $t=0$ 时,$u_C = u_{C0}$,$i=0$,$\dfrac{du_C}{dt}=0$,对式(9-9)求微分,得

$$\dfrac{du_C}{dt} = A\omega_0\cos\omega_0 t - B\omega_0\sin\omega_0 t = 0 \tag{9-10}$$

要使式(9-10)成立必须令 $A=0$,将其代入式(9-9),得

$$B = U_{C0} - U_m \tag{9-11}$$

故振荡过程中电容 C 上的电压方程为

$$u_C = (U_\infty - U_m)\cos\omega_0 t + U_m \tag{9-12}$$

当 $\cos\omega_0 t = -1$ 时电容 C 上的过电压最高,且

$$u_{Cmax} = 2U_m - U_{C0} \tag{9-13}$$

此类过电压产生的原因是由于断路器的重燃。所以开断电容性电路时,电弧重燃的次数

越多,产生的过电压越高。

（3）电弧接地过电压

电弧接地过电压出现在中性点不接地的电网。在中性点不接地系统（小电流接地系统）中,当发生单相接地故障,且接地电流大于 10 A 时,电弧就难于自行熄灭。而这种接地电容电流又不足以形成稳定的电弧,因而出现电弧时燃时灭的不稳定状态（叫间歇性电弧）。这种间歇性电弧使电网中的电感、电容回路产生电磁振荡,从而产生遍及全电网的电弧接地过电压。

由于在小电流接地系统中发生单相接地时,可允许带故障运行不超过 2 h。故在此段时间内,电弧可能多次重燃熄灭,使线路对地电容上的电荷多次重新分配,并与电感形成振荡,使中性点电压升高形成过电压,对线路或设备绝缘薄弱点造成威胁,并可能发展为相间短路。小电流接地系统电弧接地过电压产生的原理见图 9-15。

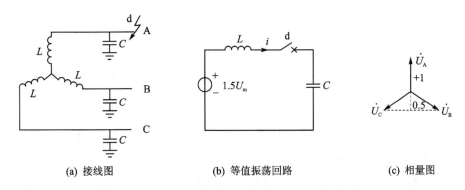

(a) 接线图　　　　　　　(b) 等值振荡回路　　　　　　(c) 相量图

图 9-15　小电流接地系统电弧接地过电压产生的原理

在图 9-15 (a)中,A 相在电压为峰值时接地并产生电弧,变压器和线路电感 L 与对地电容 C 构成串联振荡回路。在产生电弧前的瞬间,A 相上的电压为 U_m,B、C 相（即对地电容 C_B、C_C 上的电压）为 $-0.5U_m$。产生电弧后的瞬间,A 相对地电容上的电荷通过弧道泄放,电压很快降为零,而 B、C 相的对地电压由 $-0.5U_m$ 向 $-1.5U_m$ 过渡,其等值振荡回路及相量图如图 9-15(b)、(c)所示。根据等值回路和式(9-10)得,A 相第一次产生电弧时非故障相的过电压为

$$U_B = U_C = 2U_m - U_{C0} = 2 \times (-1.5U_m) - (-0.5U_m) = -2.5U_m \qquad (9-14)$$

高频振荡电流在第一次过零时电弧熄灭,电网又重新恢复对地绝缘状态,此时 C_B、C_C 上的电荷量均为 $-2.5U_m$,总的电荷量通过电源在三相对地电容上重新分布,并与电源电压叠加,其结果使各相电容对地有一直流电位。如果 A 相第一次熄弧后,经过工频半周（即 A 相电压达到 $-U_m$）电弧又重燃,重燃前瞬间,则 C_B、C_C 上对地电压为

$$0.5U_m - \frac{3}{5}U_m = -\frac{3.5}{3}U_m \qquad (9-15)$$

A 相重燃后,B、C 相对地电压上升到 $1.5U_m$,产生高频振荡,此时非故障相（B、C 相）的过电压为

$$U_B = U_C = 2U_m - U_{C0} = 2 \times (-1.5U_m) - \left(-\frac{3.5}{3}U_m\right) = -4.17U_m \qquad (9-16)$$

当接地电弧不断的熄灭、重燃时,在非故障相和故障相均可能出现较高的过电压。

电弧接地过电压的大小与产生电弧时工频电压的相位角和电弧燃烧时间的长短有关。如果电弧燃烧时间较短,则由于线路有损耗,使振荡衰减,从而降低了过电压的倍数。

线间电容的大小对过电压也有影响,如图 9-16 所示,在 A 相对地发弧的瞬间 C_{12} 与 C_2 并联,C_{31} 与 C_3 并联,因而造成电容电荷的重新分布,其结果造成非故障相电压的起始值出现一个增量 Δu,使非故障相上电压的起始值与稳定值的差变小,过电压降低。一般 6~35 kV 线路,$\Delta u = (0.2 \sim 0.25)U_m$。

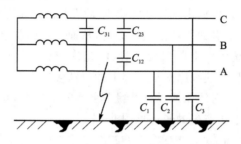

图 9-16 线间电容的大小对过电压的影响

2. 谐振过电压

电力系统中的电感和电容等储能元件,可能形成多种不同的谐振回路,并在一定的条件下产生不同类型的谐振,出现谐振过电压。

谐振属于稳态现象,因此其持续时间比操作过电压长,可以稳定地存在,直到进行新的操作破坏了原回路的谐振条件为止。这种过电压的严重性取决于其幅值的大小和持续时间的长短,它不仅危害设备的绝缘,而且产生大的零序电压分量,出现虚假接地现象和不正确的接地指示,在电压互感器中产生持续的过流,引起熔断器烧坏或互感器烧毁,并能使小的异步电机发生反转。

9.2.2 内部过电压的治理措施

1. 空载变压器分闸过电压的抑制措施

切空变过电压具有幅值高、持续时间短、能量小(比普通避雷器允许通过的能量小一个数量级)的特点,所以目前限制空载变压器分闸过电压的主要措施是采用避雷器。为了保证断路器断开后用于限制切空变过电压的避雷器仍与变压器相连,其应当接在断路器的变压器侧。另外,该避雷器在非雷雨季节也不能退出运行。若变压器高、低压侧的中性点接地方式一致,可在低压侧装避雷器来限制高压侧的切空变过电压。

在需频繁进行变压器的分合闸操作的场合,用避雷器保护后,变压器仍会经常遭受 3 倍以上(避雷器动作后的残压)的过电压作用,对变压器绝缘仍有很大威胁,这时可采用新型的限制过电压措施:在变压器的低压绕组侧并接三相整流电路,直流回路中接有大容量的电解电容。当系统正常运行时,电解电容上为运行电压的幅值;当断路器分闸操作时,变压器上电压升高,这时整流回路导通,吸收变压器的磁能,选择合适的电容量,可有效地把分闸过电压限制到很低的数值。

2. 空载线路合闸过电压的抑制措施

(1) 装设并联合闸电阻

装设并联合闸电阻是目前限制合闸过电压的主要措施。并联合闸电阻的接法如图 9-17 所示。如图 9-17(a)所示,在断路器主触头 Q1 上并联一合闸电阻 R,然后与辅助触头 Q2 串联,即可实现线路的逐级合闸。也可将 Q2 与 R 串联后再与 Q1 并联,如图 9-17(b)所示。一般选用 400~1 000 Ω 的电阻,在此阻值下可将合闸过电压限制到最低。

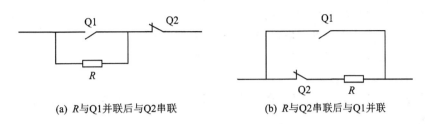

(a) R 与 Q1 并联后与 Q2 串联　　　　　　(b) R 与 Q2 串联后与 Q1 并联

图 9 - 17　并联合闸电阻的接法

（2）同电位合闸

同电位合闸是指在断路器触头两端的电位极性相同、电位极性相等的瞬间完成合闸操作，这样可以降低甚至消除合闸过电压。当前已经研制出可以实时测量各种影响开断时间分散性的参量变化、对开断时间的提前量进行修正的同电位合闸设备，而且具有稳定的机械特性，虽不能实现完全精准的同电位合闸，但可以极大地降低操作过电压。

3. 单相接地过电压的抑制措施

（1）避免人为增加系统对地电容，设法减小系统对地电容值

应避免在三相导线与地之间加电容器，或在中性点上加装电容器；也不提倡采用电容式电压互感器。增大系统对地电容，不仅会使单相接地过电压过大，还会导致其他问题。例如，增加系统对地的零序电容后，如果发生电弧接地，则熄弧瞬间存储在健全相上的电容电荷经过电压互感器一次绕组泄放，由此会引起电压互感器一次绕组中流经较大的电流，且具有直流分量的性质，会加剧电压互感器饱和。

（2）装设消弧线圈，并使其工作在过补偿方式

防止单相接地工频过电压，最有效的方法是在中性点加装消弧线圈，并使消弧线圈工作在过补偿方式。当发生单相接地时，消弧线圈的电感电流与线路的对地电容电流同时流经故障点，使接地电流减小到不能产生电弧的程度，因而可以消除电弧过电压。

4. 谐振过电压的抑制措施

谐振过电压的抑制措施主要包括：

① 改善电磁式电压互感器的激磁特性，或改用电容式电压互感器。

② 在电压互感器开口三角形绕组中接入阻尼电阻，或在电压互感器一次绕组的中性点接入电阻以阻尼振荡。

③ 在有些情况下，可在 10 kV 及以下的母线上装设一组三相对地电容器，或用电缆段代替架空线段，以增大对地电容，从参数搭配上避开谐振。

④ 在特殊情况下，可将系统中性点临时经电阻接地或直接接地，或投入消弧线圈，也可以按事先规定投入某些线路或设备以改变电路参数，消除谐振过电压。

9.3　接地和接地保护

9.3.1　电气装置的接地与等电位联结

1. 接地的概念

能供给或接收大量电荷可用来作为参考零电位的地球及其所有自然物质称为大地。埋入土壤或特定的导电介质（例如混凝土或焦炭）中、与大地有电接触的可导电部分称为接地极。

大地与接地极有电接触的部分称为局部地,其电位不一定等于零。接地就是指在系统、装置或设备的给定点与局部地之间进行电连接。接地的目的主要是为了保障系统能够安全、可靠地运行和保障人身及设备的安全。

2. 接地类型

电力系统和设备的接地,按其功能分为工作接地和保护接地两大类,此外尚有为进一步保证保护接地效果的重复接地。

(1) 工作接地

工作接地是指为了确保电力系统中电气设备在任何情况下都能安全、可靠地运行而进行的一种接地。如电源中性点的直接接地或经消弧线圈的接地、绝缘监视装置和漏电保护装置的接地等都属于工作接地。

各种工作接地都有各自的作用。例如,电源中性点的直接接地,能在运行中维持三相系统对地电压不变;电源中性点经消弧线圈的接地,能在单相接地时消除接地点的断续电弧,防止系统出现过电压。

(2) 保护接地

保护接地是将电气设备的金属外壳、配电装置的构架、线路的塔杆等正常情况下不带电,但可能因绝缘损坏而带电的所有部分接地。因为这种接地的目的是保护人身安全,故称为保护接地或安全接地。

(3) 重复接地

将保护中性线上的一处或多处通过接地装置与大地再次连接,称重复接地。在架空线路终端及沿线每 1 km 处、电缆或架空线引入建筑物处都要重复接地。如图 9-18(a) 所示,如不重复接地,当零线断线而同时断点之后某一设备发生单相碰壳时,断点之后的接零设备外壳都将出现较高的接触电压,即 $U_E \approx U_\varphi$,线路十分危险。如图 9-18(b) 所示,如重复接地,接触电压大大降低,$U_E = I_E R_R \ll U_\varphi$,危险大为降低。

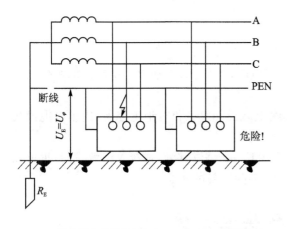
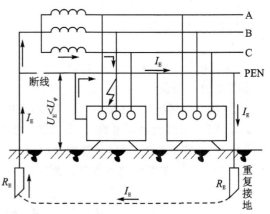

(a) 没有重复接地的系统中,PE线或PEN线断线时   (b) 采取重复接地的系统中,PE线或PEN线断线时

图 9-18 重复接地功能说明示意图

3. 等电位联结

等电位联结是把所有可能同时触及或接近的,在故障情况下可能带不同电位的裸露导体(包括电气设备以外的裸露导体)互相连接起来,等化它们之间的电位,以防止出现危险的接触

电压的连接保护方式。

为保证等电位联结的可靠性,等电位联结导体的截面积应满足 GB 50054—2011《低压配电设计规范》和 D 5012《等电位联结安装》中的相关规定。等电位联结端子板的截面积应满足机械强度的要求,且不得小于所接联结导体的截面积。防雷等电位联结导体的最小截面积应满足 GB 50343—2012《建筑物电子信息系统防雷技术规范》中的相关规定。防雷等电位联结端子板(铜或热镀锌钢)的截面积不应小于 50 mm²。

进行等电位联结导体安装时,金属管道上的阀门、仪表等装置需加跨接线连成电气通路。煤气管入户处应插入一绝缘段,并在此绝缘段两端跨接火花放电间隙(由煤气公司实施)。导体间的连接应可靠,可根据实际情况采用焊接或螺栓连接。

等电位联结是一种经济而又有效的防电击措施,因为其只需在施工时增加一些联结导体,不必增设保护电器,就可以达到均衡电位、降低接触电压的目的。

此外,当部分电气装置位于总等电位联结作用区以外时,应装漏电断路器,且这部分的 PE 线应与电源进线的 PE 线隔离,改接至单独的接地极(局部 TT 系统),以杜绝外部窜入的危险电压。

实际上,可以认为:传统的接地就是一种特殊的等电位联结,即以大地电位作参考电位的等电位联结。因此,等电位联结是一个更广泛也更本质的概念。

9.3.2　接地装置及其计算

1. 接地装置

埋入大地与土壤直接接触的金属物体称为接地体或接地极。连接接地体及设备接地部分的导线称为接地线。接地线又可分为接地干线和接地支线。接地线与接地体总称为接地装置。由若干接地体在大地中互相连接而组成的总体称为接地网。

2. 接地装置的装设

(1) 自然接地体的利用

设计保护接地装置时,应首先考虑利用自然接地体,如地下金属管道(输送燃料管道除外)、建筑物金属结构和埋在土壤中的铠装电缆的金属外皮等。利用自然接地体不但可以节约钢材,节省施工费用,还可以降低接地电阻。利用自然接地体,必须保证良好的电气连接,在建筑物钢结构结合处凡是用螺栓连接的,只有在采取焊接与加跨接线等措施后才能利用。

(2) 人工接地体的装设

如果采用自然接地体接地电阻不满足要求或附近没有可使用的自然接地体时,应装设人工接地体。人工接地体基本结构如图 9-19 所示包括垂直埋设的人工接地体和水平埋设的人工接地体两种。人工接地体大多采用钢管、角钢、圆钢和扁钢制作。一般情况下,人工接地体都采取垂直敷设,特殊情况如多岩石地区,可采取水平敷设。

按 GB 50169—2016《电气装置安装工程接地装置施工及验收规范》的规定,接地装置的人工接地极,导体截面应符合热稳定、均压、机械强度及耐腐蚀的要求,水平接地极的截面不应小于连接至该接地装置接地线截面的 75%,且钢接地极和接地线的最小规格不应小于表 9-2 和表 9-3 所列规格,电力线路杆塔的接地极引出线的截面积不应小于 50 mm²。

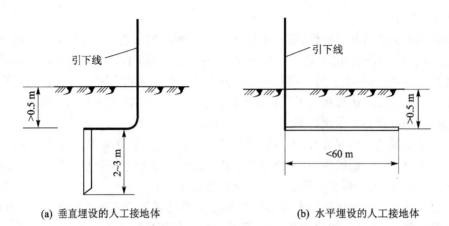

(a) 垂直埋设的人工接地体　　　　　　(b) 水平埋设的人工接地体

图 9 - 19　人工接地体的结构

表 9 - 2　钢接位置地极和接地线的最小规格

位　置 种类、规格及单位	地　上	地　下
圆钢直径/mm	8	8/10
扁钢　截面积/mm²	48	48
扁钢　厚度/mm	4	4
角钢厚度/mm	2.5	4
钢管管壁厚度/mm	2.5	3.5/2.5

注：① 地下部分圆钢的直径，其分子、分母数据分别对应于架空线路和发电厂、变电站的接地网。
　　② 地下部分钢管的壁厚，其分子、分母数据分别对应于埋于土壤和埋于室内混凝土地坪中。

表 9 - 3　铜及铜覆钢接地极的最小规格

位　置 种类、规格及单位	地　上	地　下
铜棒直径/mm	8	水平接地极 8
铜棒直径/mm	8	垂直接地极 15
铜排截面积/厚度/(mm²/mm)	50/2	50/2
铜管管壁厚度/mm	2	3
铜绞线截面积/mm²	50	50
铜覆圆钢直径/mm	8	10
铜覆钢绞线直径/mm	8	10
铜覆扁钢截面积/厚度/(mm²/mm)	48/4	48/4

注：① 裸铜绞线不宜作为小型接地装置的接地极用，当作为接地网的接地极时，截面积应满足
　　设计要求。
　　② 铜绞线单股直径不应小于 1.7 mm。
　　③ 铜覆钢规格为钢材的尺寸，其铜层厚度不应小于 0.25 mm。

为减少自然因素（如环境温度）对接地电阻的影响，接地体顶部距地面应不小于 0.6 m。

多根接地体相互靠近时，入地电流将相互排斥，影响入地电流流散，这种现象，称屏蔽效

应。屏蔽效应使得接地体组的利用率下降。为减少相邻接地体间的屏蔽作用,垂直接地体的间距不宜小于接地体长度的两倍,水平接地体的间距应符合设计要求,一般不宜小于 5 m。接地干线应在不同的两点及以上与接地网相连,自然接地体应在不同的两点及以上与接地干线或接地网相连。

人工接地网外缘应闭合,外缘各角应做成圆弧形。35～110/6～10 kV 变电所的接地网内应敷设水平均压带。为保证人身安全,经常有人出入的走道处,应采用高绝缘路面(如沥青碎石路面),或加装帽檐式均压带,如图 9-20 所示。为了减小建筑物的接触电压,接地体与建筑物的基础间应保持不小于 1.5 m 的水平距离,一般取 2～3 m。

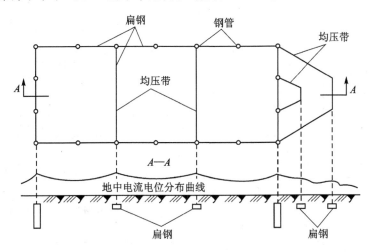

图 9-20　加装均压带的接地网

(3)防雷装置的接地要求

按照 GB 50057—2010《建筑物防雷设计规范》的规定,防雷装置的接地体的材料、结构和最小截面应符合表 9-4 的规定。

表 9-4　接地体的材料、结构和最小尺寸

材　料	结　　构	最小尺寸			备　注
		垂直接地体直径/mm	水平接地体截面积/mm²	接地板/(mm×mm)	
铜、镀锡铜	铜绞线	—	50	—	每股直径1.7 mm
	单根圆铜	15	50	—	
	单根扁铜	—	50	—	厚度2 mm
	铜管	20	—	—	壁厚2 mm
	整块铜板	—	—	500×500	厚度2 mm
	网格铜板	—	—	600×600	各网格边截面25 mm×2 mm,网格网边总长度不少于4.8 m

材　料	结　构	最小尺寸			备　注
		垂直接地体直径/mm	水平接地体截面积/mm²	接地板/(mm×mm)	
热镀锌钢	圆钢	14	78	—	—
	钢管	20	—	—	壁厚 2 mm
	扁钢	—	90	—	厚度 3 mm
	钢板	—	—	500×500	厚度 3 mm
	网格钢板	—	—	600×600	各网格边截面 30 mm×3 mm，网格网边总长度不少于 4.8 m
	型钢	注③	—	—	—
裸钢	钢绞线	—	70	—	每股直径 1.7 mm
	圆钢	—	78	—	—
	扁钢	—	75	—	厚度 3 mm
外表面镀铜的钢	圆钢	14	50	—	镀铜厚度至少 250 μm，铜纯度 99.9%
	扁钢	—	90（厚 3 mm）	—	
不锈钢	圆形导体	15	78	—	—
	扁形导体	—	100	—	厚度 2 mm

注：① 热镀锌层应光滑连贯、无焊剂斑点，镀锌层圆钢至少 22.7 g/m²，扁钢至少 32.4 g/m²。

② 热镀锌之前螺纹应先加工好。

③ 不同截面的型钢，其截面不小于 290 mm²，最小厚度 3 mm，可采用 50 mm×50 mm×3 mm 角钢。

④ 当完全埋在混凝土中时才可采用裸钢。

⑤ 外表面镀铜的钢，铜应与钢结合良好。

⑥ 不锈钢中，铬的含量等于或大于 16%，镍的含量等于或大于 5%，钼的含量等于或大于 2%，碳的含量等于或小于 0.08%。

⑦ 截面积允许误差为 −3%。

　　埋于土壤中的人工垂直接地体宜采用热镀锌角钢、钢管或圆钢；埋于土壤中的人工水平接地体宜采用热镀锌扁钢或圆钢。接地线应与水平接地体的截面相同。人工钢质垂直接地体的长度宜为 2.5 m，其间距以及人工水平接地体的间距均宜为 5 m，当受地方限制时可适当减小。人工接地体在土壤中的埋设深度不应小于 0.5 m，并宜敷设在当地冻土层以下，其距墙或基础不宜小于 1 m。防直击雷的专设引下线距出入口或人行道边沿不宜小于 3 m。

　　接地体宜远离由于烧窑、烟道等高温影响使土壤电阻率升高的地方。在敷设于土壤中的接地体连接到混凝土基础内起基础接地体作用的钢筋或钢材的情况下，土壤中的接地体宜采用铜质或镀铜或不锈钢导体。

　　接地装置埋在土壤中的部分，其连接宜采用放热焊接；当采用通常的焊接方法时，应在焊接处做防腐处理。

3. 接地装置的计算

(1) 接地电阻及其要求

接地电阻是接地线和接地体的电阻与接地体散流电阻的总和。由于接地线和接地体的电阻相对很小,因此接地电阻可认为就是接地体的散流电阻。

接地电阻按其通过电流的性质又可分为工频接地电阻和冲击接地电阻两种。工频接地电阻是指工频接地电流流经接地装置入地所呈现的接地电阻,用 R_E 表示。冲击接地电阻是指雷电流流经接地装置入地所呈现的接地电阻,用 R_{sh} 表示。

为保证人身的安全,保护接地电阻的允许值 R_{Eal} 为

$$R_{Eal} = \frac{U_{Eal}}{I_E} \qquad\qquad (9-17)$$

式中,U_{Eal} 为允许接触电压,单位是 V;I_E 为电网接地电流,单位是 A。

只要满足式(9-17)中接触电压 U_{Eal} 小于安全电压,该接地电阻值就是允许的。保护接地电阻的允许值,随电网和接地装置的不同而有不同的要求。允许接触电压值可根据安全电流和人体电阻值确定,分为大电流接地系统和小电流接地系统两种情况。

a. 大电流接地系统

在 1 kV 以上的大电流接地系统,接地电阻规定为

$$R_{Eal} \leqslant \frac{2\ 000}{I_E} \leqslant 0.5\ \Omega$$

在 1 kV 以下中性点不接地电网中,通常不会产生较大的接地电流,在实际计算中采用 10 A 作为计算值,接地电阻定为 4 Ω,短路时的全部对地电压为 $10 \times 4 = 40$(V),小于 50 V 的安全电压。对于小容量设备(1 kV·A 以下),且有重复接地装置,规定其接地电阻不大于 10 Ω。

b. 小电流接地系统

在 1 kV 以上的小电流接地系统,接地电阻有两种规定:

接地装置与 1 kV 以下设备接地共用时

$$R_{Eal} \leqslant \frac{120}{I_E} \leqslant 10\ \Omega$$

接地装置仅用于 1 kV 以上设备时

$$R_{Eal} \leqslant \frac{250}{I_E} \leqslant 10\ \Omega$$

(2) 接地电阻的计算

a. 工频接地电阻

工频接地电流流经接地装置所呈现的接地电阻,称工频接地电阻,可按表 9-5 中的公式进行计算。工频接地电阻一般简称为接地电阻,只在需区分冲击接地电阻时才注明工频接地电阻。

b. 冲击接地电阻

冲击接地电阻是指雷电流流经接地装置泄放入地时的接地电阻,一般小于工频接地电阻。冲击接地电阻可按下式进行计算:

$$R_{sh} = \frac{R_E}{A} \qquad\qquad (9-18)$$

式中,A 为换算系数,其值可根据图 9-21 中的计算曲线获得。

表 9 - 5　工频接地电阻计算公式

接地体形式			计算公式	说　明
人工接地体	垂直式	单根	$R_{E(1)} \approx \dfrac{\rho}{l}$	ρ 为土壤电阻率；l 为接地体长度
		多根	$R_E = \dfrac{R_{E(1)}}{n\eta_E}$	n 为垂直接地体根数，η_E 为接地体的利用系数
	水平式	单根	$R_{E(1)} \approx \dfrac{2\rho}{l}$	ρ 为土壤电阻率；l 为接地体长度
		多根	$R_E \approx \dfrac{0.062\rho}{n+1.2}$	n 为放射形水平接地带根数($n \leqslant 12$)，每根长度 $l = 60$ m
	复合式接地网		$R_E \approx \dfrac{\rho}{4r} + \dfrac{\rho}{l}$	r 为与接地网面积等值的圆半径（即等效半径）；l 为接地体总长度，包括垂直接地体
	环形		$R_E = 0.6 \dfrac{\rho}{\sqrt{S}}$	S 为接地体所包围的土壤面积
自然接地体	钢筋混凝土基础		$R_E \approx \dfrac{0.2\rho}{\sqrt[3]{V}}$	V 为钢筋混凝土基础体积
	电缆金属外皮、金属管道		$R_E \approx \dfrac{2\rho}{l}$	l 为电缆及金属管道埋地长度

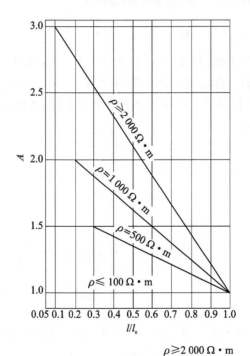

$$\rho \geqslant 2\,000\ \Omega \cdot m$$

图 9 - 21　换算系数 A 的计算曲线

图 9 - 21 中，横坐标的 l_e 为接地体的有效长度（单位是 m），应按下式计算：

$$l_e = 2\sqrt{\rho} \tag{9-19}$$

式中，ρ 为土壤电阻率，单位是 $\Omega \cdot m$。

图 9 - 21 中，横坐标的 l 为按地体长度，其取值原则是：对于单根接地体，为其实际长度；对于有分支线的接地体，为其最长分支线的长度（见图 9 - 22）；对于环形接地网，为其周长的

一半。如果 $l_e < l$ 时,则取 $l_e = l$,即 $A = 1$,也即 $R_{sh} = R_E$。

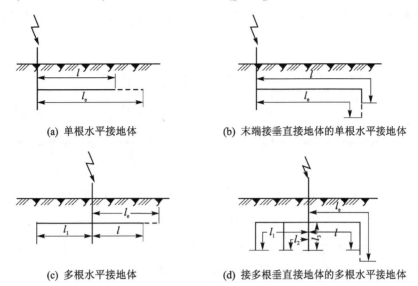

(a) 单根水平接地体　　　　　　(b) 末端接垂直接地体的单根水平接地体

(c) 多根水平接地体　　　　　　(d) 接多根垂直接地体的多根水平接地体

图 9 - 22　接地体实际长度的计量

4. 接地装置的计算程序

接地装置的计算程序如下:

① 按设计规范的要求确定允许的接地电阻 R_E 值。

② 实测或估算可以利用的自然接地体的接地电阻 $R_{E(nat)}$ 值。

③ 计算需要补充的人工接地体的接地电阻 $R_{E(man)}$,即

$$R_{E(man)} = \frac{R_{E(nat)} R_E}{R_{E(nat)} - R_E} \tag{9-20}$$

如果不考虑利用自然接地体,则 $R_{E(man)} = R_E$。

④ 按经验初步确定接地体和连接导线长度、接地体的布置,并计算单根接地电阻 $R_{E(1)}$。

⑤ 计算接地体的数量,即

$$n = \frac{R_{E(1)}}{\eta_E R_{E(man)}} \tag{9-21}$$

⑥ 校验短路热稳定度。对于大接地电流系统的接地装置,应进行单相短路热稳定度校验。由于钢线的热稳定系数 $C = 70$,因此接地钢线的最小允许截面(单位是 mm^2)为

$$A_{min} = I_k^{(1)} \frac{\sqrt{t_k}}{70} \tag{9-22}$$

式中,$I_k^{(1)}$ 为单相接地短路电流,单位是 A;t_k 为短路电流持续时间,单位是 s。

9.3.3　保护接地

1. 接触电压和跨步电压

接触电压 U_{tou} 是指由于接触发生单相接地故障的电气设备外露导电部分而在人体上形成的电位差。跨步电压 U_{step} 是指人在接地故障点周围行走,两脚之间所呈现的电位差。为保证人身安全,对 U_{tou} 及 U_{step} 均有限值要求。

2. 保护接地原理

为保障人身安全,防止触电而将设备的外露可导电部分进行接地,称为保护接地。其原理如图 9 - 23 所示。

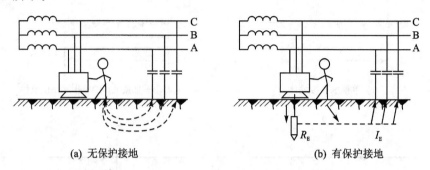

(a) 无保护接地   (b) 有保护接地

图 9 - 23 保护接地原理

当电气设备单相碰壳时,设备的外壳带电,这时如果人体接触到设备的外壳,接地电流将通过人体和电网与大地之间的对地电容构成回路。若无保护接地,由于设备底座与大地的接触电阻较大,则有较大的电流从人体流过,如图 9 - 23(a)所示。当电气设备采取了保护接地措施,则流过人体的电流只是接地的部分电流,显然,这是因为人体电阻与接地电阻是并联的,接地电阻越小,流经人体的电流也越小,因此限制接地电阻在适当的范围内,就能保证人身的安全,如图 9 - 23(b)所示。

保护接地适用于三相三线制或三相四线制的电力系统。在这种电网中,凡由于绝缘破坏或其他原因而可能呈现危险电压的金属部分,例如,变压器、电动机以及其他电器等的金属外壳和底座均可采用保护接地。

3. 保护接地的类型

低压配电系统的保护接地按接地形式,分为 TN 系统、TT 系统和 IT 系统 3 种。

(1) TN 系统

TN 系统的电源中性点直接接地,并引出有 N 线,属三相四线制系统。TN 系统又可分为 TN - S 系统、TN - C 系统和 TN - C - S 系统三种。

a. TN - S 系统

整个系统的中性导体(N 线)与保护导体(PE 线)是分开的,如图 9 - 24 所示。

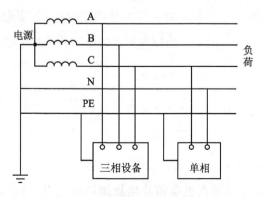

图 9 - 24 TN - S 系统

b. TN-C 系统

整个系统的中性导体与保护导体是合一的,如图 9-25 所示。

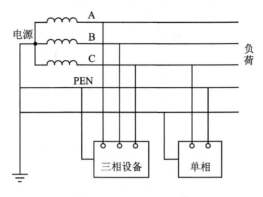

图 9-25 TN-C 系统

c. TN-C-S 系统

系统中有一部分线路的中性导体与保护导体是合一的,称为保护中性导体(PEN 线),如图 9-26 所示。

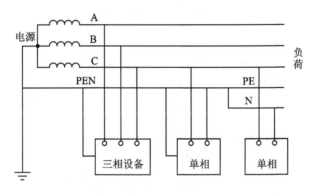

图 9-26 TN-C-S 系统

TN 系统中的设备发生单相碰壳漏电故障时,就形成单相短路回路,因该回路内不包含任何接地电阻,整个回路的阻抗就很小,故障电流 $I_k^{(1)}$ 很大,足以保证在最短的时间内使熔丝熔断、保护装置或自动开关跳闸,从而切除故障设备的电源,保障人身安全。

(2) TT 系统

TT 系统的电源中性点直接接地,没有公共的 PE 线,工作接地和保护接地是相互独立的。电气装置外露导电部分的保护接地是经各自的 PE 线直接接地,系统接地和保护接地分开设置,在电气上是不相关联的,属三相四线制系统,如图 9-27 所示。

在 TT 系统中,当设备发生一相碰壳接地故障时,通过设备外露可导电部分的接地装置形成单相短路,短路电流较大,一般情况下可以使故障设备的继电保护装置动作,迅速切除故障设备,从而大大减少了人体触电的危险。即使在故障未切除时人体触及故障设备的外露可导电部分,也由于人体电阻远大于保护接地电阻,因此通过人体的电流也比较小,对人体的危害性相对也较小。

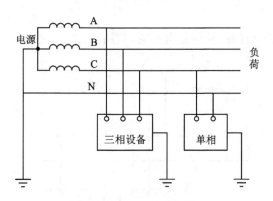

图 9－27　TT 系统接地

但是对于容量较大的电气设备,这一单相接地电流无法使线路的保护装置动作,故障将一直存在,使电气设备的外壳带有一个危险的对地电压。所以 TT 系统只适用于功率不大的设备,或作为精密电子仪器设备的屏蔽接地。

(3) IT 系统

IT 系统的电源中性点不接地或经阻抗(约 1 kΩ)接地,且通常不引出 N 线,因此它一般为三相三线制系统,其中电气设备的外露可导电部分均经各自的 PE 线分别直接接地,如图 9－28 所示。

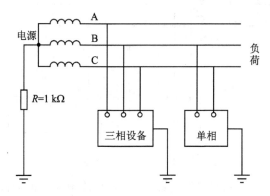

图 9－28　IT 系统接地

当设备发生一相接地故障时,就会通过接地装置、大地、两非故障相对地电容及电源中性点接地装置(如采取中性点经阻抗接地时)形成单相接地故障电流,这时人体若触及漏电设备外壳,因人体电阻与接地电阻并联,且人体电阻远大于接地电阻(人体电阻比接地电阻大 200 倍以上),由于分流作用,通过人体的故障电流将远小于流经接地电阻的故障电流,极大地减小了触电的危害程度。

IT 系统属于小电流接地系统,当发生一相接地故障时,所有三相用电设备仍可暂时继续运行 2 h。但同时另两相的对地电压将由相电压升高到线电压,增加了对人身和设备安全的威胁。IT 系统多用于矿井下和对供电不间断要求较高的电气装置,例如发电厂的厂用电和医院内重要手术室等。

9.4　电气安全与触电急救

9.4.1　电气安全有关概念

1. 电流对人体的作用

当接触带电部位或接近高压带电体时,因人体有电流通过而引起受伤或死亡的现象称触电。

触电对人体的伤害,主要来自电流。电流流过人体时,电流的热效应会引起肌体烧伤、炭化或在某些器官上产生损坏其正常功能的高温;肌体内的体液或其他组织会发生分解作用,从而使各种组织的结构和成分遭到严重破坏;肌体的神经组织或其他组织因受到损伤,会产生不同程度的刺麻、酸疼、打击感,并伴随不自主的肌肉收缩、心慌、惊恐等症状,严重时会出现心律不齐、昏迷、心跳呼吸停止直至死亡的严重后果。

2. 电流对人体的危害程度

触电时人体受害的程度与许多因素有关,如通过人体的电流、持续时间、电压高低、频率高低、电流通过人体的途径以及人体的健康状况等。诸多因素中最主要的因素是通过人体电流的大小。当通过人体的电流越大,人体的生理反应越明显,致命的危险性也就越大。按通过人体的电流对人体的影响,将电流大致分为三种。

(1) 感觉电流

感觉电流是指使人体能够感觉,但不遭受伤害的电流。感知电流通过人体时,人体有麻酥、灼热感。

(2) 摆脱电流

摆脱电流是指人体受电击后能够自主摆脱的电流。摆脱电流通过人体时,人体除麻灼热感外,主要是疼痛、心律障碍感。

(3) 致命电流

致命电流是指在较短的时间内会危及生命的最小电流,也就是说能够引起心室颤动的电流。引起心室颤动的电流与通过的时间有关。

3. 安全电压和人体电阻

(1) 安全电压

安全电压是指不至使人直接致死或致残的电压。

我国国家标准 GB 3805—2008《特低电压(ELV)限值》规定的安全电压等级见表 9-6。此标准中电压限制的规定针对正常和故障两种状态,低于这些限制的电压在规定条件下对人体不构成危险。

GB 3805—2008《特低电压(ELV)限值》中规定的环境状况为:环境状况 1 是指皮肤阻抗和对地电阻均可忽略不计的情况,例如人体浸没条件;环境状况 2 是指皮肤阻抗和对地电阻降低的情况,例如潮湿条件;环境状况 3 是指皮肤阻抗和对地电阻均不降低的情况,例如干燥条件;环境状况 4 是指特殊状况(例如电焊、电镀)。特殊状况的定义由各有关专业标准化技术委员会规定。

表 9-6　稳态电压限值

环境状况	电压限值/V					
	正常（无故障）		单故障		双故障	
	交流	直流	交流	直流	交流	直流
1	0	0	0	0	16	35
2	16	35	33	70	不适用	
3	33①	70②	55①	140②	不适用	
4	特殊应用					

注：① 对接触面积小于 1 cm² 的不可握紧部件,电压限值分别为 66 V 和 80 V。

　　② 在电池充电时,电压限值分别为 75 V 和 150 V。

（2）人体电阻

流经人体电流的大小,与人体电阻有着密切的关系。当电压一定时,人体电阻越大流过人体的电流越小,反之亦然。

人体电阻包括体内电阻和皮肤电阻两部分。体内电阻由肌肉组织、血液、神经等组成,其值较小,且基本上不受外界条件的影响。皮肤电阻是指皮肤表面角质层的电阻,它是人体电阻的主要部分,且它的数值变化较大。人体电阻与人体皮肤状况、触电的状况等因素有关。当皮肤干燥完整时,人体电阻可达 10 kΩ 以上;而当皮肤角质层受潮或损伤时,人体电阻会降到 1 kΩ 左右;当皮肤遭到破坏时,人体电阻将下降到 600～800 Ω。

9.4.2　电气安全措施

电气安全措施主要包括:

① 严格遵循设计、安装规范。电气设备和线路的设计、安装,应严格遵循相关的国家标准,做到精心设计、按图施工、确保质量,绝不留下事故隐患。

② 加强运行维护和检修试验工作。应定期测量在用电气设备的绝缘电阻及接地装置的接地电阻,确保处于合格状态;对安全用具、避雷器保护电器,也应定期检查、测试,确保其性能良好、工作可靠。

③ 按规定正确使用电气安全用具。电气安全用具有绝缘安全用具和防护安全用具两种。安全用具是指那些绝缘强度能长期承受设备的工作电压,并且在该电压等级产生内部过电压时能保证工作人员安全的工具。例如,绝缘棒、绝缘夹钳、验电器等均为常用的安全用具。

④ 建立和健全规章制度,特别是要建立和健全岗位责任制。

⑤ 采用安全电压和防爆电器。对于容易触电的场所和手持电器,应采用表 9-6 所列的安全电压。在易燃、易爆场所,应遵照 GB 50058—2014《爆炸和火灾危险环境电力装置设计规范》,正确划分爆炸和火灾危险场所的等级,正确选择相应类型和级别的防爆电气设备。

⑥ 普及安全用电知识,加强安全教育。

9.4.3　触电救护

对触电人员的现场急救,是抢救过程的一个关键。如果能正确并及时地处理就可能使因触电而假死的人获救;反之,则可能带来不可弥补的后果。因此,从事电气工作的人员必须熟悉和掌握触电急救技术。

1. 脱离电源

触电急救,首先要使触电者迅速脱离电源,越快越好,因为触电时间越长,伤害越重。

在脱离电源时,救护人员既要救人,又要注意保护自己,防止触电。触电者未脱离电源前,救护人员不得用手触及触电者。

触电者触及低压带电设备,救护人员应设法迅速切断电源,如拉开电源开关或刀闸,拔除电源插头等;或使用绝缘工具、干燥的木棒、木板、绳索等不导电的工具解脱触电者;也可抓住触电者干燥而不贴身的衣服,将其拖开,切记要避免碰到金属物体和触电者的裸露身躯;也可戴绝缘手套或将手用干燥衣物等包起绝缘后解脱触电者;救护人员也可站在绝缘垫上或干木板上,绝缘自己进行救护。

如果电流通过触电者入地,并且触电者紧握电线,可设法将木板塞到其身下,与地隔离,也可用干木把斧子或有绝缘柄的钳子等将电线剪断。剪断电线要分相,一根一根地剪断,并尽可能站在绝缘物体或干木板上。

触电者触及高压带电设备,救护人员应迅速切断电源,或用适合该电压等级的绝缘工具(戴绝缘手套、穿绝缘靴并用绝缘棒)解脱触电者。救护人员在抢救过程中应注意保持自身与周围带电部分必要的安全距离。

2. 急救处理

触电者脱离电源后,应迅速正确判定其触电程度,有针对性地实施现场紧急救护。

触电者如果神态清醒,只是心慌、四肢发麻、全身无力,但没失去知觉,则应使其就地平躺,严密观察,暂时不要站立或走动。

如果触电者神志不清、失去知觉,但呼吸和心脏尚正常,应使其舒适平卧,保持空气流通,同时立即请医生或送医院诊治。随时观察,若发现触电者出现呼吸困难或心跳失常,则应迅速用心肺复苏法进行人工呼吸或胸外心脏按压。

如果触电者失去知觉、心跳和呼吸停止,则应判定触电者是假死症状。触电者若无致命外伤,没有得到专业医务人员证实,不能判定触电者死亡。抢救工作绝不能无故中断,贸然放弃。

9.4.4　电气防火和防爆

电气装置在运行过程中不可避免地存在许多引起火灾和爆炸的因素。例如,电气设备的绝缘大多数是采用易燃物(绝缘纸、绝缘油等)组成的,它们在导体经过电流时的发热、开关产生的电弧及系统故障时产生的火花等因素作用下,易发生火灾甚至爆炸。若不采取切实的预防措施及正确的扑救方法,则会酿成严重的后果甚至灾难。

1. 电气火灾和爆炸产生的原因

(1) 电气线路和设备过热

由于设计、选材、施工、制造不当而形成线路和设备固有缺陷,或使用方法不正确等因素造成短路、过载、铁损过大、接触不良、机械摩擦、通风散热条件恶化等,都会使电气线路和电气设备整体或局部温度过高,从而引燃易燃易爆物质而发生电气火灾或爆炸。

(2) 电火花和电弧

电气线路和设备发生短路或接地故障、绝缘子闪络、接头松脱、炭刷冒火、过电压放电、熔断器熔体熔断、开关操作以及继电器触点开闭等都会产生电火花和电弧。电火花和电弧不仅可能直接引燃或引爆易燃易爆物质,电弧还会导致金属融化、飞溅而构成引燃可燃物品的火源。

（3）静电放电

静电放电的放电火花可能引起火灾和爆炸。如输油管道中油流与管壁摩擦、皮带与皮带轮间、传送带与物料间互相摩擦产生的静电火花，都可能引起火灾和爆炸。

（4）电热和照明设备使用不当

电热和照明设备使用时不遵守安全技术要求也是引起火灾和爆炸的原因之一。

2. 防火、防爆的措施

（1）排除易燃易爆物质

保持良好的通风，以便把易燃易爆气体、粉尘和纤维的浓度降低到爆炸限度之下。加强存在有易燃易爆物质的生产设备、容器、管道和阀门的密封，以断绝上述危险物质的来源。

（2）排除电气火源

正常运行时能够产生电火花、电弧和危险高温的非防爆电气装置，应安装在危险场所之外。危险场所应尽量不用或少用携带式电气设备。

（3）选择适当的电气设备及保护装置

应根据具体环境、危险场所的区域等级选用相应的防爆电气设备和配线方式，所选用的防爆电气设备的级别应不低于该爆炸场所内爆炸性混合物的级别。

3. 电气火灾的特点

电气火灾具有以下特点：

① 着火的电气设备可能是带电的，如不注意可能引起触电事故，应尽快切断电源。

② 有些电气设备（如油浸式变压器油断路器）本身充有大量的油，可能发生喷油甚至爆炸事故，扩大火灾范围。

4. 电气火灾的扑灭

电气设备发生火灾时，一般都在切断电源后才能进行扑救。但是，有时在危急的情况下，如等待切断电源后再进行扑救，就会失去战机，扩大危险性，从而使火势蔓延、燃烧面积扩大或断电后严重影响生产；这时为了夺取灭火战斗的主动权，争取时间迅速有效地控制火势，扑灭火灾，就必须在保证灭火人员的安全情况下进行带电灭火。

① 带电灭火应使用不导电的灭火剂进行灭火，如二氧化碳、四氯化碳、121、1202、干粉灭火机等。因这些灭火剂绝缘性能好，一般的电气火灾可直接进行带电喷射灭火。但其射程不远，要接近火源，所以灭火时不能站得太远。

② 采用喷雾水花灭火。用喷雾水枪带电灭火时，通过水柱的泄漏电流较小，比较安全，若用直流水枪灭火，通过水柱的泄漏电会威胁人身安全，为此，直流水枪的喷嘴应接地，灭火人员应戴绝缘手套，穿绝缘鞋或绝缘服。

③ 灭火人员与带电体之间应保持必要的安全距离。用水灭火时，水枪喷嘴至带电体的距离电压为 110 kV 及以下时不小于 3 m；电压为 220 kV 及以上时不小于 5 m。用不导电灭火剂灭火时，喷嘴至带电体的最小距离为：电压为 10 kV 时不小于 0.4 m；电压为 35 kV 时不小于 0.6 m。

④ 对高空设备灭火时，人体位置与带电体之间的仰角不得超过 45°，以防导线断线危及灭火人员人身安全。

习题与思考题

1. 什么叫大气过电压？什么叫内部过电压？二者是如何引起的？

2. 雷电的危害有哪些表现形式？

3. 在防雷保护中，涉及的雷电参数主要有哪些？这些参数的含义是什么？

4. 电力线路的防雷措施是什么？变电站的雷害来源有哪些方式？其相应的防雷措施是什么？

5. 什么叫接闪器？其功能是什么？

6. 避雷器的主要功能是什么？什么是保护间隙？其结构有什么特点？

7. 在实现对由线路入侵雷电冲击波的防护时，为什么避雷器必须尽量靠近变压器设置？

8. 什么是接地？接地的目的是什么？

9. 什么叫保护接地？什么叫工作接地？什么叫重复接地？什么是电气上的"地"？

10. 什么是接地装置？应如何敷设？

11. 什么叫等电位联结？其功能是什么？

12. 简述接触电压、跨步电压、对地电压的概念。

13. TN 系统、TT 系统和 IT 系统各在接地型式上有何区别？

14. 什么叫安全电流？安全电流与哪些因素有关？一般认为的安全电流是多少？

15. 如果发现有人触电，应如何急救处理？

16. 电气失火有哪些特点？可用哪些灭火器材带电灭火？

17. 有一 100 kV·A 的变压器需要中性点接地，试选择垂直埋地的钢管和连接扁铁，使接地电阻不大于 10 Ω。已知接地处土壤电阻率为 100 Ω·m，单相短路电流可达 3.2 kA，短路电流持续时间为 1 s。

第 10 章　配电自动化与智能配电网

配电自动化发展日新月异,为了加强对配电自动化发展的了解,本章首先简要介绍配电网自动化的概念、功能、组成,然后介绍变电站综合自动化的功能和结构,最后介绍智能电网与智能配电网的概念、特点及发展、高级配电自动化技术。

10.1　配电网自动化

10.1.1　概　述

1. 配电网自动化的概念

配电网自动化是利用现代计算机技术、自动控制技术、网络通信技术、数据分析处理技术等,将配电网的实时运行状态、电网结构、设备、用户以及地理图形等信息进行集成,构成完整的自动化系统,实现配电网运行监控及管理的自动化、信息化,以提高供配电的可靠性,改善供电质量和服务质量,提高供电企业的经济效益和管理水平。

配电自动化系统包括配电数据采集和监控系统(Distribution Supervisor Control And Data Acquisition,DSCADA)、配电地理信息系统(Distribution Geographic Information System,DGIS)和配电网管理信息系统(Distribution Management System,DMS)等几部分。

2. 配电网自动化的主要功能

(1) 配电数据采集和监控功能

配电网数据采集和监控系统是通过分散在配电网中的终端来采集配电网运行的实时数据,进行数据分析处理以及对配电网进行监视和控制。数据采集和监控系统是配电网自动化的基础,是配电系统自动化的一个底层模块。数据采集和监控系统既包括变电站中的远方终端(Remote Terminal Unit,RTU)与调度端的主站(Master Station,MS)之间实时数据的传送、接收与处理,还包括沿配电线路装设的馈电线远方终端(Field Terminal Unit,FTU)及配电变压器远方终端(Transformer Terminal Unit,TTU)的信息传送、接收与处理。数据采集和监控系统主要功能包括数据采集、"四遥"、状态监视、报警、事件顺序记录、统计计算、制表打印等。

(2) 配电地理信息管理功能

配电地理信息系统是一种特定的十分重要的空间信息系统,是在计算机硬、软件系统支持下,对地面或空间的有关地理分布数据进行采集、储存、管理、运算、分析、显示和描述的技术系统。配电网的设备多而分散,网络节点多,且运行管理工作经常与地理位置有关,将自动绘图(Automatic Mapping,AM)与设备管理(Facility Management,FM)功能建立于配电地理信息系统平台上形成一个 AM/ FM/GIS 系统,可以更方便、更直观地对配电网进行运行管理。

(3) 配电网负荷管理功能

负荷管理是指根据用户的用电量、电价、气候条件等因素进行综合分析,制订负荷控制策略和计划,对负荷进行监视、预测,并根据调度自动化的要求进行负荷控制。比如当负荷高峰期电力供不应求时,负荷控制可以切除部分不重要的负荷,保证重要负荷不停电。

（4）配电网通信功能

在配电网中,变电站 RTU、FTU 及 TTU 等装置均需借助相应的通信系统才能传送量测信息。为实现各种远距离监测、控制的信息传递,必须建立相应的通信系统。由于配电网络结构的复杂性及配电网自动化系统的多样性,目前配电网中使用的通信方式较多,有现场总线、公用电话网、电力线载波、光纤等通信方式。近年来,随着通信技术的发展,微波、无线传感器网络等先进网络通信技术也开始广泛应用。

（5）高级应用软件分析

高级应用软件主要是指配电网络分析计算软件,包括负荷预测、网络拓扑分析、状态估计、潮流计算、线损计算分析、电压/无功优化等。通过高级应用软件,可以更好地掌握当前配电系统的运行状态。

3. 实现配电自动化的意义

配电网自动化系统采用了各种配电终端,以实时采集配电网运行状态信息并进行状态变化趋势分析。当配电网发生故障或运行异常时,能迅速隔离故障区段,并及时恢复非故障区段用户的供电,减少停电面积,缩短对用户的停电时间,提高了配电网运行的可靠性;由于实现了负荷监控与管理,可以合理控制用电负荷,从而提高了设备的利用率;采用自动抄表计费,可以保证抄表计费的及时和准确,提高企业的经济效益和工作效率,并可为用户提供用电信息服务。配电网自动化系统综合运用先进的计算机监控、自动控制、网络通信、数据分析等技术,提高了电力系统配电管理的信息化与智能化水平和效率,减轻了运行人员的劳动强度,减少了维护费用。

10.1.2　配电数据采集与监控系统

1. 配电数据采集与监控系统特点

近年来,随着城乡电网改造和配电自动化系统的建设,配电数据采集与监控系统被引进到配电网监控中。由于配电网的结构较输电网复杂,而且数据量大,因此配电网配电数据采集与监控系统更复杂。配电数据采集与监控系统有如下一些特点:

① 配电数据采集与监控系统设备多、数据分散,信息采集比输电网困难,且采集数据量一般比输电网多出一个数量级。

② 配电数据采集与监控系统对数据实时性的要求较高,既要采集配电网静态数据,还要采集配电网故障发生时候的瞬时动态数据,使采集的信息能反应配电网故障特征。

③ 由于低压配电网为三相不平衡网络,配电数据采集与监控系统数据采集和计算的复杂性要大大增加。

④ 由于配电数据采集与监控系统监测点多、面广,其选择的通信方式多,通信环境复杂,因而对通信系统可靠性提出了更高的要求。

⑤ 配电数据采集与监控系统必须和配电地理信息系统 AM/ FM/GIS 紧密集成。

2. 配电数据采集与监控系统主要功能

从功能上看,配电数据采集与监控系统主要实现"四遥"功能:

① 遥信是指采集配电网的各种开关设备的实时状态,通过配电网的信道送到监控计算机。

② 遥测是指采集电流、电压、用户负荷等电气量的实时数值,并通过配电网的信道送到监

控计算机。

③ 遥控是指由操作人员通过监控计算机发送开关开合命令,通过配电网信息传达现场,使现场的执行机构操作开关的开合,达到给用户供电、停电等目的。

④ 遥调是指由操作人员通过监控计算机或高级监控程序自动发送参数调节命令,通过配电网信道传达现场,使现场的调节机构对特定的参数进行调节,达到负荷、电压、功率因数调节等目的。

10.1.3　配电地理信息系统

地理信息系统产生于 20 世纪 60 年代中期,当时主要是用于土地资源规划、自然资源开发、环境保护和城市建设规划等。配电地理信息系统是 AM、FM 和 GIS 的总称,是配电系统各种自动化功能的公共基础。AM/ FM/GIS 在电力系统应用中的含义如下:

自动绘图(AM):可以直观反映电气设备的图形特征及整个电力网络的实际布设。

设备管理(FM):主要是对电气设备进行台账、资产管理,设置一些通用的双向查询统计工具。

地理信息系统(GIS):利用 GIS 拓扑分析模型结合设备实际状态,进行运行方式分析;利用 GIS 网络追踪模型,进行电源点追踪;利用 GIS 空间分析模型,对电网负荷密度进行多种方式分析;利用 GIS 拓扑路径模型结合巡视方法,自动给出最优化巡视决策等。

1. AM/FM/GIS 在离线方面的应用

(1) 在设备管理系统中的应用

在以地理图为背景所绘制的单线图上,能分层显示变电所、线路、变压器、断路器、隔离开关直至电杆路灯和电力用户的地理位置。可为运行管理人员提供配电设备的运行状态数据及设备固有信息等,为配电系统状态检修和设备检修提供参考依据。

① 对所有的设备进行图形和属性指标的录入、编辑、查询、定位等。在地理位置接线图上,只要激活一下所检索的变电所或设备图标,就可以显示有关变电所或设备的相关信息,以对任意台区或线路的运行工况和设备进行统计和分析。

② 按属性进行统计和管理,如在指定范围内对馈线的长度统计,对变压器和负荷容量的统计管理,对继电保护(或熔丝)定值管理以及各种不同规格设备的分类统计等。

③ 设备信息包括生产厂家、出厂铭牌、技术数据、投运日期、检修次数等基本信息,还包括设备的运行工况信息。根据这些厂家数据和运行工况,可以对设备健康状态进行统计分析,以便于进行定期维护和检修,延长其使用寿命。

④ 设备管理系统可以描述配电网的实际走向和布置,并能反映各个变电站的一次主接线图。

⑤ 设备管理系统可以通过网络通信,与其他应用共享设备信息和数据,以便于进一步进行配电网设备信息分析。

(2) 在用电管理系统上的应用

业扩报装、查表收费、负荷管理等是供电部门最为繁重的几项用电管理业务。使用 AM/FM/GIS,可方便基层人员核对现场设备运行状况,及时更新配电、用电的各项信息数据。

① 业扩报装时,可在地理图上查询有关信息数据,有效地减少现场勘测工作量,加快新用户报装的速度。

② 查表收费包括电能表管理和电费计费。使用 AM/FM/GIS 按街道的门牌编号为序建

立用户档案,查询起来非常直观方便。

③ 负荷管理功能就是根据变压器、线路的实际负荷,以及用户的地理位置和负荷可控情况,制定各种负荷控制方案,实现对负荷的调峰、错峰、填谷任务。

(3) 在规划设计上的应用

配电系统在合理分割变电所负荷、馈电线路负荷调整以及增设配电变电所、开关站、联络线和馈电线路,直至配电网改造、发展规划等规划设计任务都比较繁琐,一般都由供电部门自行完成。采用地理图上所提供的设备管理和用电管理信息和数据,与小区负荷预报的数据相结合,有助于配电网规划和设计,提高配电网规划设计的效率和科学性。同时,管理人员可以方便及时地掌握配网建设、客户分布和设备运行的完整情况,为科学管理与决策提供及时可靠的平台支持。

2. AM/FM/GIS 在线方面的应用

(1) 反映配电网的运行状况

利用 AM/FM/GIS 提供的图形信息,配电数据采集与监控系统可以在地图上动态直观地显示配电设备的运行状况。对于遥信量,通过网络拓扑着色,能直观地反映配电系统实时运行状况;对于模拟量,通过动态图层数据的动态更新,能观测到实时的状态数据;对于事故,可推出含地理信息的报警画面,并用不同的颜色来显示故障停电的线路及停电区域,做事故记录。

(2) 在线操作

针对供配电系统及设备故障,可在地理接线图上直接对开关进行遥控,对设备进行各种挂牌、解牌操作。同时,结合 AM/FM/GIS 提供的最新地图信息、设备运行状态信息,快速、准确地判断故障发生的地点以及抢修人员目前所处的位置,及时派出抢修人员,使停电时间最短。

10.1.4　配电网负荷管理

电力负荷管理(Load Management,LM)是实现计划用电、节约用电和安全用电的技术手段,也是配电自动化的一个重要组成部分。LM 是指供电部门根据电网的运行情况、用户的特点及重要程度,在正常情况下,对用户的电力负荷按照预先确定的优先级别、操作程序进行监测和控制、削峰、填谷、错峰,平坦系统负荷曲线,以减少低效机组运行,提高设备利用效率;在事故或紧急情况下,自动切除非重要负荷,以保证重要负荷不间断供电以及整个电网的安全运行。负荷管理的实质是控制负荷,因此又称为负荷控制管理。

1. 负荷控制系统的基本结构

负荷控制系统的基本结构由负荷控制终端、通信网络、负荷控制中心组成。

① 负荷控制终端:装设在用户端,受电力负荷控制中心的监视和控制的设备,也称被控端。

② 负荷控制通信网络:连接主站系统和现场采集终端之间的信息通道,确保终端实时、准确地响应主站系统命令。

③ 负荷控制中心:可对各负荷控制终端进行监控的主控站,与配电网调度控制中心集成在一起。

2. 负荷控制的优点

负荷控制的优点主要包括:

① 通过负荷控制,削峰填谷,使日负荷曲线变得比较平坦,就能够使现有电力设备得到充分利用,从而推迟扩建资金的投入。

②减少发电机组的起停次数,延长设备的使用寿命,降低能源消耗。

③稳定系统的运行方式,提高供电可靠性。

④用户避峰用电可以减少电费支出,可以形成双赢的局面。

10.1.5　配电网自动化通信系统

配电自动化通信系统连接着位于控制中心的自动化系统主站(简称主站)和分散在配电线路上的配电网自动化远方终端(简称配电网终端),是配电网自动化系统的重要组成部分,其性能与可靠性的好坏,对整个系统功能的实现及运行可靠性有着决定性的影响。配电网自动化通信还有站点分散、通信距离短、站点通信数据量较小等特点,但其许多通信装置安装在户外,运行条件比较苛刻,对可靠性要求比较高。

1. 配电网自动化主要通信方式

(1)光纤通信

光纤通信技术指的是采用光纤介质的通信技术。由于光纤通信具有传输速率高、抗干扰性能强、可靠性高的优点,所以其是接入层通信网络的首选。随着技术的发展,光纤通信技术逐步成熟,且光纤价格大幅降低,这为光纤通信技术大规模应用到配电网自动化系统中创造了有利的条件。目前,配电网自动化系统通信网采用的光纤通信技术有光纤专线通道、光纤工业以太网、以太网无源光网络三种方式。

光纤专线通道是以光纤作为通信介质的点对点或一点对多点的串行数据传输通道,利用光调制解调器将串行数据信号直接调制到单模或多模光纤上进行远距离传输。光纤专线通道具有结构简单、易于实现、传输延时小并且可控的优点,所以在早期的配电网自动化系统中应用广泛,但由于其不支持主动上报通信机制,不能实现配电网终端点对点对等数据交换,当前多被光纤以太网所取代。光纤以太网是以光纤为通信介质的以太网,光纤以太网通信技术具有传输速率快、容量大、主动上报数据和支持配电终端间的数据对等交换等优点,能够更好地适应配电网自动化的应用特点。以太网无源光网络采用点到多点网络结构、无源光纤传输方式,是一种能够提供多种综合业务的新型的宽带接入技术。以太网无源光网络具有拓扑灵活、支持多种业务接口的纯光介质的接入等优点,其较光纤以太网更适合于配电网自动化系统。

(2)无线通信

目前,无线通信主要用于城市郊区配电网、农村配电网中一些偏远的站点等敷设光纤成本较高、施工困难的地方,作为光纤通信的补充,其具有安装方便、成本低、抗自然灾害能力强等优点。无线通信按照网络性质分为无线专网和无线公网。目前应用的无线专网有窄带数据电台、扩频电台、无线宽带通信技术等几种形式,而无线公网主要是 GPRS/CDMA/4G 等技术。根据《电力监控系统安全防护规定》,不得使用无线公网进行开关的遥控操作,所以,无线公网只能用于上传"二遥"配电网终端故障指示器(FPI)、配电变压器终端(TTU)的数据。

(3)配电线路载波通信

电力线路载波通信是指利用电力线作为信号传输通道的通信技术。其具有投资小、部署方便、覆盖面广等优点,目前已在高压与超高压线路中广泛应用。但是在配电网中,由于载波通信会受电源、负荷变动的影响而导致信号衰减大,所以其在配电线路中广泛应用仍有较大的困难。当前在配电系统中使用较多的是电缆载波通信技术,如图 10-1 所示。电缆载波通信利用电缆的绝缘屏蔽层(外屏蔽层)在电缆两端进行载波通信,信号在屏蔽层与大地(金属铠装)之间传播,可减少电源、负荷等因素的影响,提高通信可靠性。

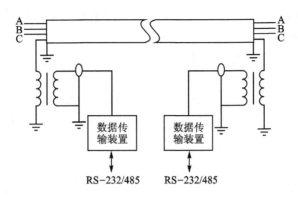

图 10 - 1　电缆屏蔽层载波系统

2. 配电网自动化通信网络的构成

一个典型的配电网自动化通信网络如图 10 - 2 所示,其由骨干通信网、接入层通信网、通信网关或配电子站构成。骨干通信网用于主站和变电站之间的数据传输,接入层通信网用于变电站或开闭所与附近供电区域内的配电网终端之间的数据传输。骨干通信网与接入层通信网之间通过安装在变电站或选定的开闭所、配电所内的通信网关或配电子站进行连接。

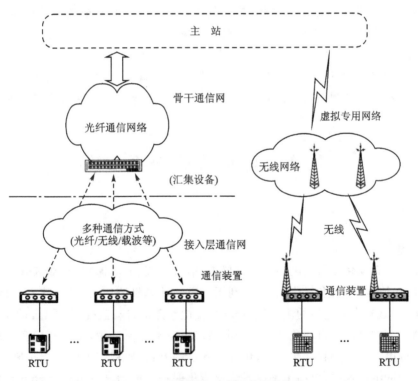

图 10 - 2　配电网自动化通信网络结构

骨干通信网络由于数据传输量较大,一般采用高速光纤网络,可以直接使用电力企业的调度数据网。调度数据网一般采用 SDH(同步数字体系)传输 IP 数据包的方式组网。通信节点覆盖控制中心、集控站、变电站等。当前,我国市级供电企业一般都建成了覆盖整个辖区所有变电站的 SDH 光纤骨干传输网,其具有传输速率快、可靠性、安全性高等优势,完全可以作为配电网自动化的骨干通信网使用。接入层通信网由于具有数据传输量小、通信距离短的特点,在实际工程中往往因地制宜选择合适的通信方式。当前接入层通信网常用的通信技术有光纤、无线专网、无线公网、配电载波等。

3. 配电网自动化通信系统技术要求

配电网自动化对通信系统的要求,主要取决于系统整体规模、功能要求、预期达到的自动化水平、配电网自动化进展等,由于配电网自动化系统的信息数量大、分布面广,配电网通信系统的建设需要总体规划、分阶段分区域进行。配电网自动化对通信系统的技术要求主要有以下几个方面:

(1)可靠性

配电网自动化的通信系统多在户外运行,通信设备要求能经受起恶劣气候的考验,此外,还要能够经受噪声、电磁、雷电等的干扰,保持稳定运行。在电力设备发生故障时,需要能够抵抗事故所产生的瞬间强电磁干扰,完成故障检测与定位以及自动隔离和恢复非故障区段供电的通信任务。

(2)实时性

配电网自动化通信系统覆盖面广,通信节点多,易受到外力破坏,系统要有可靠的安全防范措施,防止由于通信故障造成对配电状态监测的影响。通信系统的设计应严格执行国家、电力监管机构制定的网络安全规定,采取"横向隔离、纵向认证"的安全技术措施,防止通信系统受到外部攻击时出现瘫痪甚至使开关自动跳闸的事故。

(3)经济性

配电网的网络复杂,使用的智能设备众多,通信网络规模巨大,网络的建设投资、运行、维护和使用成本都十分可观。在选择通信方式时,需考虑在保证通信网络性能的前提下减少投资,提高系统运行效率。

10.2　变电站综合自动化

10.2.1　概　述

1. 概　念

变电站综合自动化是将变电站的测量仪表、信号系统、继电保护、自动装置和远动装置等二次设备经过功能的组合和优化设计,并利用先进的计算机监控、自动化技术、通信技术和信息处理技术,实现对全变电站的主要设备和输、配电线路的自动监视、测量、自动控制和保护以及与调度通信等综合性的自动化功能。变电站综合自动化系统中,不仅利用多台微型计算机和大规模集成电路组成的自动化系统,代替了常规的测量、监视仪表和常规控制屏,还用微机保护代替常规的继电保护,提高了配电系统智能化保护的能力。变电站综合自动化可以采集到比较齐全的数据信息,利用计算机的高速计算能力和逻辑判断能力,可方便地监视和控制变电所内各种设备的运行和操作。变电站综合自动化技术是先进的自动化技术、计算机技术和通信技术等在变电所监控领域的综合应用。

2. 变电站综合自动化系统的基本功能

变电所综合自动化系统是由多个子系统组成的,其基本功能主要体现在以下几个子系统的功能中。

（1）监控子系统

监控子系统对变电站一次系统的运行进行监视与控制，具有数据采集与处理、运行监视、故障录波与测距、事故顺序记录与事故追忆、操作控制、安全监视、人机联系、打印、数据处理与记录、谐波分析与监视等功能。

（2）微机保护子系统

微机保护是变电站综合自动化系统的最基本、最重要的功能。它包括全变电所主要设备和输电线路的全套保护，具体有高压输电线路的主保护和后备保护、主变压器的主保护和后备保护、无功补偿电容器组的保护、母线保护、配电线路的保护、不完全接地系统的单相接地选线。

（3）电压、无功综合控制子系统

电压、无功综合控制子系统的功能是维持供电电压在规定的范围内，保持电力系统稳定和合适的无功平衡，保证在电压合格的前提下使电能损耗最小。在变电所中，对电压和无功的控制，主要是自动调节有载变压器的分接头位置和自动控制电容器、电抗器、调相机、无功静止补偿装置等无功补偿设备的投、切或控制其运行工况。该功能可通过挂在网络总线上的电压无功控制装置实现。

（4）低频减负荷及备用电源自投控制子系统

当电力系统因事故导致功率缺额而引起系统频率下降时，低频率减载装置应能及时自动断开一部分负荷，防止频率进一步降低，以保证电力系统稳定运行和重要负荷（用户）的正常工作。当系统频率恢复到正常值之后，被切的负荷可逐步远方（或就地）手动恢复，或可选择延时分级自动恢复。

当工作电源因故障不能供电时，自动装置应能迅速将备用电源自动投入使用或将用户切换到备用电源上去。典型的备投有单母线进线备投、分段断路器备投、变压器备投、进线及桥路器备投、旁跳断路器备投。

（5）通信子系统

通信子系统包括所内现场级之间的通信和变电所自动化系统与上级调度的通信两部分。综合自动化系统的现场级通信，主要解决系统内部各子系统与上位机（监控主机）及各子系统间的数据通信和信息交换问题。变电所自动化系统与上级调度的通信，可以将综合自动化系统所采集的模拟量和开关状态信息以及事件顺序记录等传至调度端，同时可以接收调度端下达的各种操作、控制、修改定值等命令。

10.2.2　变电站综合自动化系统的基本结构

变电站综合自动化具有如下特征：① 结构微机化；② 功能综合化（其综合的程度可以因不同的技术而异）；③ 操作监视屏幕化；④ 运行管理智能化。

在微机监控系统的基础上，引入微机保护和自动装置（含远动装置，RTU），实现整个变电所信息处理、与上层调度通信以及全部监控、中央信号和保护自动化的功能。变电站综合自动化的基本构成可分为两类。一是在控制室进行集中测控的集中式结构，即将所有二次设备以遥测、遥信、遥脉、遥控、遥调及保护功能划分为不同的子系统，如图 10-3 所示。二是分层分布式结构，即将测控单元就地下放，安装于一次设备上或其附近，以间隔为划分，每一个间隔的测量、信号、脉冲、控制、保护综合在一个测控单元上。对 35 kV 及以下间隔，可以直接安装在开关柜上，高压和主变部分集中组屏于控制室内，如图 10-4 所示。微机综合自动化系统的主要部分是分层、分布式设置的各种微型机和微处理器。

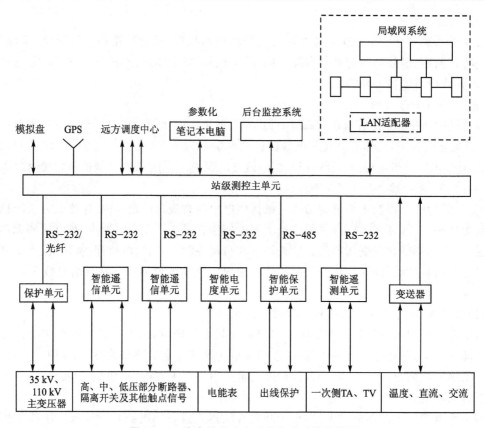

图 10 - 3　变电站综合自动化集中式结构框图

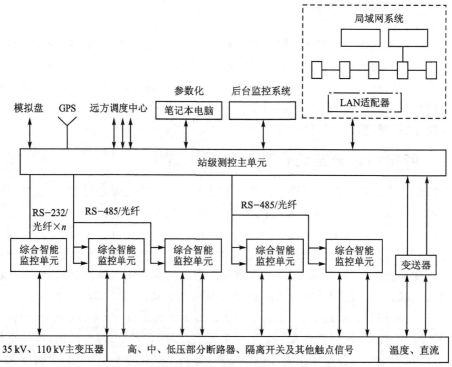

图 10 - 4　变电站综合自动化分层分布式结构框图

10.3　智能电网与智能配电网

10.3.1　智能电网概述

1. 智能电网的概念

智能电网(Smart Grids,SG)是将先进的传感器技术、网络通信技术、信息计算分析技术、自动控制技术与能源电力技术以及电网基础设施高度集成而形成的新型现代化电网,利用数字化、智能化提高电力系统的可靠性、安全性和效率,利用信息技术实现对电力系统运行、维护和规划方案的动态优化,对各类资源和服务进行整合重组。智能电网涵盖了配电、用电、输电、运行、调度等方面。具有以下七大特征:

(1) 自　愈

快速隔离故障、自我恢复供电,避免发生大面积停电,减少由于停电时间造成的经济损失。

(2) 互　动

电能消费者可以与电网进行互动,以选择最合适自己的供电方案和电价。

(3) 安　全

提高电网应对物理攻击和网络攻击的能力,可靠处理系统故障。

(4) 优　质

提供高性能的电能质量,没有电压跌落、电压尖刺、扰动和中断等电能质量问题,以适应数据中心、计算机、电子和自动化生产线的需求。

(5) 兼　容

适应所有的电源种类和电能储存方式。允许即插即用地连接任何电源,包括可再生能源和电能储存设备。

(6) 可市场化交易

现代化的电网支持持续的全国性的交易,允许地方性与局部的革新。

(7) 高　效

应用最新技术优化电网资产,提高运营效率。

从技术层面上讲,智能电网是集信号传感、通信、计算机、电力电子、自动控制等领域新技术在输配电系统中应用的总和。智能电网不是简单地对传统输配电系统的改进、提高,而是从提高电网整体性能出发,将各种新技术与传统的输配电技术进行有机地融合,使电网的结构、运行控制以及保护方式发生革命性的变革。

从功能特征层面上讲,智能电网在系统安全性、供电可靠性、电能质量、运行效率、资产管理等方面较传统电网有着实质性的提高,支持各种分布式发电与储能设备的即插即用,支持与用户之间的互动。

2. 智能电网的发展

智能电网的概念源于欧美发达国家,它的雏形可以追溯到 1998 年,美国电力科学研究院(EPRI)推出了复杂交互式网络/系统(CIN/SI)。在 2004—2005 年间,美国智能电网研究开始蓬勃发展,先后发布了 Grid 2030、"国家输电技术路线图"等,阐述了美国未来国家电网远景和技术战略,开展了 Grid Wise 和"现代电网(MG)"等项目,随后几年中,美国电力企业开始在智能电网领域开展了一系列探索。在欧洲,2005 年欧洲委员会正式成立欧洲智能电网技术论坛,希望把电网转换成用户和运营商互动的服务网,提高欧洲输配电系统的效率、安全性及可靠性,并为分布式和可再生能源的大规模应用扫除障碍。2006 年,欧洲智能电网技术论坛提出了智能电网远景,之后制定了战略研究议程(SRA),指导欧盟及其各国开展相关项目,推进智能电网的实现。

智能电网在各国的定义皆有不同,目前并没有国际统一标准。美国电力科学研究院将智能电网定义为:一个由众多自动化的输电和配电系统构成的电力系统,以协调、有效和可靠的方式实现所有的电网运作,具有自愈功能;快速响应电力市场和企业业务需求;具有智能化的通信架构,实现实时、安全和灵活的信息流,为用户提供可靠、经济的电力服务。

欧洲智能电网技术中心认为,智能电网是一种将所有参与者智能整合的电力网络——包括发电、输电及用户等诸多环节,智能电网的应用将为用户提供安全、高效、经济的电力供应。

我国结合自身情况的基础上,由国家电网公司在"2009 特高压输电技术国际会议"上,公布了对智能电网内涵的定义,即统一坚强智能电网是以坚强网架为基础,以通信信息平台为支撑,以智能控制为手段,包含发电、输电、变电、配电、用电和调度六大环节,覆盖所有电压等级,实现"电力流、信息流、业务流"的高度一体化融合,是坚强可靠、经济高效、清洁环保、透明开放、友好互动的现代化电网。智能电网之所以在全球范围内受到广泛追捧,是因为它与传统电网相比有着大量突出优点。

10.3.2 智能配电网

1. 智能配电网概念

智能配电网(Smart Distribution Grid,SDG)是一个集成了传统和前沿配电工程技术、高级传感和测控技术、现代计算机与通信技术的配电系统,更加安全、可靠、优质、高效,支持分布式电源(Distributed Generation,DG)的大量接入,并为用户提供择时用电等与配电网互动的服务。它不是单纯的对传统配电网进行简单的改进与提高,而是将各种配电新技术进行有机的集成融合,使系统的性能出现革命性的变化。

除了智能电网应有的安全性、可靠性、环保性之外,智能配电网还应该具有以下特征:

(1)强大的自愈能力

配电网直接面向用户,具有极高的复杂性,容易发生故障,从而引起线路跳闸,影响用户的正常使用。智能配电网要求具有强大的自愈能力,能够及时检测出已发生或正在发生的故障,并进行相应的纠正性操作,使其不影响用户的正常供电或将其影响降至最小。

(2)支持分布式电源的大量接入

低碳经济的到来推动了大量可再生能源的使用,在国家政策的扶持下,越来越多不同类型的分布式能源(DG)投入运行。而由于 DG 能源的动态性、随机性,将对配电网造成很大影响。智能配电网就必须能够支持 DG 的即插即用。

(3)支持与用户友好互动

智能配电网拥有智能终端,可以进行动态实时电价管理,方便用户合理安排负荷,有助于削峰填谷。同时可以允许用户向电网送电,支持双向计量。

(4)配备数字化信息化的管理系统

主要包括配电网及其设备的可视管理、配电管理与用电管理的信息化等。利用先进的配电网状态监测与故障诊断技术,可以在线监测并诊断设备的运行状态,实施状态检修,延长设备使用寿命,提高资产利用率。

（5）提供更优质的电能质量

利用先进的电力电子技术、电能质量在线监测和补偿技术，可以实现电压、无功的优化控制，以保证电能各项指标的稳定，与 DG 备用的接入保证了重要负荷的不间断供电。

2. 建设智能配电网的意义

配电网直接面向用户，是保证供电质量、提高电网运行效率、创新用户服务的关键环节。在我国，由于历史的原因，配电网投资相对不足，自动化程度比较低，目前存在的问题主要如下：

① 电力用户遭受的 95％以上停电是由于配电系统原因造成的（扣除发电不足的原因）。

② 配电网是造成电能质量恶化的主要因素。

③ 电力系统的损耗有近一半产生在配电网。

④ 分布式电源接入对电网的影响主要是对配电网的影响。

⑤ 与用户互动、进行需求侧管理的着眼点也在配电网。

因此，建设智能电网，必须给予配电网足够的关注。结合我国配电网实际，积极研发应用智能配电网技术，对于推动我国配电网的技术革命具有十分重要的意义。

10.3.3　高级配电自动化技术

高级配电自动化技术（Advanced Distribution Automation，ADA）是配电网革命性的管理与控制方法，是电能进行智能化分配的技术核心，更是智能配电网建设的技术基础。高级配电自动化是一个庞大复杂的、综合性很高的系统性工程，包含电力企业与配电系统有关的全部功能数据流和控制，旨在建立未来配电系统所需要的技术和功能。

1. 智能开关设备

智能开关是指将微处理器技术、电力电子技术、传感器技术、网络技术、通信技术和新型开关制造技术在传统电器装置上进行有机融合，使其具备智能化核心。相对于传统开关，智能开关具有测量数字化、控制网络化、状态可视化、功能一体化和信息互动化等特点。

由于机械开关的慢过程无法控制电的快过程，所以配电网中的机械开关尚不能完全可控地实现线路、设备和负荷的投切。想要实现配电网系统的完全可控，必须采用大功率的电子开关来替代配电网中现有的机械式开关。

（1）同步开断技术

同步开断是在电压或电流的指定相位完成电路的断开或闭合。在理论上应用同步开断技术可完全避免电力系统的操作过电压。这样，由操作过电压决定的电力设备绝缘水平可大幅度降低，由于操作引起设备（包括断路器本身）的损坏也可大大减少。目前，高压开关都是属于机械开关，开断的时间长、分散性大，难以实现准确的定相开断。同步开断设备是应用一套复杂的电子控制装置，实时测量各种影响开断时间分散性的参量变化，对开断时间的提前量进行修正。即便采取了这种代价昂贵的措施，由于机械开关特性决定，还不能做到准确的定相开断。实现同步开断的根本出路在于电子开关取代机械开关。美国西屋公司已制造出 13 kV、600 A、由可关断晶闸管（GTO）元件组成的固态开关，安装在变电所中使用，其开断时间可缩短到 $\frac{1}{3}$ ms，这是一般机械开关无法比拟的。

（2）故障电流限制技术

随着电力电子技术、超导技术、计算机技术、新材料等的发展，限制短路电流在安全的范围内以减轻断路器开断负担逐渐成为可能,这就依赖于故障电流限制器(Fault Current Limiter,FCL)的研制和开发。20世纪80年代以来,故障电流限制器的研究、设计、开发和试验示范取得了重要进展。故障电流限制器的设计方案有数十种之多,其中成为研究热点的主流限流器可分为4大类:① 超导限流器(Superconducting FCL);② 固态限流器(Solid state FCL);③ 磁性限流器(Magnetic FCL);④ 串联谐振限流器(Series Resonance FCL),又称"基于晶闸管保护的串联补偿限流器"(TPSC based FCL)。此外,还有多种混合限流器的设计方案。

(3) 主动配电网技术

主动配电网是指通过可靠性高的保护设备、高效的电力电子控制装置、双向且高速的通信网络、灵活的拓扑结构以及较为完善的智能量测系统等基础设施来管理潮流,以便对分布式能源进行主动控制和主动管理的配电系统。

主动配电网的主要功能就是利用先进的通信与信息技术和电力电子设备以及灵活的拓扑结构,对大规模接入的分布式能源及含有各类负荷的配电网进行主动管理,通过对分布式电源、负荷与网络的协调控制,有效平抑可再生能源发电出力的不确定性、增强系统消纳可再生能源的能力、提高配电系统资源的利用效率、增加与用户之间的互动能力、改善电能质量、调节电能平衡、提高供电可靠性,同时,主动配电网采用对全局优化、对局部进行管理的理念来对配电系统的运行做出控制,并通过电力市场的相应手段对用户的用电行为做出调节,以保证供配电系统在安全、经济、稳定的状态下运行。

(4) 即插即用技术

即插即用技术是指通过对分布式电源储能、电动汽车、家用电器等智能供用能设备的并网和离网过程进行平滑的切换控制,可实现智能设备或微能源网与公共电网的双向能量与信息交换,并能够保证敏感负荷上电压稳定。智能电网中的即插即用技术应具备以下特点:① 实现信息与能量的双向交互;② 提供灵活多样的通信接口,实现包括分布式发电装置、储能系统以及用能设备的接入,在任何时刻都保证设备的"即插即用";③ 可以对接入的设备进行需求响应管理,满足电网的调度需求;④ 有良好的动态性能,在外接设备异常运行时可以及时地处理;⑤ 能够对外接设备进行实时监测,收集设备的运行数据,为管理系统的优化策略提供数据支持。

2. 配电网广域测控技术

智能电网的保护、控制必然要进一步在数据信息交换的基础上,解决全局与局部的功能协调和速度协调,实现广域控制与分布保护控制的协调性。配电网广域测控体系(Distribution Wide Area Monitoring and Control Infrastructure,DWAMCI)是基于广域测量技术的电力系统综合防御体系在配电网中的应用,它是智能配电网的关键技术之一,是智能配电网实现全局和广域监测、保护、控制的重要解决方法。主要应用于以下领域:① 运行监视与控制,即传统的SCADA应用;② 故障测距与定位,故障自动隔离与恢复;③ 电压无功优化控制;④ 电能质量监测与调节;⑤柔性交流配电系统(DFACTS)控制;⑥分布式电源孤岛保护与控制;⑦分布式电源调度。

(1) 广域测控与保护的构成与特点

配电网广域测控系统是集各种智能配电网保护与控制应用于一体的自动化系统。所谓"广域"指其包含多个分支通信网(局域网),范围覆盖一个地区或城市的配电网。配电网广域测控系统的物理结构由智能终端、主站与通信系统构成。

智能终端具有更为丰富的硬件资源和强大的数据处理能力,除传统的"四遥"功能外,还支持就地控制应用和支持分布式控制应用。不光用于完成一些实时性要求比较高的配电自动化应用,还可以实现各种配电网保护与控制应用,如实现基于分布式控制的馈线自动化、闭锁式电流保护、电压无功控制等。智能终端的软件设计采用层次化结构,应用程序能够通过应用程序接口(Application Programming Interface,API)访问底层数据与资源,能够动态加载、卸载应用程序。

主站系统具备数据采集和监控功能,具有开放式程序接口,支持各种集中式保护与控制应用。其与智能终端的通信采用 IEC61850 标准,支持智能终端的"即插即用",能够与配电网能量管理系统(DMS)、生产管理系统(PMS)、用户信息系统(CIS)、地理信息系统(GIS)集成,实现完善的配电管理功能。

配电网广域测控系统要能够支持数据在智能终端之间的实时对等交换,实现分布式控制,因此宜采用互联网协议通信网络。根据通信性能指标的要求,综合考虑使用光纤通信或无线通信等通信技术。通信网络包含主干通信网和分支通信网,主干通信网络通常用光纤同步数字序列技术,用光纤或者无线以太网构建分支通信网,用网络交换机来连接主干网和分支网。采用 IEC61850 通信标准,实现智能终端之间以及智能终端与主站系统之间的互通互联、"即插即用"。

配电网广域测控系统的特点为:

① 功能完善。既支持集中监控应用(基于主站),又支持就地控制和分布式控制(基于智能终端)。

② 采用 IEC61850 通信标准,开放性好。主站与终端设备可以实现互通互联和"即插即用"。

③ 将配电网的运行监视、控制与保护等功能集成,实现系统软件与硬件资源的高度共享,克服二次设备分别布置、单独建设带来的重复投资及管理维护工作量大等问题。

(2)配电网广域测控与保护系统的技术框架

图 10-5 为典型的配电网广域测控与保护系统的技术框架。主要技术内容可分为开放式通信体系、支撑平台、高级应用 3 部分。

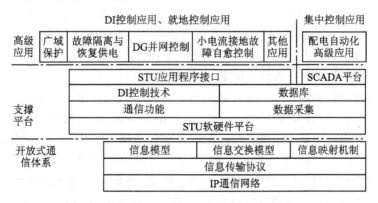

图 10-5　配电网广域测控与保护系统的技术框架

开放式通信体系包括 IP 通信网络、配电网公共信息模型与信息交换模型、数据传输协议、通信服务映射等,为 DWAMCI 提供基础的数据传输服务,是保证系统中设备即插即用的关键。

支撑平台包括智能终端(STU)平台、主站(SCADA)平台、分布式智能(Distributed Intelligence,DI)控制技术。STU 平台为就地与 DI 控制应用提供支撑;主站平台为集中控制应用提供支撑;DI 控制技术主要研究控制机理与方法,为基于 DI 的高级应用奠定理论基础。

高级应用包含基于主站 SCADA 平台的集中控制应用(配电自动化高级应用)、基于 STU 平台的就地控制与 DI 控制应用。作为常规的控制方式,集中控制与就地控制技术已较为成熟。

3. 配电网自愈控制技术

配电网的自愈功能是指在无需或仅需少量的人为干预的情况下,利用先进的监控手段对电网的运行状态进行连续的在线自我评估,并采取预防性的控制手段,及时发现、快速诊断、快速调整或快速隔离。消除故障隐患、调整运行方式,在故障发生时能够快速隔离故障、自动快速重构,不影响用户的正常供电或将影响降至最小。就像人体的免疫功能一样,自愈能力使电网能够抵御各种内外部危害(故障),保证电网的安全稳定运行和用户的供电质量。

配电网自愈控制(Self-Healing Control,SHC)是指在配电网的不同层次和区域内实施充分协调且技术经济优化的控制手段与策略,实现配电网在不同状态下的安全、可靠与经济运行,即:在正常情况下,预防事故发生,实现运行状态优化;在故障情况下,可以快速切除故障,同时实现自动负荷转供;在外部停运情况下,可以实现与外部电网解列,孤岛运行,并进行黑启动。

(1)配电网自愈控制的重要意义

配电网自愈控制是应对以下需求的有效解决方案:① 负荷的持续增长;② 市场驱动下的电网运行环境;③ 智能装置和设备的大量应用;④ 高供电可靠性;⑤ 电网快速响应;⑥ 分布式电源大量接入配电网;⑦ 需求侧管理及其响应。

以往的一些大停电事故具有以下共同特征:① 对电力系统运行状态和条件的识别不够;② 缺乏决策支持手段;③ 稳态运行超出系统极限;④ 缺乏及时的控制;⑤ 保护设置不正确;⑥ 对电压和暂态稳定问题进行控制来避免连锁故障。而配电网自愈控制正是预防和避免大停电事故发生的有效控制方式。

(2)配电网自愈控制的条件要求

配电网的自愈控制是一项系统工程,自愈功能的实现对电网结构、装备、通信和信息技术等提出了更高要求。具体要求包括:① 灵活坚强的网架结构;② 高性能的自动控制设备;③ 完备的量测系统;④ 先进的通信技术;⑤ 计算机与信息技术;⑥ 智能决策与先进控制技术。

(3)配电网自愈控制系统的框架体系

一种电网自愈控制系统的总体架构如图 10 - 6 所示。其以强大的通信网络为基础,建立主站和终端的配合控制机制,支持大量分布式电源的接入,综合集成各种信息,实现配电网的全面自愈运行。该自愈控制系统具备常规配网自动化功能,同时基于智能配电网特点和未来发展要求,为智能配电网运行提供全面的监控、分析、评估和决策等功能。

智能配电网自愈控制系统主要由自愈控制主站层、分布式终端自愈控制层和配电通信网络构成。主站层主要负责对智能配电网的全局监控、分析和决策支持,并提供人机交互界面。主站层通过基于面向服务的架构的信息交换总线与现有相关系统的集成,实现配电网上下游设备模型和运行信息的共享。分布式自愈控制层主要由馈线终端设备、开闭所终端设备、分布式电源并网控制终端等智能终端组成,其主要功能是采集智能配电网和配电设备的信息,提供自愈控制所需的数据,并对智能配网和配电设备进行控制。通信网络层应可根据自愈控制模式的需要,为主站层和智能终端之间提供较好的通信支持,还应可为智能终端之间相互通信提

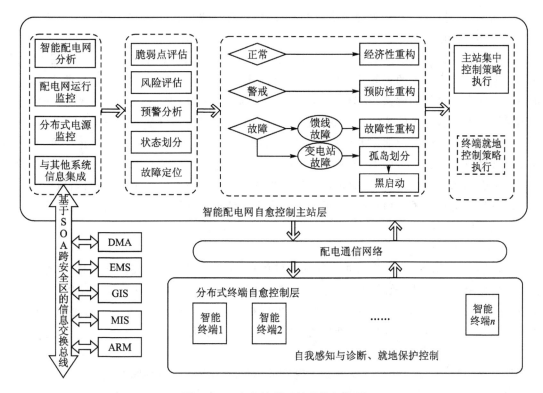

图 10-6　自愈控制系统总体架构图

供可靠支持,以实现分布式自愈控制与集中控制的协调配合。

4. 配电网状态监测与故障诊断技术

(1) 配电网状态监测与估计

配电网状态监测系统采用先进的传感技术,对配电网及设备状态进行在线监测,通过状态监测与智能分析,一方面可以提高在线监测手段的集成化程度,提出状态检修策略,节约设备维修保养费用;另一方面可以提高防止灾难性故障的能力,提升系统整体安全,防止操作人员以及公众在灾难性故障中受到伤害,避免因系统不稳定、损失负荷及环境污染而导致的潜在影响。

配电网实时产生大量数据,需要通过系统软件分析、处理这些数据以获得系统运行的方式和状态,发布控制命令使配电网安全、高效运行。但配电网遥测设备经常受随机误差、仪表误差和模式误差的干扰而导致数据不准确。如果直接利用传送上来的数据进行计算,显然是不能满足要求的。状态估计可以利用量测系统的冗余度对不良数据进行去除,得到与配电网状态真实值最接近的供电系统的各个节点的状态估计值,并利用这些量测量对供电系统各个节点的其他电气量测量进行精确的估算,从而实现对供电系统某些量测点数据缺失的补充,最终得到一个保证供电系统准确性和可靠性的实时数据库。

电力系统状态估计分为静态估计(Static State Estimation)和动态状态估计(Dynamic State Estimation)两种。仅仅根据某时刻测量数据确定该时刻状态量的估计叫做静态状态估计;而按运动方程与某一时刻的量测数据作为初值进行下一时刻状态量的估计叫做动态状态估计。当然,若要实现对电力系统当前运行状况的安全监视,确保电网数据的可靠、准确、完整和兼容等简单的功能,则只需要静态状态估计就可以了。而动态状态估计能对电力系统进行安全评估,并进行状态预测,实现经济分配、预防控制等在线功能,因此在现代大电网中显示出越来越重要的作用。

动态状态估计方法是以卡尔曼滤波(Kalman Filtering,KF)算法为基础逐步发展出来的,它不仅能够估计配电网的当前运行状态,还能预测配电系统下一时刻的状态。除此之外,动态状态估计还在不良数据辨识、改善系统可观性等方面也存在优势。动态状态估计算法同样也受到了国内外很多学者的关注。例如,将量测函数中的非线性部分加入到滤波公式当中,弥补由于负荷发生变化而造成的偏差可以提高滤波的性能;利用光滑平面理论来修正模型,将扩展卡尔曼滤波(Extended Kalman Filtering,EKF)算法与模糊数学理论相结合,从而得到了模糊控制的动态状态估计算法,在针对负荷发生剧烈变化的情况下改善效果很好;自适应卡尔曼滤波算法利用自适应技术,对系统的模型参数和噪声特性进行在线估计,从而在一定程度上提高了滤波的精度。

(2)配电网故障诊断

配电网故障诊断是指利用各种可能获取的信息,包括保护和断路器动作信息、故障录波信息、事件顺序记录(SOE)及遥测量信息等,诊断出配电网中的故障元件及故障性质,识别出误动或者拒动的保护和断路器。而配电网中继电保护配合的复杂性、网络拓扑的变化以及其他各种不确定性,使得配电网故障诊断成为一个复杂的综合性问题。

a. 故障诊断分类

按研究对象分,配电网故障诊断分为电网故障诊断和设备故障诊断两种。

电网故障诊断是以某一电压等级电网或某一区域电网为研究对象,倾向于事故后的分析和判断,其结构示意如图 10-7 所示。电网故障诊断的信息分为故障综合信息、系统知识信息、诊断结果信息三部分。故障综合信息和诊断结果信息是源和目的的关系,通过诊断机制来映射。系统知识信息是诊断机制完成源信息和目的信息映射所必须遵守的规则和条件。

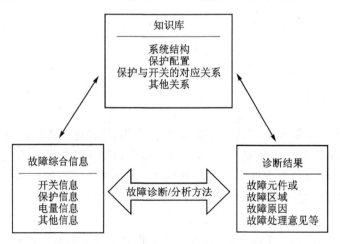

图 10-7　电网故障诊断结构示意图

设备故障诊断的研究一般仅局限于利用设备本身相关联的信息来确定和预测设备的故障或异常状态,或对当前运行状态作出评估,如目前研究较多的电力变压器、高压断路器和电抗器等的故障诊断,其研究方向倾向于状态预测或预警。

配电网故障诊断和输电网故障诊断在诊断方法本质上是相同的。但较之输电网,配电网的拓扑结构更加复杂,因而故障诊断具有更大的难度。

b. 配电网故障诊断技术

配电网故障诊断主要包括故障选线、故障定位、故障隔离与重构和配电网电能质量扰动分析等内容。

ⓐ 故障选线。

我国在电压等级为 6～66 kV 的配电网中广泛采用中性点不接地或者经消弧线圈接地的方式。这种系统属于小电流接地系统,这种系统在发生单相接地后,其线电压不会发生变化,此系统中的三相设备仍可继续运行。但是随着系统容量的增大,馈线增多,尤其是电缆线路的大量使用,导致系统电容电流增大,如果不及时处理单相接地故障则可能会发展成两相短路,也易诱发持续时间长、影响面广的间歇电弧过电压,进而损坏设备,破坏系统运行安全。为避免上述情况的发生,应尽快找到故障线路并排除故障。配电网故障选线是指当配电网发生单相接地故障时,根据数据采集与监控系统、录波器等提供的故障信息尽快选择出故障馈线,以便及时对故障进行排除,避免故障的扩大。

ⓑ 故障定位、隔离与恢复重构。

配电网故障诊断的重要内容之一就是当配电网发生故障时,快速准确定位和隔离故障区域,尽量减少停电面积和缩短停电时间。配电网故障定位是故障隔离、故障排除和供电恢复的基础和前提,它对于提高配电网运行效率、改善供电质量、减少停电面积和缩短停电时间等具有重要意义。故障定位是指根据数据采集与监控系统、保护、录波器等提供的故障信息来判断故障发生在馈线哪个区段或者是给出故障点与某个变电站(或配电所、开关站)出线端之间的距离,为故障分析和供电恢复提供条件。故障隔离与重构是指把永久性故障从配电网中隔离出来,以避免在故障恢复的过程中将故障区段再次连接到正常供电馈线上,并实现对无故障停电区域的最优恢复供电。

习题与思考题

1. 什么是配电网自动化? 配电网自动化的主要功能有哪些? 实现配电自动化的意义是什么?

2. 写出下列英文在配电系统中对应的中文含义: SCADA、GIS、FA、LM。

3. 配电网 SCADA 系统具有哪些特点?

4. GIS 在电力行业的应用现状如何?

5. 负荷控制和管理的意义是什么?

6. 负荷控制系统由哪几部分组成?

7. 配电网自动化主要通信方式有哪些? 配电网自动化通信系统技术要求有哪些?

8. 实现配电自动化的难点何在?

9. 什么是变电站综合自动化,变电所综合自动化系统的结构模式有哪几种?

10. 什么是智能配电网? 建设智能配电网的意义是什么?

11. 什么是配电网自愈控制? 配电网自愈控制的条件要求有哪些?

12. 配电网状态估计的功能是什么? 动态状态估计的优点是什么?

13. 配电网故障诊断的分类有哪几种?

参考文献

[1] 刘介才,霍平.工厂供电[M].6版.北京:机械工业出版社,2015.

[2] 王福忠,王玉梅,张展.现代供电技术[M].3版.北京:中国电力出版社,2015.

[3] 孟祥忠.现代供电技术[M].北京:清华大学出版社,2006.

[4] 海涛,骆武宁,周晓华.现代供配电技术[M].北京:国防工业出版社,2010.

[5] 莫岳平,翁双安.供配电工程[M].2版.北京:机械工业出版社,2015.

[6] 唐志平,杨胡萍,邹一琴,等.供配电技术[M].3版.北京:电子工业出版社,2013.

[7] 杨洋.供配电技术[M].西安:西安电子科技大学出版社,2007.

[8] 杨岳.供配电系统[M].2版.北京:科学出版社,2015.

[9] 刘峰,田宝森.低压供配电实用技术[M].北京:中国电力出版社,2011.

[10] 中国航空规划设计研究总院有限公司.工业与民用供配电设计手册 上[M].4版.北京:中国电力出版社,2016.

[11] Abdelhay A. Sallan.配电系统[M].中国电力科学研究院配电研究所,译.北京:机械工业出版社,2015.

[12] 鞠平.电力工程[M].北京:机械工业出版社,2009.

[13] 何仰赞,温增银.电力系统分析 上[M].4版.武汉:华中科技大学出版社,2016.

[14] 王春民,何安国.发电厂电气部分[M].武汉:华中科技大学出版社,2011.

[15] 苗世洪,朱永利.发电厂电气部分[M].5版.北京:中国电力出版社,2015.

[16] 李家坤,朱华杰.发电厂及变电站电气设备[M].武汉:武汉理工大学出版社,2010.

[17] 龚于庆,向文彬.供配电线路工程[M].成都:西南交通大学出版社,2011.

[18] 熊先仁,郑和东,张小峰,等.架空输配电线路设计[M].北京:中国电力出版社,2011.

[19] 徐丙垠.配电网继电保护与自动化[M].北京:中国电力出版社,2017.

[20] 陈金星.电气二次部分[M].郑州:黄河水利出版社,2013.

[21] 阎晓霞,苏小林.变配电所二次系统[M].2版.北京:中国电力出版社,2007.

[22] 李佑光,钟加勇,林东,等.电力系统继电保护原理及新技术[M].3版.北京:科学出版社,2017.

[23] 张保会,尹项根.电力系统继电保护[M].2版.北京:中国电力出版社,2010.

[24] 刘鑫蕊,杨珺,梁雪.电力系统微机保护[M].北京:人民邮电出版社,2013.

[25] 赵建文,付周兴.电力系统微机保护[M].北京:机械工业出版社,2016.

[26] 刘学军,段慧达,辛涛.继电保护原理[M].3版.北京:中国电力出版社,2012.

[27] 郭谋发.配电网自动化技术[M].北京:机械工业出版社,2012.

[28] 龚静.配电网综合自动化技术[M].2版.北京:机械工业出版社,2014.

[29] 王葵,孙莹.电力系统自动化[M].3版.北京:中国电力出版社,2012.

[30] 李岩松.电力系统自动化[M].北京:中国电力出版社,2014.

[31] 鲁铁成.电力系统过电压[M].北京:中国水利水电出版社,2009.